Stereoanalyse und Bildsynthese

Oliver Schreer

Stereoanalyse und Bildsynthese

Mit 165 Abbildungen und 6 Tabellen

Dr. Oliver Schreer
Fraunhofer Institut für Nachrichtentechnik
Heinrich-Hertz-Institut
Einsteinufer 37
10587 Berlin
Deutschland
e-mail: oliver.schreer@hhi.fraunhofer.de

Bibliografische Information der Deutschen Bibliothek

Die Deutsche Bibliothek verzeichnet diese Publikation in der Deutschen Nationalbibliografie; detaillierte bibliografische Daten sind im Internet über http://dnb.ddb.de abrufbar.

ISBN 3-540-23439-X Springer Berlin Heidelberg New York

Springer ist ein Unternehmen von Springer Science+Business Media

springer.de

Printed in Germany

Satz: Reproduktionsfertige Vorlage vom Autor
Herstellung: LE-TEX Jelonek, Schmidt & Vöckler GbR, Leipzig
Einbandgestaltung: medionet AG, Berlin
Gedruckt auf säurefreiem Papier SPIN: 10989999 7/3142/YL - 5 4 3 2 1 0

Für Petra Maria und Julian Aljoscha

Vorwort

In dieses Lehrbuch fließt die Erfahrung aus einer nahezu zehnjährigen Forschungstätigkeit des Autors auf dem Gebiet der Stereoanalyse und Bildsynthese ein. Als wissenschaftlicher Mitarbeiter an der Technischen Universität Berlin lag sein Forschungsschwerpunkt auf der Stereoanalyse und der 3-D-Rekonstruktion im Rahmen der Navigation eines mobilen Roboters. In seiner anschließenden Tätigkeit als Projektleiter in der Abteilung Bildsignalverarbeitung am Fraunhofer Institut für Nachrichtentechnik/Heinrich-Hertz-Institut, Berlin, verlagerten sich die Aufgabenstellungen hin zu Echtzeit-3-D-Videoverarbeitung und Bildsynthese. Die Entwicklung einer zweisemestrigen Vorlesung mit den Themen „*Stereobildverarbeitung in der Videokommunikation*" und „*3-D-Bildsynthese in der Videokommunikation*" im Jahr 2001 an der Technischen Universität Berlin, Fachgebiet Nachrichtenübertragung, bei Prof. Thomas Sikora, bildete eine weitere Grundlage für die Struktur und die Inhalte dieses Lehrbuches.

Ich möchte an dieser Stelle all denen danken, die bei der Entstehung dieses Buches mitgeholfen haben. Die intensive Auseinandersetzung und die kontinuierliche fachliche Diskussion mit meinen Kolleginnen und Kollegen in der Abteilung Bildsignalverarbeitung am Heinrich-Hertz-Institut, Berlin, war dabei eine große Bereicherung. Eine Reihe von Forschungsergebnissen fließen in dieses Buch ein und tragen so zur Aktualität bei. Besonders in der letzten Phase fand ich große Unterstützung bei der Erstellung von Bildmaterial. Mein Dank gilt den Kolleginnen und Kollegen Dr. Ralf Schäfer, Nicole Atzpadin, Eddie Cooke, Dr. Peter Eisert, Christoph Fehn, Ingo Feldmann, Dr. Ulrich Gölz, Karsten Grünheit, Uli Höfker, Birgit Kaspar, Karsten Müller, Dr. Aljoscha Smolic und Ralf Tanger. Ich bedanke mich außerdem für die freundliche Genehmigung zur Veröffentlichung von Bildmaterial bei E.A. Hendriks, TU Delft, Niederlande, M. Levoy und P. Hanrahan, Stanford University, California, USA.

Weiterhin gilt mein Dank Frau Eva Hestermann-Beyerle und Frau Monika Lempe vom Springer-Verlag, die mir mit ihrer freundlichen und hilfsbereiten Betreuung in allen Fragen der Manuskripterstellung sehr geholfen haben.

Ganz besonders möchte ich mich bei Peter Kauff und Dr. Kai Clüver für die sorgfältige Durchsicht des Manuskriptes bedanken. Dr. Emanuele Trucco ist nicht nur ein ausgezeichneter Wissenschaftler in unserem gemeinsamen Fachgebiet und in seiner Position als Reader an der Heriot-Watt-Universität in Edinburgh, Schottland, sondern er ist auch ein wunderbarer Künstler. Ein herzliches Dankeschön an ihn für seine auflockernden und einprägsamen Illustrationen am Anfang jedes Kapitels.

Dieses Buch wurde nur möglich durch die großartige Unterstützung meiner Frau Petra Maria und meines Sohnes Julian Aljoscha. Beide haben viel Geduld und Liebe aufgebracht, die mir die Kraft und Ausdauer gaben, das Buch fertig zustellen.

Berlin, Frühjahr 2005 *Oliver Schreer*

Inhaltsverzeichnis

1 Einleitung

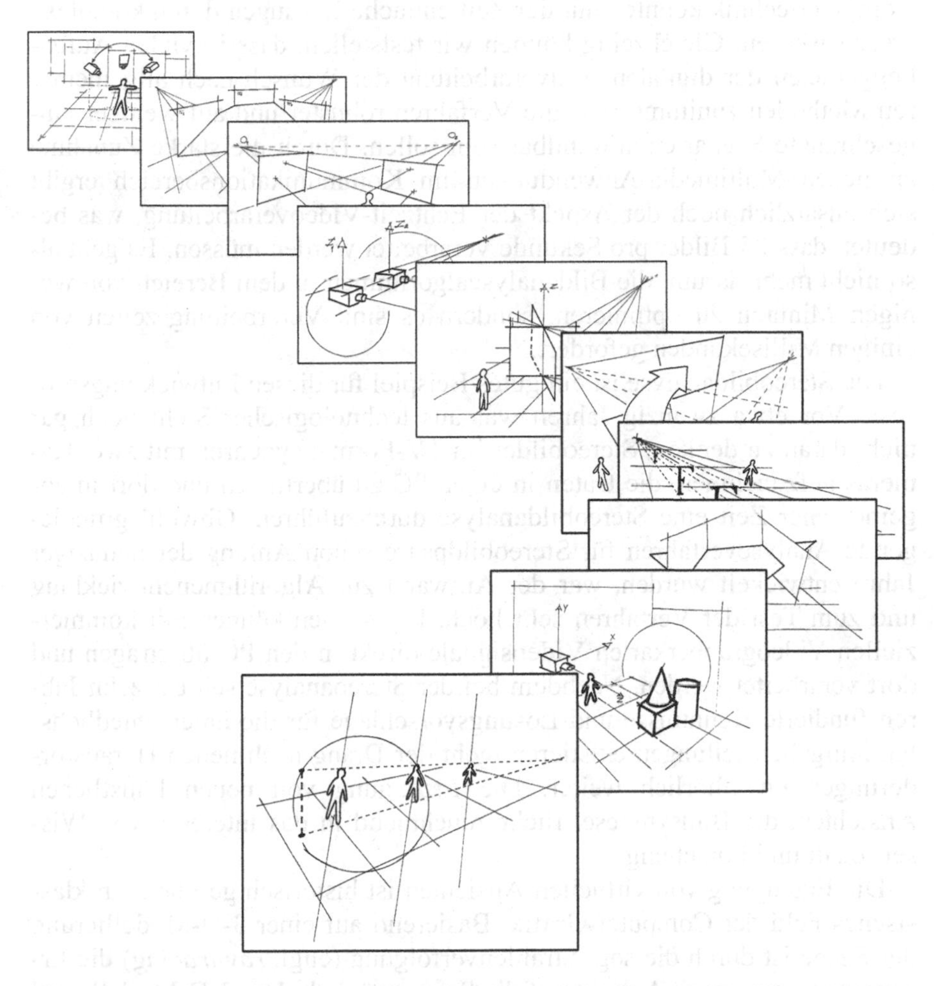

Mit Hilfe des Computers visuelle Information aufzunehmen, zu verarbeiten, zu analysieren und zu interpretieren ist seit mehr als zwei Jahrzehnten eine große Herausforderung für Wissenschaftlerinnen und Wissenschaftler in den Universitäten, für Forschergruppen in wissenschaftlichen Instituten und Entwicklungsabteilungen in der Industrie. Dieses Fachgebiet wird *computer vision* (dt. Computer-Sehen) genannt und beschäftigt sich im Gegensatz zur Computer-Grafik mit der Analyse von natürlichen Bildern. Am Anfang war es der technologische Entwicklungsstand, welchen es zu beherrschen galt, um ein Höchstmaß an Leistungsfähigkeit für die rechenintensiven Bildverarbeitungsalgorithmen zu erreichen. Schnelle Algorithmen wurden entwickelt, um auch auf Prozessoren mit geringer Rechenleistung effiziente Lösungen zu erzielen. Durch den rasanten Fortschritt in der Computertechnik konnten mit der Zeit einfache Lösungen durch komplexe ersetzt werden. Gleichzeitig können wir feststellen, dass in vielen Aufgabengebieten der digitalen Bildverarbeitung der Wunsch nach allgemeineren Methoden zunimmt bzw. die Verfahren robuster und auf weniger eingeschränkte Szenarien anwendbar sein sollen. Durch die starke Zunahme an neuen Multimedia-Anwendungen im Kommunikationsbereich ergibt sich zusätzlich noch der Aspekt der Echtzeit-Videoverarbeitung, was bedeutet, dass 25 Bilder pro Sekunde verarbeitet werden müssen. Es geht also nicht mehr darum, die Bildanalysealgorithmen in dem Bereich von wenigen Minuten zu optimieren, sondern es sind Verarbeitungszeiten von einigen Millisekunden gefordert.

Die Stereobildanalyse ist ein gutes Beispiel für diesen Entwicklungsprozess. Vor etwa zwanzig Jahren war aus technologischer Sicht noch gar nicht daran zu denken, Stereobilder im TV-Format synchron mit zwei Kameras aufzunehmen, die Daten in einen PC zu übertragen und dort in angemessener Zeit eine Stereobildanalyse durchzuführen. Obwohl grundlegende Analyseverfahren für Stereobildpaare schon Anfang der neunziger Jahre entwickelt wurden, war der Aufwand zur Algorithmenentwicklung und zum Test der Verfahren sehr hoch. Inzwischen können mit kommerziellen Videograbberkarten Videosignale direkt in den PC übertragen und dort verarbeitet werden. Nachdem bei der Stereoanalyse seit ca. zehn Jahren fundierte Kenntnisse und Lösungsvorschläge für die unterschiedlichsten Aufgabenstellungen existieren, geht der Drang nach neuen Herausforderungen unaufhörlich weiter. Die Erzeugung von neuen künstlichen Ansichten, die Bildsynthese, rückt zunehmend in das Interesse von Wissenschaft und Forschung.

Die Erzeugung von virtuellen Ansichten ist historisch gesehen ein klassisches Feld der Computer-Grafik. Basierend auf einer 3-D-Modellierung der Szene ist durch die sog. Strahlenverfolgung (engl. *ray tracing*) die Erzeugung einer neuen Ansicht auf die Szene möglich. Das 3-D-Modell wird dabei durch ein Drahtgitter (engl. *wire frame*) beschrieben. Durch Rückprojektion des bekannten Modells in die zweidimensionale Bildebene einer virtuellen Kamera erhält man dann die entsprechende Ansicht. Besonders im industriellen Bereich im computerunterstützten Design (engl. *computer aided design = CAD*) wird diese computergrafische Visualisierung von 3-

D-Modellen erfolgreich eingesetzt. Anwendungsgebiete sind die Produktentwicklung und die Architektur. Wesentlich populärer ist der Bereich der Computerspiele, in denen der Benutzer sich selbständig in virtuellen Welten bewegen kann. Durch die fortschreitende Computertechnik kann man inzwischen auch auf Standard-Personalcomputern sehr realistische 3-D-Darstellungen erleben. Für die Steigerung der Natürlichkeit spielt jedoch nicht nur die korrekte perspektivische Projektion der Szene oder des computergrafischen Modells in die gewünschte Ansicht eine Rolle. Auch eine realistische Beleuchtung, Schattenwurf, Reflexionen und Spiegelungen werden zunehmend eingesetzt, um die Natürlichkeit der Visualisierung zu erhöhen. Durch die rasante Weiterentwicklung im Bereich der Grafikprozessoren (engl. *graphic processing unit (GPU)*) ist es möglich, sehr komplexe Szenen in Echtzeit darzustellen. Die schnelle Erzeugung von neuen Ansichten ist jedoch nur aufgrund der expliziten Kenntnis der 3-D-Geometrie der Szene möglich.

Neue Verfahren aus dem Bereich Computer-Vision verfolgen jedoch den umgekehrten Weg: Es ist das Ziel, aus natürlichen Ansichten einer oder mehrerer Kameras ohne oder nur mit geringer Kenntnis der Szenengeometrie neue virtuelle Ansichten zu erzeugen. Da diese Herangehensweise auf natürlichen Bildern beruht, wird diese auch als bildbasierte Synthese (engl. *image based rendering*) bezeichnet. In den letzten Jahren kann man feststellen, dass die bisher unabhängig arbeitenden Disziplinen Computer-Grafik und Computer-Vision sich annähern und gegenseitig von den Erkenntnissen der anderen profitieren. So werden in der Computer-Grafik inzwischen Beleuchtungsmodelle und mathematische Verfahren zur Berechnung von Reflexionen eingesetzt. Andererseits profitiert der Bereich Computer-Vision von den effizienten Synthese-Verfahren, die höchst optimiert in Grafikkarten implementiert sind. Hinsichtlich der Synthese von neuen Ansichten existieren natürlich auch viele Zwischenformen, die nur zu einem Teil 3-D-Information der Szene, aber auch natürliche Bilder verwenden. In Abb. 1.1 ist die Beziehung zwischen Computer-Grafik und Computer-Vision auf dem Gebiet der Erzeugung von neuen Ansichten schematisch dargestellt.

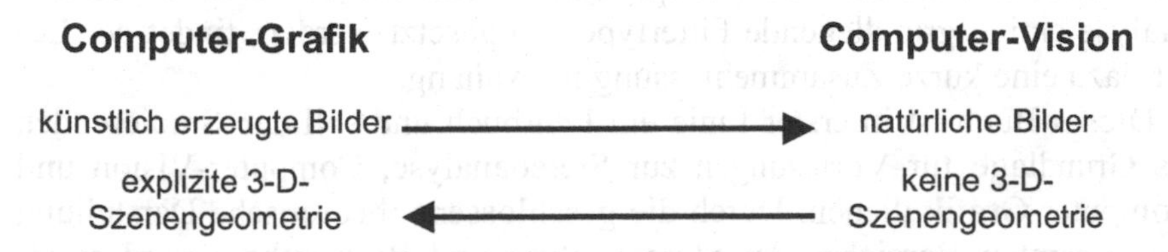

Abb. 1.1. Erzeugung von neuen Ansichten aus der Sicht von Computer-Grafik und Computer-Vision

Die beiden Themen Stereoanalyse und Bildsynthese stellen also sehr neue und aktuelle Forschungsgebiete dar, in welchen es zunehmend zu einer Umsetzung der Forschungsergebnisse in kommerzielle Produkte und Anwendungen kommt. Interessant ist jedoch, dass die theoretischen Grundlagen für diese Gebiete, nämlich die projektive Geometrie, auf Erkenntnissen im frühen Mittelalter beruhen. Dies zeigt außerdem, dass in moderner Technikentwicklung die Interdisziplinarität zwischen den Fachrichtungen, wie z. B. der Informatik, der Elektrotechnik und der Mathematik, eine wesentliche Voraussetzung für den Erfolg ist. Da letztendlich die Technik für den Menschen dienlich sein soll, ist eine Technikfolgeabschätzung hinsichtlich Nutzerfreundlichkeit, Bedienbarkeit und Nutzerakzeptanz neuer Systeme unabdingbar. Erfreulich ist zu beobachten, dass im Rahmen der europäischen Forschungsförderung die Interdisziplinarität und die Berücksichtigung des menschlichen Faktors einen wesentlichen Stellenwert haben. Untersucht man die Literatur im Bereich der Stereobildanalyse und der Bildsynthese, so wird man feststellen, dass eine sehr uneinheitliche Notation, aber auch Unterschiede in den Begrifflichkeiten vorliegen. Für eine schnelle Einarbeitung in die Thematik ist dies nicht gerade förderlich. Es existieren zwar inzwischen besonders im englischsprachigen Raum hervorragende Standardwerke zu den mathematischen Grundlagen der projektiven Geometrie und der Geometrie zwischen mehreren Ansichten, eine Einbettung dieser theoretischen Grundlagen im Zusammenhang mit der Stereoanalyse und der Bildsynthese fehlt jedoch.

Diese Buch soll für diese beiden eng zusammenhängenden Bereiche Stereoanalyse und Bildsynthese eine einheitliche und geschlossene Darstellung der theoretischen Grundlagen liefern. Durch den Praxisbezug und die vielen Bildbeispiele soll das Verständnis erleichtert werden und dem Leser einen schnelleren Zugang zur Thematik ermöglichen. An vielen Stellen werden auch Berührungspunkte zu benachbarten Themengebieten wie z. B. der Videocodierung deutlich. In diesem Buch wird auf die Erläuterung der Grundlagen der digitalen Bildverarbeitung, wie z. B. der Punktoperationen, der digitalen Filter oder der Transformationen, weitgehend verzichtet, da es dazu bereits viel, auch deutschsprachige, Literatur gibt und den Rahmen dieses Buches sprengen würde. Da jedoch in der Stereoanalyse einige grundlegende Filtertypen eingesetzt werden, findet der Leser dazu eine kurze Zusammenfassung im Anhang.

Dieses Buch ist in erster Linie ein Lehrbuch und soll den Studierenden als Grundlage für Vorlesungen zur Stereoanalyse, Computer-Vision und Computer-Grafik dienen. Durch die geschlossene theoretische Darstellung des gesamten Bereiches der Stereoanalyse und Bildsynthese wird es sicherlich auch vielen Doktoranden und Wissenschaftlern bei der schnellen Einarbeitung in dieses Fachgebiet hilfreich sein.

1.1 Gliederung des Buches

Dieses Buch ist in elf Kapitel gegliedert, die sich in drei Bereiche und drei Schwerpunkte unterteilen lassen. Die drei Bereiche befassen sich mit dem Abbildungsmodell *einer* Kamera, der Geometrie zwischen *zwei* Kameras eines Stereosystems und der Geometrie zwischen *drei* Ansichten. Die Schwerpunkte liegen auf den theoretischen Grundlagen der projektiven Geometrie, der ausführlichen Darstellung der Stereoanalyse und der umfangreichen Betrachtung der bildbasierten Synthese von neuen Ansichten.

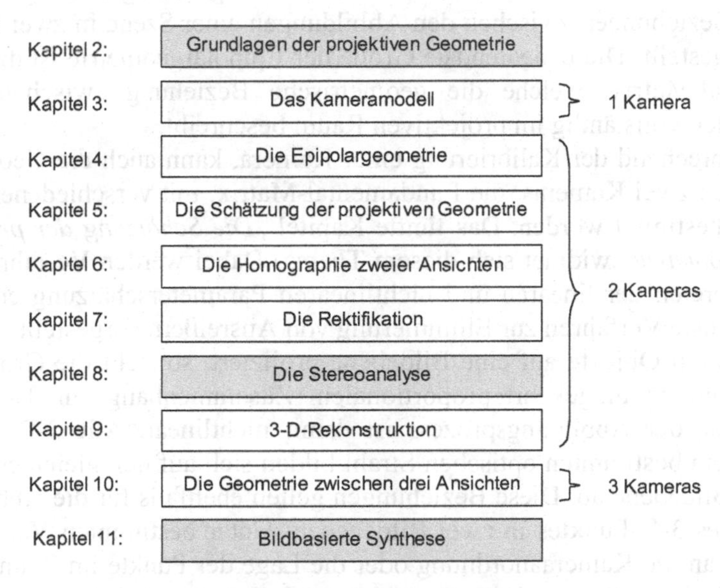

Abb. 1.2. Struktur des Buches

Im zweiten Kapitel „*Grundlagen der projektiven Geometrie*" wird nach einem einführenden Rückblick in die Geschichte der perspektivischen Projektion das Grundkonzept der projektiven Geometrie erläutert. Eine detaillierte Erläuterung der Eigenschaften und Merkmale des projektiven Raumes und besonders seine Nützlichkeit hinsichtlich der mathematischen Beschreibung der perspektivischen Projektion liefern die theoretischen Voraussetzungen für die folgenden Kapitel. Allein die Frage, wie Punkte im Unendlichen mathematisch darstellbar sind und in welchem Punkt sich parallele Geraden schneiden, sollte neugierig machen.

Im dritten Kapitel „*Das Kameramodell*" wird basierend auf den Grundlagen der projektiven Geometrie der Abbildungsprozess einer dreidimensionalen Szene auf die zweidimensionale Bildebene einer Kamera hergeleitet. Durch eine stufenweise Aufteilung dieses Abbildungsprozesses in eine externe, eine perspektivische und eine interne Transformation wird das grundlegende Prinzip des Lochkameramodells leicht verständlich. Ergänzend wird in diesem Kapitel noch auf die sog. affine Kamera und andere verwandte Abbildungsmodelle eingegangen. Die Grundidee der Schätzung von Kameraparametern dieses Abbildungsmodells wird ebenfalls skizziert.

Mit dem vierten Kapitel „*Die Epipolargeometrie*" wird der zweite Bereich dieses Buches eingeleitet, der sich mit der Analyse von Anordnungen zweier Kameras beschäftigt. Hier werden die grundlegenden geometrischen Beziehungen zwischen den Abbildungen einer Szene in zwei Kameras dargestellt. Die bedeutendste Größe der Epipolargeometrie ist die Fundamental-Matrix, welche die geometrische Beziehung zwischen zwei Ansichten vollständig im projektiven Raum beschreibt.

Entsprechend der Kalibrierung einer Kamera, kann auch die Geometrie zwischen zwei Kameras, die Fundamental-Matrix, mit verschiedenen Verfahren bestimmt werden. Das fünfte Kapitel „*Die Schätzung der projektiven Geometrie*" widmet sich diesem Thema. Dabei werden Verfahren aus dem Bereich der linearen und nichtlinearen Parameterschätzung erläutert und robuste Verfahren zur Eliminierung von Ausreißern dargestellt.

Wird ein Objekte auf eine Bildebene projiziert, so steht die Größe der Abbildung in umgekehrt proportionalem Zusammenhang zur Tiefe des Objektes, der Abbildungsprozess ist damit nichtlinear. Alle 3-D-Punkte auf einem bestimmten optischen Strahl bilden sich auf den gleichen Punkt in der Bildebene ab. Diese Beziehungen gelten ebenfalls für die Abbildungen eines 3-D-Punktes in zwei Bildebenen. Unter bestimmten Voraussetzungen an die Kameraanordnung oder die Lage der Punkte im Raum existiert jedoch ein linearer Zusammenhang zwischen den Abbildungen in den beiden Ansichten. Dieser Zusammenhang wird als Homographie bezeichnet. Die genauen Hintergründe werden in dem Kapitel 6 „*Die Homographie zweier Ansichten*" dargestellt und liefern die Grundlage für weitere Kapitel.

Für viele Stereoanalyseverfahren, aber auch für die Bildsynthese eignen sich Stereokameraanordnungen, deren Kameras achsparallel ausgerichtet sind. Da die Kameras nie ganz exakt ausgerichtet werden können, ist man daran interessiert die Bildebenen der Kameras virtuell zu drehen. Diese Vorgehensweise wird als Rektifikation bezeichnet. Im siebten Kapitel „*Die Rektifikation*" wird die Bestimmung der Transformationsmatrizen hergeleitet, die für die virtuelle Drehung der Kameras notwendig sind. Abschließend folgen einige Ausführungen zu praxisrelevanten Aspekten hinsichtlich der Realisierung der virtuellen Drehung eines Kamerabildes, dem sog. Warping.

Der zweite Schwerpunkt dieses Buches befasst sich mit der Stereoanalyse, also der Zuordnung von korrespondierenden Bildpunkten, die Abbildungen des gleichen 3-D-Punktes sind. Im Kapitel 8 „*Die Stereoanalyse*“ wird einführend auf die grundsätzlichen Herausforderungen und Probleme bei der Analyse von Stereoansichten eingegangen. Das Ergebnis der Stereoanalyse sind die sog. Disparitätskarten, welche die Verschiebung eines Bildpunktes in zwei unterschiedlichen Ansichten beschreiben. Eine detaillierte Auflistung von Ähnlichkeitskriterien zeigt dann, wie das komplexe Zuordnungsproblem in der Korrespondenzanalyse durch Ausnutzung der Kenntnis über die Geometrie der Kameras oder die Geometrie der Szene vereinfacht werden kann. Die Korrespondenz- oder Stereoanalyseverfahren lassen sich in zwei Gruppen einteilen, die regionenbasierten und die merkmalsbasierten Verfahren. In beiden Gruppen werden die wesentlichen Herausforderungen und die wichtigsten Methoden vorgestellt. In einem weiteren Abschnitt wird auf die Tiefenanalyse einer bewegten Kamera eingegangen und exemplarische ein modernes Verfahren vorgestellt.

Während durch die Abbildung des 3-D-Punktes auf die Bildebene einer Kamera die Tiefeninformation verlorengegangen ist, lässt sich nun basierend auf den Ergebnissen einer Stereoanalyse die Tiefe des Punktes im Raum rekonstruieren. Diese Vorgehensweise wird Stereotriangulation bezeichnet, und im Kapitel 9 „*3-D-Rekonstruktion*“ skizziert. Des Weiteren wird die volumetrische Rekonstruktion eines 3-D-Objektes aus seinen Silhouetten erläutert, dass ein weiteres sehr populäres Verfahren zur Erzeugung von genauen 3-D-Modelle repräsentiert.

Im zehnten Kapitel wird der dritte Bereich dargestellt, der sich mit der „*Geometrie von drei Ansichten*“ befasst. Ausgehend von der Epipolargeometrie zwischen zwei Kameras wird das sog. trifokale Stereo dargestellt. Diese Erweiterung der Epipolargeometrie ist jedoch keine vollständige Beschreibung der Geometrie zwischen drei Kameras. Deshalb wird basierend auf der verallgemeinerten Disparitätsgleichung ein universeller Zusammenhang zwischen korrespondierenden Bildpunkten in drei Ansichten hergeleitet, die sog. Trilinearitäten. Eine etwas kompaktere Form dieser Trilinearitäten ist unter Verwendung der Tensor-Notation möglich, die dann in dem trifokalen Tensor mündet. Mit dieser mathematischen Beschreibung ist es möglich, aus korrespondierenden Punkten in zwei Ansichten und der bekannten Geometrie zwischen den Kameras die Position der entsprechenden Abbildung in der dritten Ansicht zu berechnen. Dieser Zusammenhang zwischen korrespondierenden Punkten in drei Ansichten kann z. B. für eine robustere Tiefenanalyse ausgenutzt werden, indem die existierenden Punktkorrespondenzen in zwei Ansichten in der dritten Ansicht auf ihre Zuverlässigkeit hin überprüft werden.

Eine weitere Anwendung ist die Synthese von neuen Ansichten, indem die dritte Ansicht als virtuelle neue Ansicht interpretiert wird. Durch die Punktkorrespondenzen in zwei Ansichten kann dann die Position der Abbildung des entsprechenden 3-D-Punktes in der dritten Ansicht bestimmt werden. Dieses Verfahren, der sog. Bildtransfer wird u. A. im elften Kapitel „*Bildbasierte Synthese*" beschrieben. In diesem Kapitel werden basierend auf den geometrischen Betrachtungen von drei Kameraansichten verschiedene Bildsyntheseansätze unter Verwendung impliziter Geometrieinformation über die 3-D-Szene vorgestellt. Diese Verfahren nutzen in eingeschränkter Weise Tiefeninformation über die Szene, die sich u. A. aus der Stereoanalyse mittels Disparitätskarten ergibt. Insofern existiert eine enge Verknüpfung zu den vorangegangenen Kapiteln.

Anschließend erfolgt die Darstellung weiterer Bildsynthesekonzepte, die auf der sog. plenoptischen Funktion beruhen. Im Gegensatz zu den Verfahren mit impliziter Geometrieinformation, wird hier davon ausgegangen, dass zwischen den aufgenommenen Kameraansichten keine sichtbaren perspektivischen Unterschiede vorliegen oder die Bildsynthese soweit eingeschränkt wird, dass keine neuen Perspektiven zu berechnen sind.

Ein kurzer Abschnitt erläutert schließlich noch die Bildsynthese mit expliziter Kenntnis über die Geometrie der Szene z. B. aus einem Drahtgittermodell. Durch Aufbringen von Textur aus realen Kameraansichten können dann photo-realistische 3-D-Objekte erzeugt werden.

Abschließend findet der Leser verschiedene Ergänzungen im nachfolgenden Anhang. Eine Übersicht über die, in diesem Buch, verwendete Notation im Anhang A soll schnelle Orientierung verschaffen. Eine Liste von Abkürzungen im Anhang B und eine Auflistung wichtiger englischer Bezeichnungen in Anhang C vervollständigen diese Übersicht. In Anhang D findet man wichtige mathematische Grundlagen der Vektor- und Matrixrechnung, verschiedene Verfahren zur Lösung von linearen Gleichungssystemen und zur Berechnung der Kameraparameter aus der Projektionsmatrix. Im Anhang E werden die in diesem Buch angesprochenen digitalen zweidimensionalen Filter und ihre wesentlichen Eigenschaften vorgestellt, wobei lineare und nichtlineare Filter skizziert werden. Eine ausführliche Bibliographie und das Sachverzeichnis schließen das Buch ab.

2 Grundlagen der projektiven Geometrie

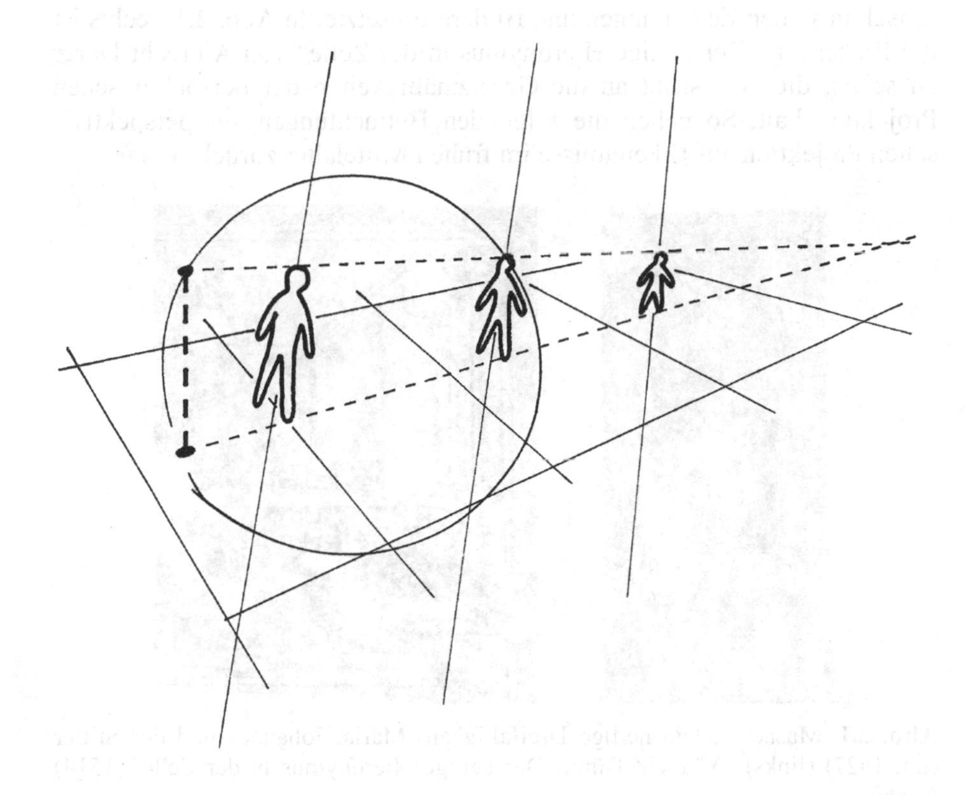

2.1 Die Geometrie der Perspektive

Die Frage, wie sich die dreidimensionale Welt korrekt auf einem zweidimensionalen Bild darstellt, beschäftigte schon im Mittelalter die Gelehrten. Der italienische Baumeister und Architekt Brunelleschi wird als der Begründer der Zentralperspektive bezeichnet. Die Ergebnisse seiner Arbeiten aus dem Jahre 1420 flossen in die architektonische Gestaltung des Domes in Florenz ein. Der Maler Masaccio wandte um das Jahr 1427 in seinem berühmten Kunstwerk „Die heilige Dreifaltigkeit, Maria, Johannes und der

Stifter“ zum ersten Mal die Gesetze der Zentralperspektive an (siehe Abb. 2.1, links). Weitere wichtige Künstler und Gelehrte bauten auf den Erkenntnissen von Brunelleschi auf, wie z. B. Leonardo da Vinci und Michelangelo. In Deutschland war Albrecht Dürer wohl einer der bekanntesten Wissenschaftler, der sich mit den vielfältigsten wissenschaftlichen Disziplinen und der Kunst befasste. Sein Hauptaugenmerk lag auf der Anatomie des Menschen, auf grundlegenden physikalischen Gesetzmäßigkeiten und auf der perspektivisch richtigen Darstellung, die er dann künstlerisch in seinen Zeichnungen und Bildern umsetzte. In Abb. 2.1, rechts ist die Radierung „Der heilige Hieronymus in der Zelle“ von Albrecht Dürer zu sehen, die sich strikt an die Gesetzmäßigkeiten der perspektivischen Projektion hält. So gehen die folgenden Betrachtungen zur perspektivischen Projektion auf Erkenntnisse im frühen Mittelalter zurück.

Abb. 2.1. Masaccio, Die heilige Dreifaltigkeit, Maria, Johannes und der Stifter (um 1427) (links); Albrecht Dürer, Der heilige Hieronymus in der Zelle, (1514) (rechts)

In Abb. 2.2 ist die Konstruktionsvorschrift der perspektivischen Darstellung veranschaulicht. Der Punkt O stellt den angenommenen Betrachterpunkt dar. Auf der senkrecht stehenden Bildebene werden die parallelen Linien perspektivisch richtig projiziert, indem einzelne Punkte auf den Linien über die Sehstrahlen des Betrachters in der Bildebene abgebildet werden. Der Punkt O wird auch als Projektionszentrum bezeichnet. Dies führt dazu, dass parallele Linien im Raum durch eine Projektion in der Bildebene konvergieren und sich in einem Punkt schneiden. Dieser Punkt wird als Fluchtpunkt V bezeichnet (Mundy u. Zisserman 1992).

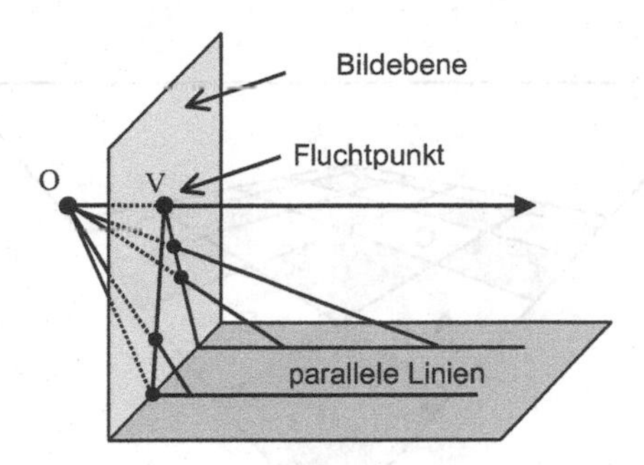

Abb. 2.2. Konstruktion der Perspektive

Somit ergibt sich eine wesentliche Eigenschaft der perspektivischen Projektion, dass sich parallele Linien im Raum in den sog. Fluchtpunkten (engl. *vanishing points*) schneiden. Betrachtet man mehrere Fluchtpunkte, so stellt man fest, dass sich diese alle auf einer Linie, dem Horizont (engl. *vanishing line*), befinden. In der perspektivischen Darstellung in Abb. 2.3 sind diese Gesetzmäßigkeiten anschaulich dargestellt.

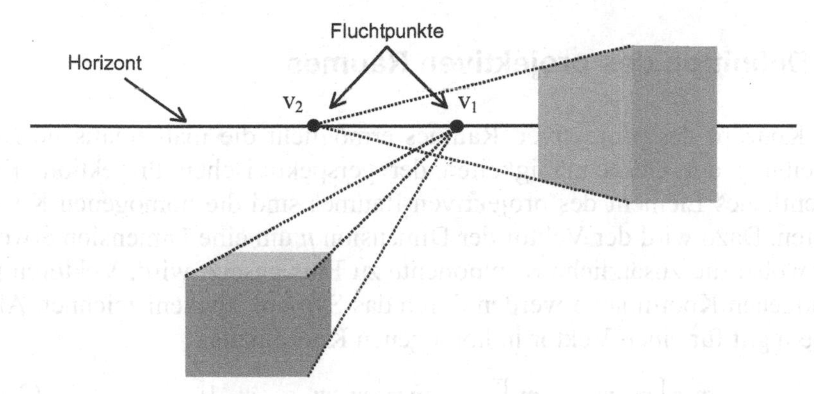

Abb. 2.3. Horizont und Fluchtpunkte

In Abb. 2.4 ist die perspektivisch richtige Darstellung eines Schachbrettmusters dargestellt. Durch die perspektivische Abbildung werden Größenverhältnisse, wie in diesem Fall Längen und Flächen, nicht mehr korrekt abgebildet. Dies bedeutet, dass gleich große Objekte in der Realität bei einer perspektivischen Abbildung mit zunehmender Tiefe immer kleiner dargestellt werden. Wendet man dieses Grundprinzip in zweidimensionalen Abbildungen an, so kann sehr einfach ein räumlicher Eindruck vermittelt werden (siehe auch Abb. 2.1).

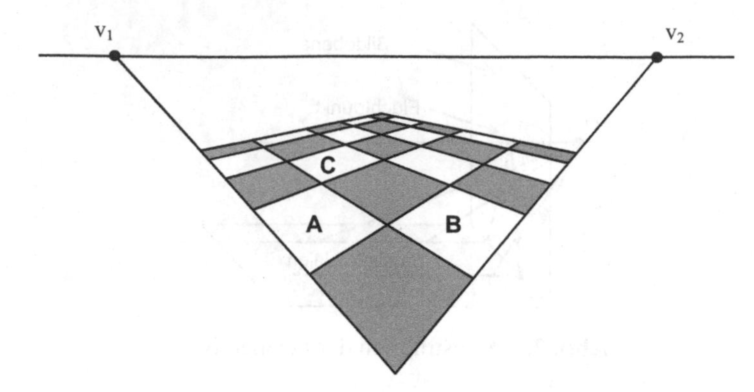

Abb. 2.4. Perspektivische Darstellung von Flächen

Es stellt sich nun die Frage, wie diese Eigenschaften der perspektivischen Projektion in ein geschlossenes mathematisches Gerüst eingebettet werden können. Dabei sollen die geometrischen Gesetzmäßigkeiten in der dreidimensionalen Welt korrekt umgesetzt werden.

2.2 Definition des projektiven Raumes

Das Konzept des projektiven Raumes ermöglicht die mathematische Beschreibung der Gesetzmäßigkeiten der perspektivischen Projektion. Ein wesentliches Element des projektiven Raumes sind die homogenen Koordinaten. Dazu wird der Vektor der Dimension n um eine Dimension erweitert, wobei die zusätzliche Komponente zu Eins gesetzt wird. Vektoren in homogenen Koordinaten werden durch das Symbol ~ gekennzeichnet. Allgemein gilt für einen Vektor in homogenen Koordinaten:

$$\mathbf{m} = [m_1, m_2, \ldots, m_n]^T, \qquad \tilde{\mathbf{m}} = [m_1, m_2, \ldots, m_n, 1]^T \tag{2.1}$$

Somit wird ein Punkt im projektiven Raum $\mathcal{P}^n$ der Dimension n durch Vektoren **m** mit n+1 Komponenten beschrieben. Damit sind Vektoren im projektiven Raum bis auf einen Skalierungsfaktor definiert, d. h. nur die Richtung und nicht die Länge sind relevant. Alle Vektoren $\lambda\mathbf{m}\ \forall\ \lambda \neq 0$ beschreiben exakt den gleichen Punkt im projektiven Raum $\mathcal{P}^n$. Betrachtet man einen beliebigen Punkt im projektiven Raum, so ergibt sich durch Normierung auf die letzte Komponente der Vektor in homogenen Koordinaten (siehe Gl. (2.2)). Die letzte Komponente m_{n+1} stellt den Skalierungsfaktor dar. Diese Normierung liefert schließlich den korrespondierenden Vektor im affinen Unterraum der Dimension n.

$$\tilde{\mathbf{m}} = [m_1, m_2, ..., m_n, m_{n+1}]^T \Rightarrow \mathbf{m} = \left[\frac{m_1}{m_{n+1}}, \frac{m_2}{m_{n+1}}, ..., \frac{m_n}{m_{n+1}}\right]^T \tag{2.2}$$

Aus Gl. (2.2) ist ersichtlich, dass der Skalierungsfaktor des Punktes im projektiven Raum auch Null sein kann, während im affinen Unterraum aufgrund der Division durch Null dieser Punkt nicht existiert. Alle Punkte im projektiven Raum, deren letzte Komponente Null ist, beschreiben einen Unterraum im Unendlichen. Die genaue geometrische Bedeutung wird im Abschnitt zur projektiven Ebene weiter erläutert. Die perspektivische Projektion kann demnach durch eine Transformation eines Punktes im projektiven Raum in einen anderen Punkt des projektiven Raumes durch folgende Transformationsmatrix allgemein beschrieben werden. Diese Transformation wird als Projektivität oder auch als Homographie bezeichnet.

$$\tilde{\mathbf{m}}_2^n = \mathbf{P}^{n+1}\,\tilde{\mathbf{m}}_1^n \qquad \mathbf{P}^{n+1} = \begin{bmatrix} p_{1,1} & \cdots & p_{1,n+1} \\ \vdots & \ddots & \vdots \\ p_{n+1,1} & \cdots & p_{n+1,n+1} \end{bmatrix} \tag{2.3}$$

Die wesentliche Eigenschaft dieser Transformationsmatrix ist, dass diese vollen Rang besitzt, d. h. die *n* Zeilenvektoren der Matrix sind linear unabhängig (siehe auch Anhang D)

2.3 Lineare Transformationen

Untersucht man ganz allgemein lineare Transformationen der Form $\mathbf{m}_2 = \mathbf{H}\,\mathbf{m}_1$, so sind diese von der Gestalt ihrer Transformationsmatrix abhängig. Das Produkt zweier linearer Transformationen liefert wieder eine lineare Transformation, und dieser Satz von Transformationsmatrizen wird eine Transformationsgruppe genannt (Carlsson 1997).

$$\mathbf{H}_1 \cdot \mathbf{H}_2 = \mathbf{H}_3 \tag{2.4}$$

Die projektive Transformation wird als projektive lineare Gruppe bezeichnet und stellt die allgemeinste Form einer linearen Transformation dar. Durch Einschränkungen der Transformationsmatrix ergeben sich Spezialfälle, die man als Untergruppen bezeichnet. Am Ende dieses Kapitels wird auf die beiden wichtigsten linearen Untergruppen, die *euklidische* und die *affine* Untergruppe eingegangen. In den folgenden Abschnitten wird nun auf den projektiven Raum in verschiedenen Dimensionen eingegangen. Dabei werden die besonderen Eigenschaften und Invarianten in vielfältiger Weise erläutert.

2.4 Die projektive 1-D-Linie

Der eindimensionale projektive Raum wird als projektive Linie bezeichnet und stellt den einfachsten Fall dar. Durch die Erweiterung um eine Dimension ergibt sich der Vektor $\tilde{\mathbf{m}}$, wobei alle Punkte auf diesem Vektor den gleichen Punkt im $\mathbb{R}^1$ beschreiben (siehe Abb. 2.5).

$$\tilde{\mathbf{m}} = [x, 1]^T \cong [\alpha\, x, \alpha]^T \tag{2.5}$$

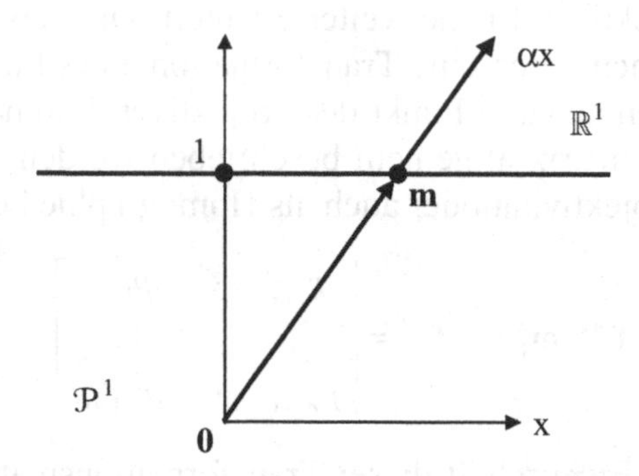

Abb. 2.5. Die projektive Linie

2.4.1 Das Kreuzverhältnis

Wie im ersten Abschnitt dargestellt wurde, ändern sich bei einer perspektivischen Projektion Längen- und Flächenverhältnisse. Es stellt sich nun die Frage, ob es trotzdem bestimmte Invarianten gibt, die auch unter der allgemeinsten linearen Transformation, der projektiven Transformation, erhalten bleiben. In Abb. 2.6 sind vier kollineare Punkte $\mathbf{p}_1$, $\mathbf{p}_2$, $\mathbf{p}_3$ und $\mathbf{p}_4$ eingezeichnet. Die Projektion dieser Punkte auf andere Geraden führt zu einer Veränderung der Abstände zwischen diesen Punkten. Die Längenverhältnisse sind nicht mehr identisch. Betrachte man jedoch bestimmte Abstände Δ_{ij} zwischen den Punkten $\mathbf{p}_i$ und $\mathbf{p}_j$, so kann man das sog *Kreuzverhältnis* (engl. *cross-ratio*) definieren. Das Kreuzverhältnis ist demnach ein Verhältnis von Verhältnissen:

$$CR(\mathbf{p}_1, \mathbf{p}_2, \mathbf{p}_3, \mathbf{p}_4) = \frac{\Delta_{13}\Delta_{24}}{\Delta_{14}\Delta_{23}} \tag{2.6}$$

Dieses Kreuzverhältnis stellt eine Invariante der projektiven Transformation bzw. des projektiven Raumes dar und es bleibt nach einer projektiven Transformation erhalten.

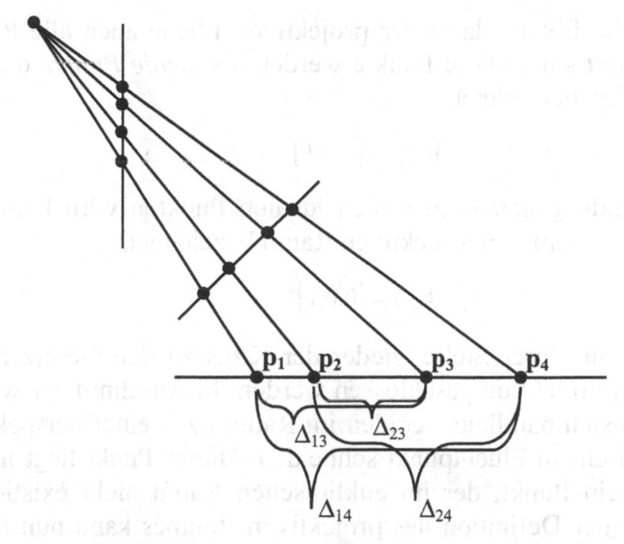

Abb. 2.6. Darstellung des Kreuzverhältnisses

2.5 Die projektive 2-D-Ebene

Nun werden die wesentlichen Eigenschaften der projektiven Ebene erläutert, wobei der Ausgangspunkt der euklidische Raum ist. Ein Punkt in der euklidischen Ebene lautet

$$\mathbf{m}_{euklidisch} = [x, y]^T . \tag{2.7}$$

Den gleichen Punkt in der projektiven Ebene erhält man durch Erweiterung um eine Komponente. Da dieser bis auf einen Skalierungsfaktor definiert ist, kann ein beliebiger Multiplikationsfaktor hinzugenommen werden und man erhält:

$$\tilde{\mathbf{m}}_{projektiv} = [x, y, 1]^T \cong [\alpha x, \alpha y, \alpha]^T = [X, Y, W]^T \tag{2.8}$$

2.5.1 Punkte und Linien im Unendlichen

Die Rücktransformation eines Punktes aus der projektiven Ebene in die euklidische Ebene erfolgt durch Division durch die dritte Komponente.

$$(x, y) = (X / W, Y / W) \tag{2.9}$$

Daraus ist zu ersehen, dass die projektive Ebene mehr Punkte enthält als die euklidische Ebene, da in der projektiven Ebene auch alle Punkte mit W = 0 definiert sind. Diese Punkte werden als *ideale Punkte* oder *Punkte im Unendlichen* bezeichnet.

$$\widetilde{\mathbf{p}}_{ideal} = [x, y, 0]^T \tag{2.10}$$

Die Verbindungsgerade zwischen idealen Punkten wird konsequenterweise als ideale Linie im projektiven Raum bezeichnet.

$$\widetilde{\mathbf{l}}_{ideal} = [0, 0, c]^T \tag{2.11}$$

Nun kann an dieser Stelle wieder der Kreis zu den Gesetzen der perspektivischen Projektion geschlossen werden. In Abschnitt 2.1 wurde festgestellt, dass sich parallele Geraden im Raum nach einer perspektivischen Projektion in einem Fluchtpunkt schneiden. Dieser Punkt liegt im Unendlichen, also ein Punkt, der im euklidischen Raum nicht existiert. Unter Verwendung der Definition des projektiven Raumes kann nun dieser Zusammenhang auch korrekt mathematisch dargelegt werden.

Sind zwei Geraden parallel, so müssen die Steigungen gleich sein:

$$-a_1/b_1 = -a_2/b_2 \tag{2.12}$$

Der Schnittpunkt zweier Geraden berechnet sich über das Vektorprodukt der Geradenvektoren. Damit ergibt sich für den Schnittpunkt

$$\widetilde{\mathbf{p}} = \widetilde{\mathbf{l}}_1 \times \widetilde{\mathbf{l}}_2 = (b_1c_2 - b_2c_1, a_2c_1 - a_1c_2, a_1b_2 - a_2b_1)\,. \tag{2.13}$$

Setzt man nun die Bedingung für die Parallelität aus Gl. (2.12) ein, so erhält man den sog. *idealen Punkt*, einen *Punkt im Unendlichen.*

$$\widetilde{\mathbf{p}} = \widetilde{\mathbf{l}}_1 \times \widetilde{\mathbf{l}}_2 = (b_1c_2 - b_2c_1, a_2c_1 - a_1c_2, 0) \qquad \text{für} \quad \widetilde{\mathbf{l}}_1 \parallel \widetilde{\mathbf{l}}_2 \tag{2.14}$$

Somit lässt sich bei einer Einbettung von parallelen Geraden in den projektiven Raum sehr wohl ein Schnittpunkt berechnen, der ja auch tatsächlich bei der perspektivischen Projektion entsteht.

Wie verhält es sich nun mit dem Horizont? Entsprechend den Betrachtungen in Abschnitt 2.1 stellt der Horizont die Verbindungsgerade aus zwei Fluchtpunkten dar. Innerhalb des projektiven Raumes kann man nun für ein weiteres Paar paralleler Geraden mit anderer Steigung einen weiteren idealen Punkt berechnen. Die resultierende Linie ergibt sich aus dem Vektorprodukt der beiden idealen Punkte (siehe Gl. (2.15)). Somit kann die perspektivische Projektion des Horizontes als *ideale* Linie im projektiven Raum aufgefasst werden.

$$\widetilde{\mathbf{l}}_{ideal} = \widetilde{\mathbf{p}}_{1,ideal} \times \widetilde{\mathbf{p}}_{2,ideal} = (x_1, y_1, 0) \times (x_2, y_2, 0) = (0, 0, x_1y_2 - x_2y_1) \tag{2.15}$$

2.5.2 Die Homographie im $\mathcal{P}^2$

Die projektive Transformation im $\mathcal{P}^2$ kann durch folgende Abb. 2.7 veranschaulicht werden. Die Punkte auf der Ebene I_1 werden über diese Transformation auf die Ebene I_2 projiziert. Der Zusammenhang zwischen den korrespondierenden Abbildungen der beiden Ebenen lautet:

$$\tilde{\mathbf{m}}_{2i} = \mathbf{H}\tilde{\mathbf{m}}_{1i} \tag{2.16}$$

Diese Transformation bezeichnet man als *Homographie*. Sie beschreibt die Transformation von Punkten einer Ebene auf eine andere Ebene durch eine lineare Transformation, wobei die Homographie-Matrix **H** nicht-singulär, d. h. invertierbar sein muss.

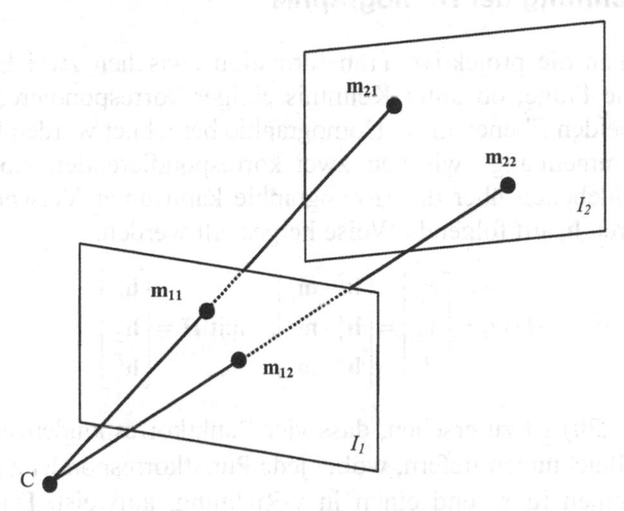

Abb. 2.7. Die projektive Ebene

Die Homographie-Transformation von Linien ergibt sich, wie folgt. Es wird angenommen, dass eine Homographie für jeweils zwei Punkte existiert:

$$\tilde{\mathbf{m}}_{21} = \mathbf{H}\tilde{\mathbf{m}}_{11} \quad \text{und} \quad \tilde{\mathbf{m}}_{22} = \mathbf{H}\tilde{\mathbf{m}}_{22} \tag{2.17}$$

Konstruiert man aus diesen beiden Punkten über das Vektorprodukt eine Linie, so folgt:

$$\tilde{\mathbf{l}}_2 = \tilde{\mathbf{m}}_{21} \times \tilde{\mathbf{m}}_{21} = \mathbf{H}\tilde{\mathbf{m}}_{11} \times \mathbf{H}\tilde{\mathbf{m}}_{12} = \mathbf{H}^*(\tilde{\mathbf{m}}_{11} \times \tilde{\mathbf{m}}_{12}) = \det(\mathbf{H})\mathbf{H}^{-T}\tilde{\mathbf{l}}_1 \tag{2.18}$$

Damit transformieren sich Linien über die entsprechende Kofaktor-Matrix (siehe Anhang D 1.3). Da die Gl. (2.18) bis auf einen Skalierungsfaktor definiert ist, kann die Determinante vernachlässigt werden und es verbleibt folgende Beziehung in Gl. (2.19). Diese Beziehung ist bereits ein erstes Beispiel für die Dualität im projektiven Raum. Weitere Betrachtungen dazu folgen im Abschnitt 2.6.

$$\tilde{\mathbf{l}}_2 = \mathbf{H}^{-T}\tilde{\mathbf{l}}_1 \qquad (2.19)$$

Da die Homographie im projektiven Raum definiert ist, gilt die Gleichheit der Transformation bis auf einen beliebigen Skalierungsfaktor. Somit ist eine Komponente der Matrix frei wählbar und die Homographie-Matrix besitzt acht Freiheitsgrade.

2.5.3 Berechnung der Homographie

Betrachtet man die projektive Transformation zwischen zwei Ebenen, so stellt sich die Frage, ob unter Kenntnis einiger korrespondierender Bildpunkte auf beiden Ebenen diese Homographie berechnet werden kann.

Der Zusammenhang zwischen zwei korrespondierenden Abbildungen auf zwei Bildebenen über die Homographie kann unter Verwendung der Zeilenvektoren $\mathbf{h}_i$ auf folgende Weise hergestellt werden.

$$\tilde{\mathbf{m}}_2 = \mathbf{H} \cdot \tilde{\mathbf{m}}_1 = \begin{bmatrix} x_2 \\ y_2 \\ 1 \end{bmatrix} = \begin{bmatrix} \mathbf{h}_1^T \cdot \tilde{\mathbf{m}}_1 \\ \mathbf{h}_2^T \cdot \tilde{\mathbf{m}}_1 \\ \mathbf{h}_3^T \cdot \tilde{\mathbf{m}}_1 \end{bmatrix}, \quad \text{mit } \mathbf{H} = \begin{bmatrix} \mathbf{h}_1^T \\ \mathbf{h}_2^T \\ \mathbf{h}_3^T \end{bmatrix} \qquad (2.20)$$

Aus Gl. (2.20) ist zu ersehen, dass vier Punktkorrespondenzen vier unabhängige Gleichungen liefern, wobei jede Punktkorrespondenz zwei Freiheitsgrade, einen in x- und einen in y-Richtung, aufweist. Damit erhält man acht linear unabhängige Gleichungen, die vollständig zur Lösung der Homographie-Matrix genügen. Dabei wird vorausgesetzt, dass die Punktkorrespondenzen fehlerfrei sind und in sog. „allgemeiner Position" liegen, d. h., dass keine drei Punkte kollinear sind. Das Vektorprodukt mit $\tilde{\mathbf{m}}_{2i} = (x_{2i}, y_{2i}, w_{2i})^T$ ergibt dann

$$\tilde{\mathbf{m}}_{2i} \times \mathbf{H} \cdot \tilde{\mathbf{m}}_{1i} = \begin{pmatrix} x_{2i}\mathbf{h}_3^T \cdot \tilde{\mathbf{m}}_{1i} - w_{2i}\mathbf{h}_2^T \cdot \tilde{\mathbf{m}}_{1i} \\ w_{2i}\mathbf{h}_3^T \cdot \tilde{\mathbf{m}}_{1i} - x_{2i}\mathbf{h}_1^T \cdot \tilde{\mathbf{m}}_{1i} \\ y_{2i}\mathbf{h}_1^T \cdot \tilde{\mathbf{m}}_{1i} - y_{2i}\mathbf{h}_2^T \cdot \tilde{\mathbf{m}}_{1i} \end{pmatrix} \qquad (2.21)$$

Da $\mathbf{h}_j^T \cdot \tilde{\mathbf{m}}_1 = \tilde{\mathbf{m}}_1^T \mathbf{h}_j$, erhält man drei Gleichungen für die Elemente von $\mathbf{H}$, die auf folgende Weise dargestellt werden können:

$$\begin{bmatrix} \mathbf{0}^T & -w_{2i} \cdot \widetilde{\mathbf{m}}_{1i} & y_{2i} \cdot \widetilde{\mathbf{m}}_{1i} \\ w_{2i} \cdot \widetilde{\mathbf{m}}_{1i} & \mathbf{0}^T & -x_{2i} \cdot \widetilde{\mathbf{m}}_{1i} \\ -y_{2i} \cdot \widetilde{\mathbf{m}}_{1i} & x_{2i} \cdot \widetilde{\mathbf{m}}_{1i} & \mathbf{0}^T \end{bmatrix} \begin{pmatrix} \mathbf{h}_1^T \\ \mathbf{h}_2^T \\ \mathbf{h}_3^T \end{pmatrix} = \mathbf{0} \tag{2.22}$$

Dieses Gleichungssystem hat die Form $\mathbf{A}_i \mathbf{h} = \mathbf{0}$, wobei $\mathbf{A}_i$ eine 3×9-Matrix und **h** ein neundimensionaler Vektor ist.

$$\mathbf{h} = \begin{pmatrix} \mathbf{h}_1 \\ \mathbf{h}_2 \\ \mathbf{h}_3 \end{pmatrix} \tag{2.23}$$

Die Gleichung $\mathbf{A}_i \mathbf{h} = \mathbf{0}$ ist linear in ihrer Unbekannten **h**. Obwohl die Beziehung in Gl. (2.22) drei Gleichungen liefert, sind nur zwei davon linear unabhängig. So ergibt die erste Zeile multipliziert mit x_{2i} plus die zweite Zeile multipliziert mit y_{2i} die dritte Zeile. Damit liefert jede Punktkorrespondenz zwei unabhängige Gleichungen für die Homographie-Matrix **H**, und man erhält schließlich folgende reduzierte Form

$$\begin{bmatrix} \mathbf{0}^T & -w_{2i} \cdot \widetilde{\mathbf{m}}_{1i} & y_{2i} \cdot \widetilde{\mathbf{m}}_{1i} \\ w_{2i} \cdot \widetilde{\mathbf{m}}_{1i} & \mathbf{0}^T & -x_{2i} \cdot \widetilde{\mathbf{m}}_{1i} \end{bmatrix} \begin{pmatrix} \mathbf{h}_1^T \\ \mathbf{h}_2^T \\ \mathbf{h}_3^T \end{pmatrix} = \mathbf{0}\,. \tag{2.24}$$

Die Matrix $\mathbf{A}_i$ ist damit nur noch eine 2×9-Matrix. Liegen vier Punktkorrespondenzen vor, so kann die Matrix **H** bis auf einen Skalierungsfaktor bestimmt werden. Um die triviale Lösung auszuschließen, wird der Skalierungsfaktor z. B. durch die Norm $\|\mathbf{h}\| = 1$ festgelegt (siehe Anhang D.2.3).

2.5.4 Die direkte lineare Transformation (DLT-Algorithmus)

Um die Schätzung der Matrix **H** zu verbessern, wird man i. A. mehr als vier Punktkorrespondenzen verwenden. Solange diese Messungen exakt sind, wird es auch eine eindeutige Lösung für **h** geben. Im Allgemeinen liegen jedoch ungenaue Messungen vor, so dass eine Approximationslösung gefunden werden muss. Damit ergibt sich ein überbestimmtes Gleichungssystem, und es muss eine Lösung für **H** entsprechend einer geeigneten Kostenfunktion gefunden werden. Da die triviale Lösung $\mathbf{h} = \mathbf{0}$ ausgeschlossen werden muss, kann wieder die Bedingung für die Norm verwendet werden. Somit ergibt sich an Stelle der exakten Lösung die Lösung eines Eigenwertproblems. Die Lösung ist der Singulärvektor der Matrix $\mathbf{A}^T\mathbf{A}$ mit dem kleinsten Singulärwert. Dieser Ansatz wird homogenes Verfahren genannt, da die Matrix **H** in der homogenen Definition verwendet wird. Erst durch die Zusatzbedingung, die für die Lösung der Singulärwertzerlegung notwendig ist, wird der Skalierungsfaktor festgelegt.

Bezieht man den Skalierungsfaktor direkt in das Gleichungssystem mit ein, dann kann z. B. die Komponente h_9 des gesuchten Lösungsvektors zu Eins gesetzt werden. Es ergibt sich dann folgendes Gleichungssystem:

$$\begin{bmatrix} 0 & 0 & 0 & -x_{1i}w_{2i} & -y_{1i}w_{2i} & -w_{1i}w_{2i} & x_{1i}y_{2i} & y_{1i}y_{2i} \\ x_{1i}w_{2i} & y_{1i}w_{2i} & w_{1i}w_{2i} & 0 & 0 & 0 & -x_{1i}x_{2i} & -y_{1i}x_{2i} \end{bmatrix} \tilde{\mathbf{h}} = \begin{pmatrix} -w_{1i}y_{2i} \\ w_{1i}x_{2i} \end{pmatrix} \tag{2.25}$$

Der gesuchte Vektor $\tilde{\mathbf{h}}$ ist ein um eine Dimension reduzierter Vektor. Aus den vier Punktkorrespondenzen erhält man schließlich ein lineares Gleichungssystem der Form $\mathbf{A}\tilde{\mathbf{h}} = \mathbf{b}$, das für genau vier Korrespondenzen durch Gauß-Eliminierung gelöst werden kann. Bei einem überbestimmten Gleichungssystem mit mehr als vier Punktkorrespondenzen kann eine Lösungsverfahren entsprechend dem kleinsten quadratischen Fehler (engl. *least square*) eingesetzt werden (siehe Anhang D.2.2).

2.5.5 Anwendung der projektiven Transformation

In den folgenden Abbildungen wird die projektive Transformation von einer Bildebene auf eine andere anschaulich dargestellt. Dabei wurden in dem Originalbild Abb. 2.8 zwei Ebenen ausgewählt. Für beide Ebenen wurden jeweils die Bildkoordinaten der Eckpunkte bestimmt und festgelegt, dass die Bildkoordinaten nach der Transformation in einem Rechteck angeordnet sein sollen. Unter Verwendung des Verfahrens aus Abschnitt 2.5.4 wurde dann die entsprechende Homographie-Matrix bestimmt. Nach Anwendung der projektiven Transformation auf das Originalbild entsprechend Gl. (2.16) wird dieses Bild so verändert, dass die beiden markierten Bücher frontoparallel zur neuen Bildebene ausgerichtet sind (siehe Abb. 2.9).

Die Projektion auf die neue Bildebene ist geometrisch korrekt für die Bildpunkte, die im Originalbild in der durch die Punktkorrespondenzen festgelegten Ebene im Raum liegen. Alle anderen Bildbereiche, die nicht auf dieser Ebene im Raum liegen, werden verzerrt. Diese Beispiel zeigt sehr anschaulich, das durch eine beliebige Homographie Bereiche aus dem affinen Unterraum in das Unendliche transformiert werden können, wie an der starken perspektivischen Verzerrung in Abb. 2.9, links, zu sehen ist.

Abb. 2.8. Originalbild

Abb. 2.9. Projektive Transformationen

2.5.6 Normierung der Messwerte

Bei der Schätzung der Homographie-Matrix, aber auch bei allen anderen Optimierungsproblemen, spielt der Wertebereich der Messdaten eine wesentliche Rolle. So kann durch ungünstige Wertebereiche der Messdaten das Schätzergebnis sogar verfälscht werden (Hartley 1995). In der Bildverarbeitung dienen in der Regel die Bildkoordinaten als Messgrößen. Deren Wertebereich erstreckt sich jedoch in horizontaler und vertikaler Richtung über mehrere hundert Pixel. Für einen Bildpunkt in homogenen Koordinaten ergibt sich damit zwischen der x,y-Komponente und der w-Komponente ein Unterschied um den Faktor Hundert. Schon aus dem Gleichungssystem in Gl. (2.25) ist ersichtlich, dass aufgrund der Multiplikation von Bildkoordinaten sehr schlecht konditionierte Gleichungssysteme folgen, die zu numerischen Problemen führen. Deshalb wird in der Regel eine sog. isotrope Normierung der Messdaten als Vorverarbeitungsschritt vorgenommen. Isotrop bedeutet in diesem Zusammenhang eine von der Richtung unabhängige Skalierung. Die Normierung geschieht in zwei Schritten:

1. Zuerst werden die Messdaten, in diesem Fall Bildkoordinaten, um d_x, d_y verschoben, sodass der Schwerpunkt aller Messdaten im Nullpunkt liegt, man bezeichnet dies auch als Mittelwertbefreiung.
2. Dann werden die Messdaten mit s skaliert, sodass der mittlere Abstand aller Messwerte vom Ursprung $\sqrt{2}$ beträgt. Durch die gemeinsame Skalierung der horizontalen und vertikalen Komponente ist die Richtungsunabhängigkeit (Isotropie) gegeben.

Daraus resultieren dann, wie z. B. im Falle der Schätzung der Homographie-Matrix, zwei Transformationsmatrizen, d. h. für die Messdaten jeder Bildebene eine separate Transformation

$$\mathbf{T}_i = \begin{bmatrix} s^i & 0 & d_x^i \\ 0 & s^i & d_y^i \\ 0 & 0 & 1 \end{bmatrix} \quad \text{mit} \quad i = 1{,}2 . \tag{2.26}$$

Nun wird jeder Messdatensatz getrennt normiert:

$$\hat{\mathbf{m}}_i = \mathbf{T}_i \mathbf{m}_i \quad \text{mit} \quad i = 1{,}2 . \tag{2.27}$$

Basierend auf den normierten Messdaten erhält man dann eine Homographie-Matrix $\hat{\mathbf{H}}$ für die Punktkorrespondenzen $\hat{\mathbf{m}}_1 \leftrightarrow \hat{\mathbf{m}}_2$. Um die Homographie-Matrix bezogen auf die Originaldaten zu erhalten, muss die entsprechende Rücktransformation ausgeführt werden:

$$\mathbf{H} = \mathbf{T}_2^T \, \hat{\mathbf{H}} \, \mathbf{T}_1 \tag{2.28}$$

2.5.7 Dualität im P^2

Eine Linie in der euklidischen Ebene ist definiert durch die Geradengleichung $y = m \cdot x + d$. Dabei ist m die Steigung der Geraden und d der Achsenabschnitt (siehe Abb. 2.10). Die Darstellung der gleichen Linie in der projektiven Ebene ergibt sich durch Erweiterung um eine Dimension. In Gl. (2.29) ist die Gültigkeit der Geradendefinition bis auf einen Skalierungsfaktor klar ersichtlich. Die Linie lautet damit in homogenen Koordinaten $\mathbf{l} = [a, b, c]^T$.

$$ax + by + c = 0, \quad \text{mit} \quad m = -a/b \quad \text{und} \quad d = -c/b \tag{2.29}$$

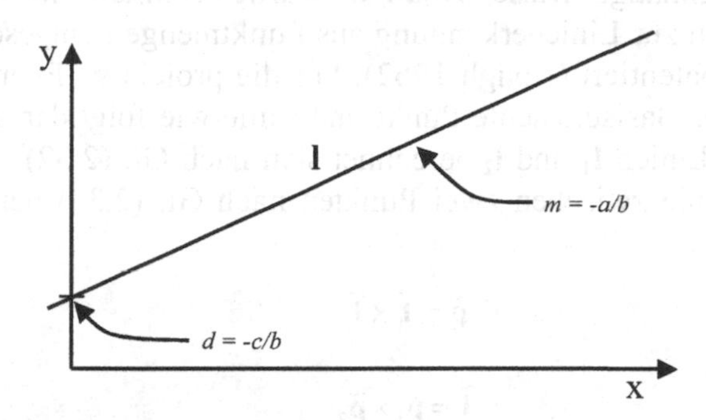

Abb. 2.10. Geradendarstellung nach der Achsenabschnittsdefinition

Daraus ergibt sich für Punkte und Linien im projektiven Raum eine gleiche Repräsentation. Für Punkte auf dieser Linie muss dann gelten

$$\tilde{\mathbf{p}} \in \tilde{\mathbf{l}} \quad \text{wenn} \quad \tilde{\mathbf{p}}^T \tilde{\mathbf{l}} = 0 \ \text{ oder } \ \tilde{\mathbf{l}}^T \tilde{\mathbf{p}} = 0\,. \tag{2.30}$$

Dieser Zusammenhang wird auch als *Incidence* bezeichnet. Im allgemeinen Fall stellt das Skalarprodukt zwischen Punkt und Linie den Abstand des Punktes zur Linie dar (siehe Abb. 2.11).

$$d(\tilde{\mathbf{p}}, \tilde{\mathbf{l}}) = \frac{\tilde{\mathbf{p}}^T \tilde{\mathbf{l}}}{\sqrt{l_1^2 + l_2^2}} = \ \text{mit} \ \tilde{\mathbf{l}} = [l_1, l_2, 1]^T \tag{2.31}$$

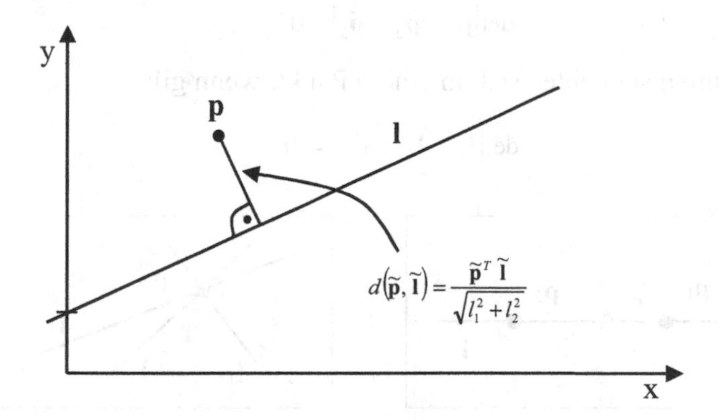

Abb. 2.11. Abstand eines Punktes zu einer Line

Eine wichtige Eigenschaft des projektiven Raumes ist, dass besondere mathematische Beziehungen zwischen dualen Elementen existieren. Stellt man für ein Basiselement z. B. eine Linie, eine mathematische Beziehung her, so ergibt sich durch Austauschen des Basiselementes ein ebenso gültiger Zusammenhang. Diese Dualität wurde erstmals in der Hough-Transformation zur Linienerkennung aus Punktmengen eingesetzt und von Hough 1962 patentiert (Hough 1962). Für die projektive Ebene stellt sich das anhand der Basiselemente Punkt und Linie wie folgt dar. Der Schnittpunkt zweier Linien $\mathbf{l}_1$ und $\mathbf{l}_2$ berechnet sich nach Gl. (2.32), während die Verbindungslinie zwischen zwei Punkten nach Gl. (2.33) berechnet wird (Abb. 2.12).

$$\tilde{\mathbf{p}} = \tilde{\mathbf{l}}_1 \times \tilde{\mathbf{l}}_2 \tag{2.32}$$

$$\tilde{\mathbf{l}} = \tilde{\mathbf{p}}_1 \times \tilde{\mathbf{p}}_2 \tag{2.33}$$

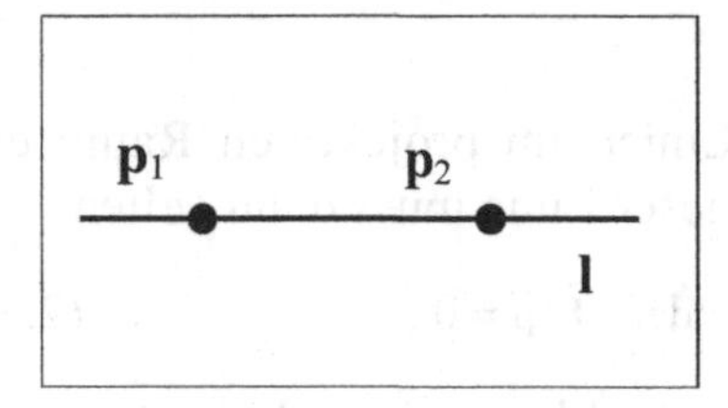

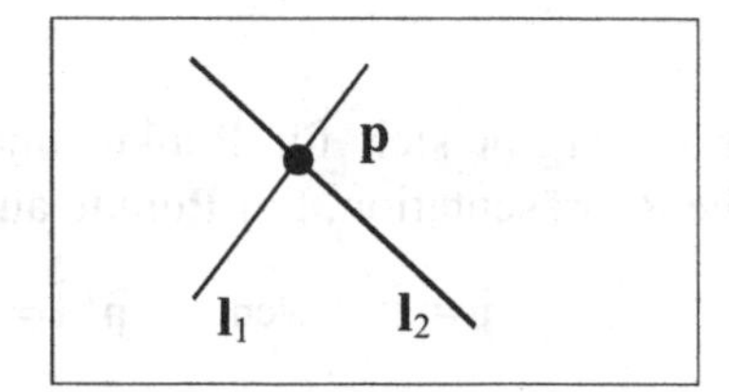

Abb. 2.12. Darstellung der Dualität bei zwei Punkten oder Linien

Somit ergeben sich aufgrund der Dualität durch Vertauschen der Basiselemente zwei gültige mathematische Beziehungen. Auch bei einer Erweiterung auf drei Elemente existiert die Dualität (siehe auch Abb. 2.13). So liegen drei Punkte auf einer Linie, wenn gilt:

$$\det\left[\tilde{\mathbf{p}}_1 \quad \tilde{\mathbf{p}}_2 \quad \tilde{\mathbf{p}}_3\right] = 0 \tag{2.34}$$

Drei Linien schneiden sich in einem Punkt, wenn gilt:

$$\det\left[\tilde{\mathbf{l}}_1 \quad \tilde{\mathbf{l}}_2 \quad \tilde{\mathbf{l}}_3\right] = 0 \tag{2.35}$$

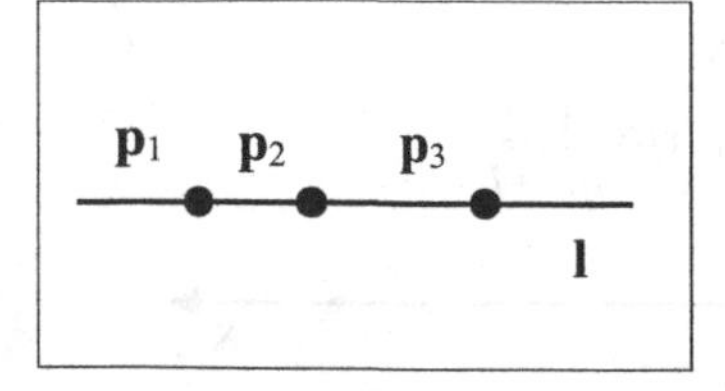

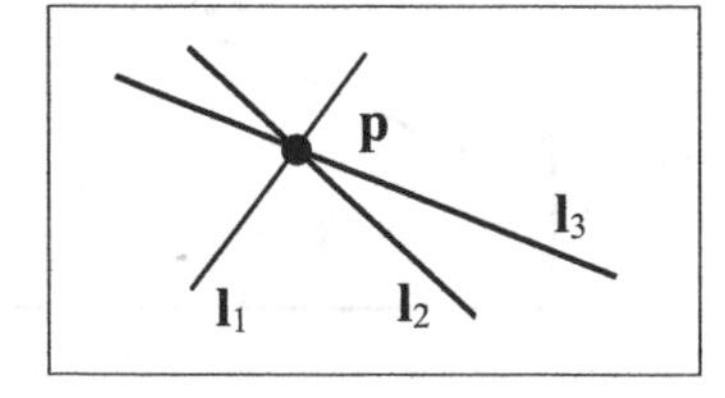

Abb. 2.13. Dualität bei drei Punkten oder Linien

Schneiden sich Geraden in genau einem Punkt, so werden diese als Geradenbüschel (engl. *pencil of lines*) bezeichnet.

2.6 Der projektive 3-D-Raum

Auch die projektive Transformation im $\mathcal{P}^3$ wird als Homographie bezeichnet. Die 4×4-Homographie-Matrix hat demnach sechzehn Elemente. Diese Matrix ist eine projektive Größe und deshalb bis auf einen Skalierungsfaktor definiert. Demnach verbleiben fünfzehn Freiheitsgrade für die Homographie im dreidimensionalen projektiven Raum.

$$\widetilde{M}_2 = \mathbf{H}_{4\times 4} \cdot \widetilde{M}_1 \tag{2.36}$$

Eine Ebene ist durch die Gleichung $aX + bY + cZ - d = 0$ definiert. Es sei nun folgende Ebene π durch ihren Normalenvektor $\mathbf{n}$ und den Abstand d zum Ursprung des Koordinatensystems festgelegt (siehe Abb. 2.14):

$$\pi = \begin{bmatrix}\mathbf{n}^T & -d\end{bmatrix}^T \tag{2.37}$$

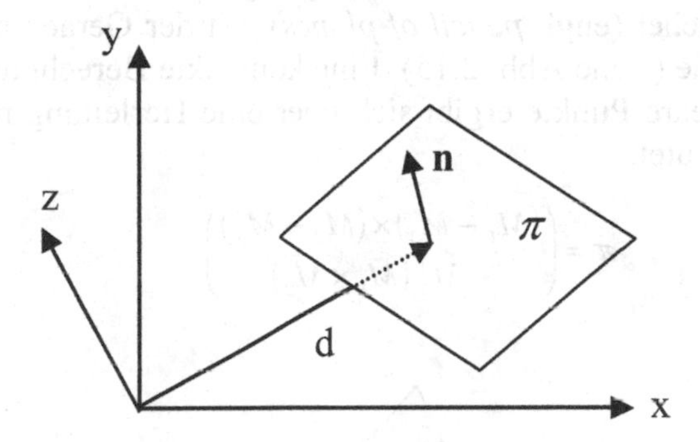

Abb. 2.14. Darstellung der Ebenendefinition

Ein Punkt auf dieser Ebene muss nun die Ebenengleichung erfüllen.

$$\pi^T \widetilde{M} = \begin{bmatrix}\mathbf{n}^T & -d\end{bmatrix}\begin{bmatrix}M \\ 1\end{bmatrix} = \mathbf{n}^T M - d = 0 \quad \Rightarrow \quad \frac{\mathbf{n}^T M}{d} = 1 \tag{2.38}$$

Somit weisen Punkte und Ebenen im projektiven Raum $\mathcal{P}^3$ ebenfalls die *Incidence*-Eigenschaft auf:

$$\widetilde{M} \in \pi, \quad \text{wenn} \quad \pi^T \widetilde{M} = 0 \quad \text{oder} \quad \widetilde{M}^T \pi = 0 \tag{2.39}$$

2.6.1 Dualität im $\mathbf{P}^3$

Entsprechend den dualen Beziehungen im $\mathcal{P}^2$ existieren auch im $\mathcal{P}^3$ Dualitäten, wobei nun die Basiselemente Punkt und Ebene lauten. Während im $\mathcal{P}^2$ zwei Punkte eine Gerade definieren, bestimmen im $\mathcal{P}^3$ drei Punkte eindeutig eine Ebene. Erfüllen drei Punkte M_1, M_2, und M_3 die Incidence-Eigenschaft nach Gl. (2.39), so berechnet sich die Ebene π wie folgt:

$$\begin{bmatrix} \widetilde{M}_1^T \\ \widetilde{M}_2^T \\ \widetilde{M}_3^T \end{bmatrix} \pi = \mathbf{0} \tag{2.40}$$

Sind die drei Punkte in allgemeiner Lage, d. h. nicht kollinear, dann hat die 3×4-Matrix den Rang 3 und die Ebene kann aus dem rechtsseitigen eindimensionalen Nullraum berechnet werden. Dies entspricht einer Lösung eines Gleichungssystems mit drei Gleichungen für drei Unbekannte. Der vierte Ebenenparameter ist frei wählbar, da die Ebene im projektiven Raum bis auf einen Skalierungsfaktor definiert ist. Hat die Matrix den Rang 2, dann ist der Nullraum zweidimensional und die Punkte müssen kollinear sein. Die durch die Punkte festgelegte Gerade, definiert dann ein sog. Ebenenbüschel (engl. *pencil of planes*) mit der Gerade als gemeinsame Schnittgerade (siehe Abb. 2.15). Eine kompakte Berechnung der Ebene für nicht-kollineare Punkte ergibt sich über eine Herleitung mittels Determinanten. Sie lautet:

$$\pi = \begin{pmatrix} (M_1 - M_3) \times (M_2 - M_3) \\ -M_3^T (M_1 \times M_2) \end{pmatrix} \tag{2.41}$$

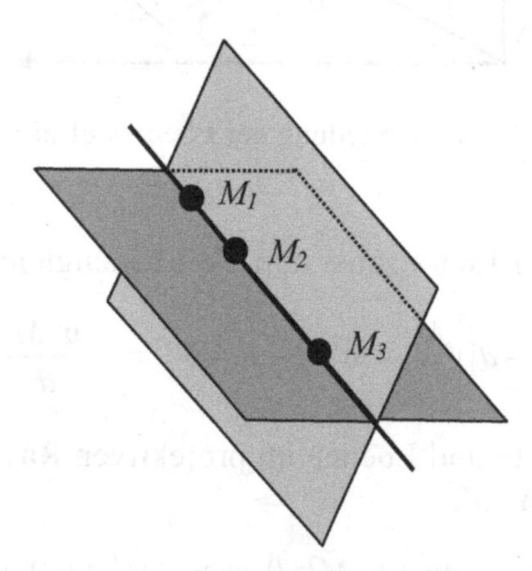

Abb. 2.15. Ebenenbüschel (*pencil of planes*)

Dual zur Beziehung zwischen drei Punkten und einer Ebene existiert auch die Beziehung zwischen drei Ebenen und einem Punkt. So ist ein Punkt eindeutig durch drei Ebenen bestimmt, wenn keine der Ebenen zu einer der anderen parallel ist (siehe Abb. 2.16). Es gilt damit Gl. (2.42) und der Schnittpunkt M kann wiederum aus dem rechtsseitigen eindimensionalen Nullraum berechnet werden.

$$\begin{bmatrix} \pi_1^T \\ \pi_2^T \\ \pi_3^T \end{bmatrix} \widetilde{M} = \mathbf{0} \tag{2.42}$$

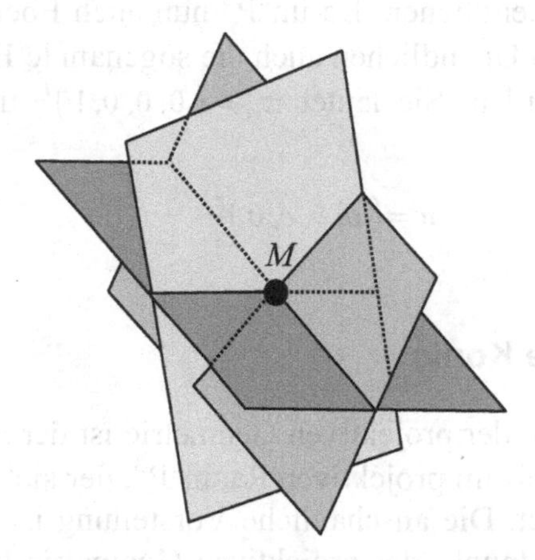

Abb. 2.16. Schnittpunkt aus drei Ebenen

Auch bei einer Erweiterung auf vier Elemente existiert die Dualität. So sind vier Punkte koplanar, wenn die entsprechende Determinante, gebildet aus diesen vier Punkten, verschwindet:

$$\det\begin{bmatrix} \widetilde{M}_1 & \widetilde{M}_2 & \widetilde{M}_3 & \widetilde{M}_4 \end{bmatrix} = 0 \tag{2.43}$$

Für vier Ebenen heißt es entsprechend, dass sich diese in einem Punkt schneiden, wenn die Determinante, gebildet aus den vier Ebenen, verschwindet:

$$\det\begin{bmatrix} \pi_1 & \pi_2 & \pi_3 & \pi_4 \end{bmatrix} = 0 \tag{2.44}$$

Die dualen Beziehungen zwischen vier Punkten und einer Ebene und vier Ebenen und einem Punkt sind in Abb. 2.17 dargestellt.

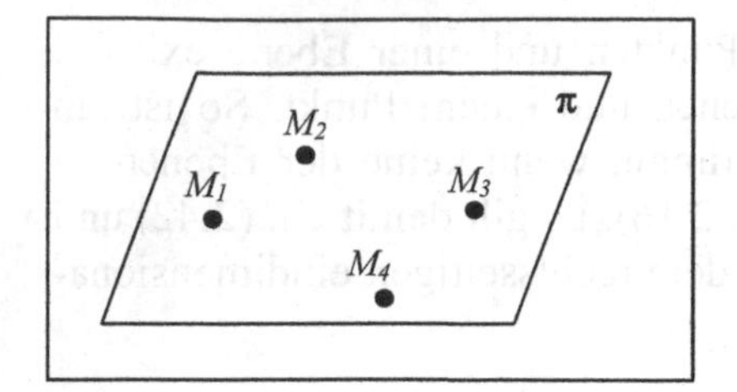

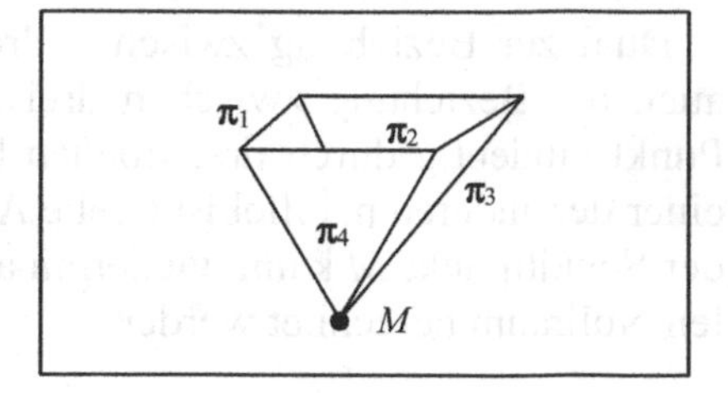

Abb. 2.17. Dualität bei vier Punkten oder Ebenen

Entsprechend zum projektiven zweidimensionalen Raum existieren auch im $\mathcal{P}^3$ Punkte im Unendlichen. Da im $\mathcal{P}^3$ nun auch Ebenen definiert sind, kann aus Punkten im Unendlichen auch die sogenannte Ebene im Unendlichen konstruiert werden. Sie lautet $\pi_\infty = (\ 0, 0, 0, 1\ )^T$ und hat den Richtungsvektor:

$$\tilde{\mathbf{n}} = (\ a, b, c, 0\ )^T \tag{2.45}$$

2.6.2 Der absolute Konic

Ein weiteres Element der projektiven Geometrie ist der *absolute Konic*. Er bezeichnet einen Kreis im projektiven Raum $\mathcal{P}^3$, der sich auf der Ebene im Unendlichen befindet. Die anschauliche Vorstellung ist nicht direkt möglich, aber vom Standpunkt der projektiven Geometrie kann man ein solches Element, den absoluten Konic, ableiten. Dazu sind jedoch einige Vorbetrachtungen notwendig.

In der euklidischen Geometrie ist ein Kreis als eine Anordnung von Punkten definiert, die alle den gleichen Abstand zum Mittelpunkt haben. Demnach ist dieser Abstand eine Invariante für diese Klasse von Punkten. Ein Kreis, wie auch Parabeln, Hyperbeln oder Ellipsen sind in der Ebene durch eine Gleichung 2. Ordnung definiert. Man bezeichnet alle diese Elemente als Konic:

$$c_{11}x^2 + 2c_{12}xy + c_{22}y^2 + 2c_{13}x + 2c_{23}y + c_{33} = 0 \tag{2.46}$$

In der projektiven Geometrie sind Parabeln, Hyperbeln und Ellipsen nicht mehr zu unterscheiden, da sie äquivalent sind und jede Form in die jeweils andere projiziert werden kann. Die Gleichung 2.Ordnung lautet dann im projektiven Raum in homogenen Koordinaten:

$$\tilde{\mathbf{m}}^T \mathbf{C} \tilde{\mathbf{m}} = 0 \tag{2.47}$$

Dic Tangente an einen Kreis, beschrieben durch die Kreis-Matrix **C**, durch einen Punkt auf diesem Kreis ist durch folgende Gleichung definiert:

$$\tilde{\mathbf{l}} = \mathbf{C}\tilde{\mathbf{m}} \tag{2.48}$$

Die konische Koeffizienten-Matrix **C** ist eine homogene symmetrische Matrix, die fünf Freiheitsgrade besitzt, sechs Freiheitsgrade einer symmetrischen 3×3–Matrix abzüglich des frei wählbaren Skalierungsfaktors:

$$\mathbf{C} = \begin{bmatrix} c_{11} & c_{12} & c_{13} \\ c_{12} & c_{22} & c_{23} \\ c_{13} & c_{23} & c_{33} \end{bmatrix} \tag{2.49}$$

In der Kreis-Matrix, mit konstantem Radius der Kreispunkte, ist das Element $c_{12} = 0$. Die Elemente c_{11} und c_{22} müssen gleich sein, können jedoch beide zu Eins gesetzt werden, da dieser Faktor nur der Größe des Radius entspricht:

$$\mathbf{C}_{Kreis} = \begin{bmatrix} 1 & 0 & c_{13} \\ 0 & 1 & c_{23} \\ c_{13} & c_{23} & c_{33} \end{bmatrix} \tag{2.50}$$

Analog zum Kreis in der euklidischen Geometrie, bei dem alle Punkte konstanten Abstand zum Mittelpunkt haben, ist ein Konic im projektiven Raum durch vier Punkte definiert, wovon keine drei Punkte kollinear (d.h. auf einer Gerade liegend) sein dürfen und ein konstantes Kreuzverhältnis aufweisen. Demnach gibt es sowohl für Kreise im euklidischen Raum als auch für Konics im projektiven Raum eine entsprechende Invariante. Ein Konic im projektiven Raum transformiert sich über folgende Gleichung in einen neuen Konic:

$$\mathbf{C}' = \mathbf{H}^{-T}\mathbf{C}\mathbf{H}^{-1} \tag{2.51}$$

Wie lautet nun der Konic, der aus Punkten im Unendlichen beschrieben wird? Für diese Punkte gilt, dass die dritte Komponente Null ist. Demnach müssen alle Punkte im Unendlichen, die auf einem Kreis liegen, folgende Bedingung erfüllen:

$$(u, v, 0)\begin{bmatrix} 1 & 0 & c_{13} \\ 0 & 1 & c_{23} \\ c_{13} & c_{23} & c_{33} \end{bmatrix}\begin{pmatrix} u \\ v \\ 0 \end{pmatrix} = u^2 + v^2 = 0 \tag{2.52}$$

Die Lösung sind Punkte mit imaginären Koordinaten (Gl. (2.53)), die sog. *zirkularen Punkte* (engl. *circular points*). Die Konic-Matrix reduziert sich auf (Gl. (2.54)).

$$\tilde{\mathbf{m}}_1 = (1, j, 0)^T \text{ und } \tilde{\mathbf{m}}_1 = (1, -j, 0)^T \tag{2.53}$$

$$\mathbf{C} = \begin{bmatrix} 1 & 0 & 0 \\ 0 & 1 & 0 \\ 0 & 0 & 0 \end{bmatrix} \tag{2.54}$$

Die bisherige Betrachtung fand im zweidimensionalen projektiven Raum statt. Bei einer Erweiterung dieser Betrachtung auf den dreidimensionalen Raum muss der Konic nicht nur aus Punkten im Unendlichen bestehen, sondern gleichzeitig auf der Ebene im Unendlichen liegen. Dieser Konic wird dann als *absoluter Konic* bezeichnet. Da im projektiven Raum $\mathcal{P}^3$ Punkte im Unendlichen nur durch die ersten drei Komponenten festgelegt sind und die vierte Komponente Null ist, lautet die Kreisgleichung:

$$X^2 + Y^2 + Z^2 = 0 \tag{2.55}$$

Unter Verwendung der Konic-Matrix stellt sich diese Gleichung wie folgt dar:

$$M^T \mathbf{I}_{3\times3} M = 0 \tag{2.56}$$

Damit entspricht die Matrix des absoluten Konics im projektiven Raum $\mathcal{P}^3$ der Einheitsmatrix:

$$\Omega_\infty = \mathbf{I}_{3\times3} \tag{2.57}$$

Nachdem die projektive Transformation als allgemeinste lineare Transformation dargestellt wurde, soll in den folgenden Abschnitten auf die bereits erwähnten Unterräume eingegangen werden, der affine und der euklidische Raum.

2.7 Der affine Raum

Die affine Transformation stellt den Zusammenhang zwischen zwei Koordinatensystemen über eine lineare Transformation und eine Translation her. Für den n-dimensionalen affinen Raum gilt

$$\mathbf{m}_2^n = \mathbf{A}^n \mathbf{m}_1^n + \mathbf{b}^n, \tag{2.58}$$

wobei $\mathbf{A}^n$ eine nicht-singuläre $n\times n$-Matrix ist. Die affine Transformation lautet in homogener Schreibweise:

$$\widetilde{\mathbf{m}}_2^n = \begin{bmatrix} \mathbf{A}^n & \mathbf{b}^n \\ \mathbf{0}_n^T & 1 \end{bmatrix} \widetilde{\mathbf{m}}_1^n \tag{2.59}$$

Im Vergleich zur projektiven Transformation sind in der letzten Zeile der Transformationsmatrix die ersten n Komponenten Null. Damit liegt im Gegensatz zur projektiven Transformation eine eingeschränkte Transformationsdefinition vor. Diese Einschränkung der Transformation führt andererseits zu einer Erhöhung der Anzahl der Invarianten. So bleiben bei einer affinen Transformation Parallelität und Längenverhältnisse erhalten, d. h. Punkte im Unendlichen transformieren sich nun auf Punkte im Unendlichen.

$$\begin{pmatrix} x_2 \\ y_2 \\ 0 \end{pmatrix} = \begin{bmatrix} \mathbf{A} & \mathbf{b} \\ \mathbf{0}^T & 1 \end{bmatrix} \begin{pmatrix} x_1 \\ y_1 \\ 0 \end{pmatrix} \tag{2.60}$$

Die affine Transformation verändert die Form eines Objektes, so dass eine Skalierung und Scherung möglich ist und Längen und Winkel müssen vor und nach der affinen Transformation nicht mehr identisch sein. In Abb. 2.18 sind einige Transformationen und ihre entsprechenden Parameter in der Transformationsmatrix angegeben.

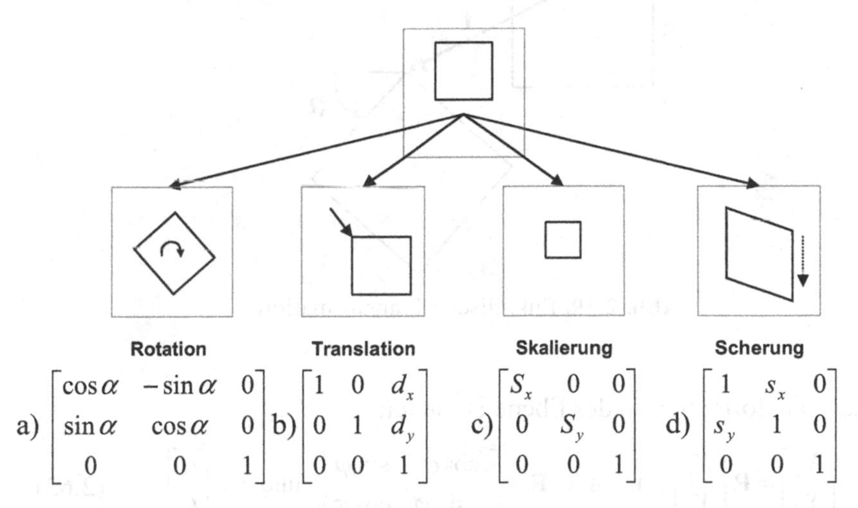

Abb. 2.18. Affine 2D-Transformationen und ihre entsprechenden Matrizen: a) Rotation um den Winkel α b) Translation um d_x und d_y, c) Skalierung mit den horizontalen und vertikalen Faktoren S_x und S_y, d) Scherung mit den horizontalen und vertikalen Scherungsparametern s_x und s_y .

2.8 Der euklidische Raum

Eine weitere Untergruppe des projektiven Raumes ist der euklidische Raum, der auch eine Untergruppe des affinen Raumes ist. Er ist im Allgemeinen im $\Re^2$ und im $\Re^3$ definiert. In ihm lässt sich die Geometrie unserer dreidimensionalen Welt beschreiben. Die Bezeichnung dieses Raumbegriffs geht auf den Mathematiker der griechischen Antike, Euklid, zurück. Im euklidischen Raum lassen sich Längen und Verhältnisse eindeutig beschreiben. Die Beziehung zwischen zwei Punkten im euklidischen Raum besteht aus einer Drehung und einer Verschiebung und wird durch folgende Transformation definiert. Sie ist auch als Bewegungsgesetz starrer Körper bekannt:

$$\mathbf{m}_2 = \mathbf{R}\mathbf{m}_1 + \mathbf{t} \tag{2.61}$$

Dabei ist $\mathbf{R}$ eine orthogonale 2×2-Matrix bzw. 3×3-Matrix, auch Drehmatrix genannt. Der Vektor $\mathbf{t}$ ist der Verschiebungs- oder Translationsvektor. In Abb. 2.19 ist die Transformation in der zweidimensionalen Ebene dargestellt.

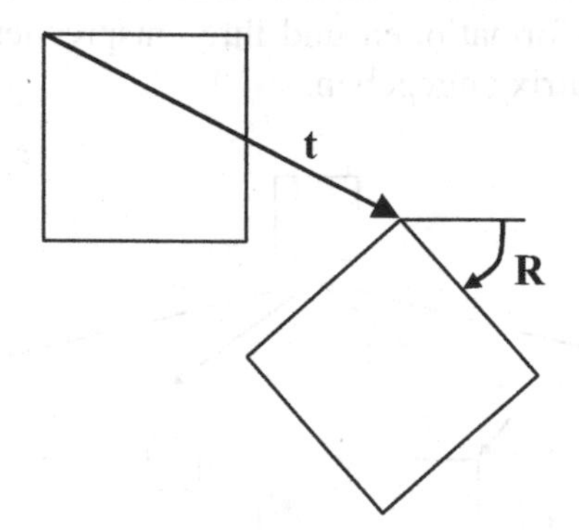

Abb. 2.19. Euklidische Transformation

Die Transformation in der Ebene $\Re^2$ lautet:

$$\begin{bmatrix} X_2 \\ Y_2 \end{bmatrix} = \mathbf{R} \begin{bmatrix} X_1 \\ Y_1 \end{bmatrix} + \mathbf{t}, \quad \text{mit} \quad \mathbf{R} = \begin{bmatrix} \cos\varphi & \sin\varphi \\ -\sin\varphi & \cos\varphi \end{bmatrix} \quad \text{und} \quad \mathbf{t} = \begin{bmatrix} t_x \\ t_y \end{bmatrix} \tag{2.62}$$

Die euklidische Transformation ist aufgrund der Orthogonalitätsbedingung der Drehmatrix eine sehr eingeschränkte Transformation. Dies führt jedoch dazu, dass die Transformation im Gegensatz zur affinen und projektiven Transformation weitere Invarianten aufweist. So ändern sich nun auch Länge und Winkel von geometrischen Objekten nicht nach einer euklidischen Transformation. Die Drehung und anschließende Addition des Translationsvektors kann unter Verwendung der homogenen Koordinaten als eine Matrix-Vektor-Multiplikation dargestellt werden. Für den $\Re^3$ lautet die Transformation in homogenen Koordinaten folgendermaßen:

$$\tilde{\mathbf{m}}_2^3 = \begin{bmatrix} \mathbf{R} & \mathbf{t} \\ \mathbf{0}^T & 1 \end{bmatrix} \tilde{\mathbf{m}}_1^3, \qquad \text{mit } \tilde{\mathbf{m}}_i^3 = \begin{bmatrix} X_i & Y_i & Z_i & 1 \end{bmatrix}^T \tag{2.63}$$

Die euklidische Transformation entspricht damit einer Koordinatentransformation von einem orthogonalen Koordinatensystem in ein neues orthogonales Koordinatensystem.

Es seien nun zwei Koordinatensysteme mit ihren Ursprüngen in C_1 und C_2 gegeben (siehe Abb. 2.20). Der Ursprung des Bezugskoordinatensystems, auch Weltkoordinatensystem genannt, liege in C_1 . Demnach entspricht die Rotation im Koordinatensystem C_1 einer Einheitsmatrix **I** und der Translationsvektor ist Null. Ein Punkt in Weltkoordinaten transformiert sich entsprechend der folgenden Gleichungen in die jeweiligen Koordinatensysteme C_1 und C_2.

$$M_{c1} = \mathbf{I} \cdot M_w \qquad \text{und} \qquad M_{c2} = \mathbf{R} M_w + \mathbf{t} \tag{2.64}$$

Um nun einen Punkt des Koordinatensystems C_1 in dem Koordinatensystem C_2 auszudrücken, ist folgende Umrechnung notwendig:

$$M_w = \mathbf{R}^T (M_{c2} - \mathbf{t}) \Rightarrow M_{c1} = \mathbf{R}^T (M_{c2} - \mathbf{t}) \tag{2.65}$$

Mit dieser Gleichung kann nun die Transformation von jedem orthogonalen Koordinatensystem in ein neues orthogonales Bezugskoordinatensystem vorgenommen werden.

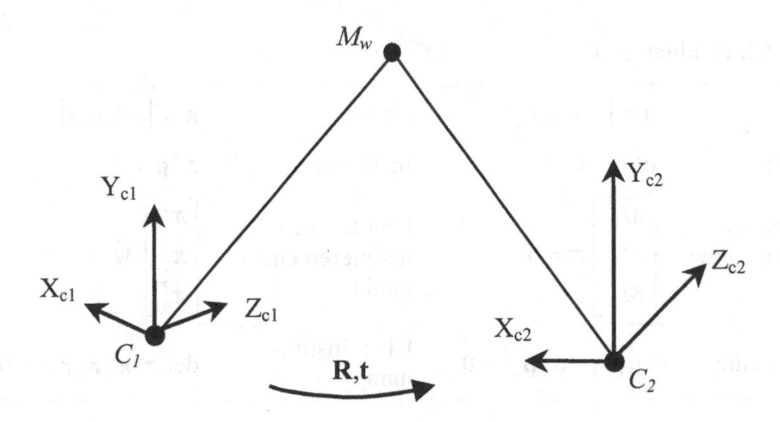

Abb. 2.20. Koordinatentransformation im euklidischen Raum

2.9 Zusammenfassung

Die grundlegende Darstellung linearer Transformationen und ihrer Eigenschaften bildet die Voraussetzung für alle weiteren Betrachtungen des Abbildungsprozesses einer 3-D-Szene auf eine oder mehrere Kameras. Besonders die allgemeinste Form der linearen Transformation, die projektive Transformation, bildet das mathematische Grundgerüst, um die wesentlichen Eigenschaften der perspektivischen Projektion mathematisch zu erfassen. Eine ausführliche Darstellung der projektiven Geometrie findet sich in der englischsprachigen Literatur. Diese Betrachtungen gehen wesentlich über die in diesem Buch präsentierte Darlegung hinaus. Dem Leser seien deshalb für eine Vertiefung die folgenden Quellen empfohlen: (Faugeras 1995, Trucco u. Verri 1998, Pollefeys 2000, Ma et al. 2003, Faugeras u. Luong 2004, Hartley u. Zisserman 2004). In Tabelle 2.1 sind die dualen Beziehungen zwischen Punkten und Linien im projektiven Raum $\mathcal{P}^2$ nochmals zusammengefasst. Die Tabelle 2.2 stellt die dualen Beziehungen zwischen Punkt und Ebene im $\mathcal{P}^3$ gegenüber.

Tabelle 2.1. Dualität im $\mathcal{P}^2$

Punkt	$\mathbf{p} = [x, y, w]^T$	Linie	$\mathbf{l} = [a, b, c]^T$
Incidence	$\mathbf{p}^T \mathbf{l} = 0$	Incidence	$\mathbf{l}^T \mathbf{p} = 0$
Kollinearität	$\det[\mathbf{p}_1\, \mathbf{p}_2\, \mathbf{p}_3] = 0$	Übereinstimmung	$\det[\mathbf{l}_1\, \mathbf{l}_2\, \mathbf{l}_3] = 0$
Verbindung von zwei Punkten	$\mathbf{u} = \mathbf{p}_1 \times \mathbf{p}_2$	Schnittpunkt von zwei Linien	$\mathbf{p} = \mathbf{l}_1 \times \mathbf{l}_2$
Idealer Punkt	$\mathbf{p}_{ideal} = [x, y, 0]^T$	Ideale Linie	$\mathbf{l}_{ideal} = [0, 0, c]^T$

Tabelle 2.2. Dualität im $\mathcal{P}^3$

Punkt	$\mathbf{p} = [x, y, z, w]^T$	Ebene	$\pi = [a, b, c, d]^T$
Incidence	$\mathbf{p}^T \pi = 0$	Incidence	$\pi^T \mathbf{p} = 0$
Drei Punkte definieren eine Ebene	$\begin{bmatrix} \widetilde{M}_1^T \\ \widetilde{M}_2^T \\ \widetilde{M}_3^T \end{bmatrix} \pi = \mathbf{0}$	Drei Ebenen definieren einen Punkt	$\begin{bmatrix} \pi_1^T \\ \pi_2^T \\ \pi_3^T \end{bmatrix} \widetilde{M} = \mathbf{0}$
Koplanarität	$\det[\mathbf{p}_1\, \mathbf{p}_2\, \mathbf{p}_3\, \mathbf{p}_4] = 0$	Übereinstimmung	$\det[\boldsymbol{\pi}_1\, \boldsymbol{\pi}_2\, \boldsymbol{\pi}_3\, \boldsymbol{\pi}_4] = 0$

In folgender Tabelle 2.3 sind noch einmal die genannten Transformationen mit ihren Matrizen und der jeweiligen Anzahl an Freiheitsgraden im zweidimensionalen und dreidimensionalen Raum einander gegenübergestellt.

Tabelle 2.3. Hierarchie der Transformationen

Transformationen	**Matrix**	**Freiheitsgrade 2-D**	**Freiheitsgrade 3-D**
Euklidisch	$\begin{bmatrix} \mathbf{R} & \mathbf{t} \\ \mathbf{0}^T & 1 \end{bmatrix}$	3	6
Affin	$\begin{bmatrix} \mathbf{A} & \mathbf{b} \\ \mathbf{0}^T & 1 \end{bmatrix}$	6	12
Projektiv	$\begin{bmatrix} \mathbf{A} & \mathbf{b} \\ \mathbf{v}^T & v \end{bmatrix}$	8	15

In Tabelle 2.4 sind die Eigenschaften der euklidischen, affinen und projektiven Transformation zusammengefasst. So erhöht sich durch eine steigende Verallgemeinerung der Transformationsvorschrift die Anzahl der möglichen Transformationen. Gleichzeitig reduziert sich jedoch die Anzahl der Invarianten, sodass schließlich bei der projektiven Transformation nur Incidence und Kreuzverhältnis als Invarianten verbleiben.

Tabelle 2.4. Transformationen und Invarianten im euklidischen, affinen und projektiven Raum

Geometrie	**euklidisch**	**affin**	**projektiv**
Anzahl der Komponenten	n	n	n+1
bis auf Skalierungsfaktor	nein	nein	ja
Transformationen			
Rotation, Translation	✓	✓	✓
Skalierung, Scherung		✓	✓
Perspekt. Projektion			✓
Invarianten			
Länge, Winkel	✓		
Verhältnisse, Parallelität	✓	✓	
Incidence, Kreuzverhältnis	✓	✓	✓

- Die Gesetzmäßigkeiten der perspektivischen Projektion können mit der projektiven Geometrie mathematisch beschrieben werden.
- Die homogenen Koordinaten sind wesentlicher Bestandteil des projektiven Raumes.
- Die projektive Transformation stellt die allgemeinste Gruppe linearer Transformationen dar und wird als Homographie bezeichnet.
- Die Einschränkung der Transformation führt zu einer Erhöhung der Anzahl der Invarianten.
- Parallele Linien schneiden sich im projektiven Raum in einem Punkt im Unendlichen.
- Der absolute Konic ist ein Kreis im projektiven Raum, der sich auf der Ebene im Unendlichen befindet.
- Der affine und euklidische Raum sind Unterräume des projektiven Raumes.

3 Das Kameramodell

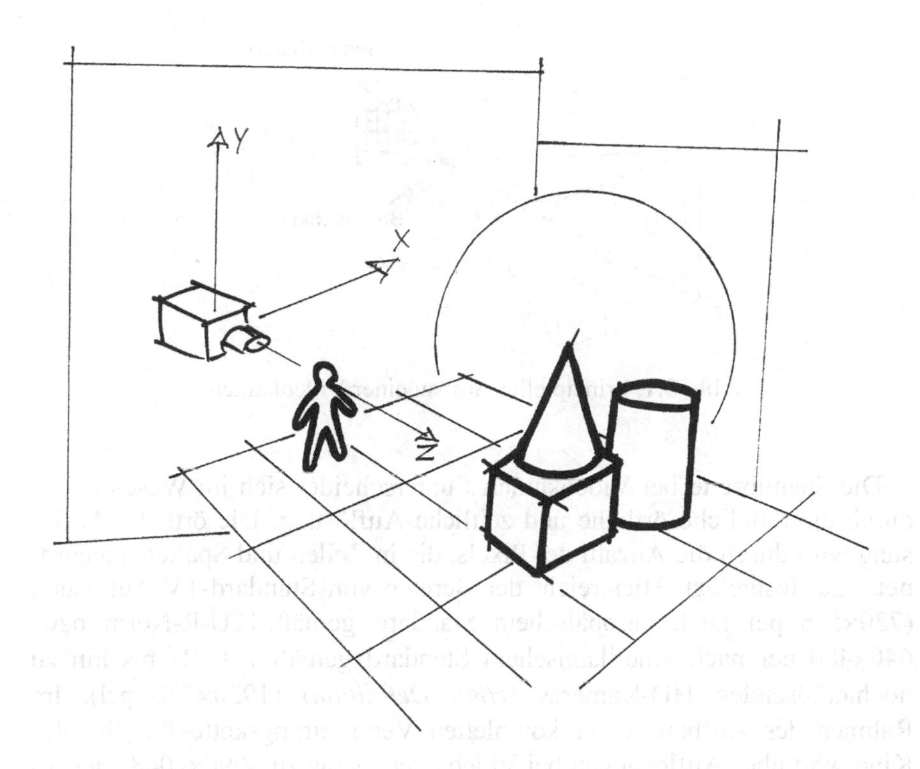

3.1 Einleitung

In diesem Kapitel wird die mathematische Beschreibung des Abbildungsprozesses einer dreidimensionalen Szene auf eine zwei-dimensionale Bildebene hergeleitet. Es wird hier jedoch nicht auf den Abtast- und Quantisierungsprozess eingegangen, da diese in allen Standardwerken zur digitalen Bildverarbeitung ausführlich dargestellt sind (Jähne 2002, Schmidt 2003). Dort findet man auch alle technologischen Aspekte von bildaufnehmenden Sensoren und CCD-Chips (engl. *charge coupled device*) und in jüngster Zeit auch CMOS-Sensoren (engl. *complementary metal oxide semiconductor*) beschrieben. Im Folgenden wird deshalb nur kurz auf einige Charakteristika und Eckwerte von Videokameras eingegangen. Der prinzipielle Aufbau einer Videokamera ist in Abb. 3.1 dargestellt. Über eine Optik, welche die Linse enthält, werden alle optischen Strahlen durch deren Brennpunkt auf eine Sensor-Matrix projiziert. Die Bildelemente auf dieser Matrix setzen dann das optische Signal, die Lichtwelle, in ein elektrisches Signal um. Eine Quantisierung des elektrischen Signals liefert dann für jedes Pixel (aus dem engl. *picture element*) einen digitalen Wert.

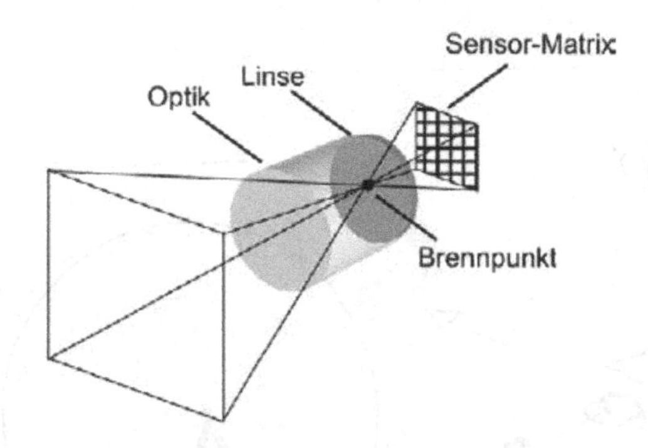

Abb. 3.1. Prinzipieller Aufbau einer Videokamera

Die Spannbreite bei Videokameras unterscheidet sich im Wesentlichen durch die mögliche örtliche und zeitliche Auflösung. Die örtliche Auflösung wird durch die Anzahl der Pixels, die in Zeilen und Spalten angeordnet sind, festgelegt. Hier reicht der Bereich von Standard-TV-Auflösung (720×576 pel nach europäischem Standard gemäß ITU-R-Norm bzw. 640×480 pel nach amerikanischem Standard gemäß ITU-R) bis hin zu hochauflösenden HD-Kameras (*High Definition*) (1920×720 pel). Im Rahmen des Aufbaus einer kompletten Verarbeitungskette für digitales Kino wird über Auflösungen bei Videokameras bis zu 4096×2048 nachgedacht. Im industriellen Bereich werden hochauflösende monochrome Kameras mit Auflösungen von bis zu 2048×2048 pel eingesetzt.

Die zeitliche Auflösung wird über die Bildwiederholrate definiert. Bei sehr hochauflösenden Kameras liegt die Bildwiederholrate u. U. nur im Sekundenbereich, da nur eine begrenzte Datenmenge pro Sekunde in die Aufnahme- oder Verarbeitungseinheit übertragen werden kann. Im Videobereich beträgt nach europäischer Norm 25 Bilder/s und nach amerikanischer Norm 30 Bilder/s. Sogenannte High-Speed-Kameras sind vor allem bei der Analyse von schnellen Prozessen wie z.B. der Mikroskopie, Wafer-Inspektion und Bewegungsanalyse geeignet. Die Bildwiederholrate kann bis zu 1000 Bilder/s betragen, allerdings dann bei einer deutlich geringeren

Bildauflösung. Hinsichtlich der Quantisierung jedes Bildpunktes, also der Auflösung des Dynamikbereiches wird in der Regel eine 8-bit-Quantisierung vorgenommen. Es gibt jedoch auch Kameras, die einen höheren Dynamikbereich auflösen können, um vor allem bei extremen Lichtverhältnissen, wie z. B. Gegenlicht oder sehr schwacher Beleuchtung noch Objekte zu erkennen. Diese Kameras verfügen dann über eine 12-bit- oder sogar 16-bit-Quantisierung. Dies führt jedoch zu einer entsprechenden Vergrößerung der Datenrate, da mehr Bits pro Bild übertragen werden müssen. Während im industriellen Bereich in der Regel monochrome Kameras ihre Anwendung finden, werden im Kommunikationsbereich RGB-Farbkameras eingesetzt. Diese können in 1-, 2- oder 3-Chip-Kameras unterschieden werden. Bei 1-Chip-Kameras wird ein Farbfiltermosaik vor der Sensorfläche angebracht, das sog. Bayer-Mosaik. Jedes Sensorelement erfasst damit nur eine der drei Grundfarben und es ist eine software-basierte Interpolation der fehlenden Farbwerte aus der Umgebung notwendig. Bei den etwas seltener vorkommenden 2-Chip-Kameras wird die Farbe Grün auf einen Chip, die Farben Rot/Blau über ein Streifenfilter auf die geraden/ungeraden Pixel des zweiten Chips abgebildet. Die 3-Chip-Kamera ist konstruktiv etwas komplizierter, sie stellt jedoch für jeden Farbkanal (rot, grün, blau) einen separaten CCD-Chip bereit, was zu einer wesentlich besseren Bildqualität führt.

Eine weitere Unterscheidung spielt besonders in der Videoverarbeitung eine wichtige Rolle, die Interlaced-(dt. verkämmt) und Progressiv-Abtastung. Bei der Interlaced-Abtastung werden die geradzahligen Zeilen in einem ersten Halbbild und dann die ungeradzahligen Zeilen in einem zeitlich folgenden zweiten Halbbild aufgenommen. Im progressiven Verfahren wird das gesamte Bild Zeile für Zeile abgetastet und in einem Vollbild abgelegt. Der Vorteil der progressiven Abtastung liegt darin, dass alle Zeilen zu einem gleichen Zeitpunkt aufgenommen werden, während bei einer Interlaced-Abtastung ein zeitlicher Unterschied von einem Halbbild liegt. Die Interlaced-Abtastung resultiert historisch aus dem Zeilensprungverfahren, welches durch die Röhrentechnologie bei TV-Geräten bedingt war. Da in einer Sekunde nur maximal 25 Bilder auf dem Monitor dargestellt werden konnten, musste eine Lösung zur Vermeidung des Bildflimmerns gefunden werden, das bei einer Bildwiederholfrequenz von 25 Hz (25 Bilder/s) noch wahrnehmbar ist. Das Zeilensprungverfahren macht dies möglich, indem nur Halbbilder, ein geradzahliges Halbbild und dann ein ungeradzahliges Halbbild im Wechsel, aber mit der doppelten Bildwiederholfrequenz dargestellt werden. Inzwischen setzt sich jedoch zunehmend die 100-Hz-Technologie bei TV-Geräten durch, die zu einem flimmerfreien Fernsehbild führt. Die sich immer weiter verbreitenden LCD- und Plasma-Monitore können die Pixelinformation speichern und sind somit unabhängig von Bildwiederholraten. Deshalb wird in absehbarer Zeit ganz auf das Interlaced-Verfahren verzichtet werden können. Moderne Videostandards beinhalten aus Kompatibilitatsgründen noch das Intelaced-Verfahren, es wird jedoch in der Regel von progressiven Videosignalen ausgegangen. In Tabelle 3.1 sind nochmals die wesentlichen Charakteristika von Videokameras zusammengefasst.

Tabelle 3.1. Zusammenfassung der Charakteristika von Videokameras

Eigenschaft	Wertebereich
zeitliche Auflösung	25 Hz ...1000 Hz
örtliche Auflösung	640×480 pel (hor. × vert.) ... 2048×2048 pel
Quantisierung	8 bit ... 16 bit
Chip-Techologie	monochrom, 1-Chip RGB, 1-Chip (Bayer-Mosaik), 2- und 3-Chip,
Abtastung	interlaced oder progressiv
Chipgröße	1/2'', 1/3'', 2/3''

3.2 Das Lochkameramodell

Bereits im frühen Mittelalter beschäftigte man sich mit der Frage, wie sich eine räumliche Szene auf einer zweidimensionalen Bildebene abbildet. Die historischen Zeichnungen in Abb. 3.2 zeigen dies besonders anschaulich. In Abb. 3.2, (rechts) ist die erste veröffentlichte Darstellung einer Lochkamera, der sog. *Camera Obscura* dargestellt.

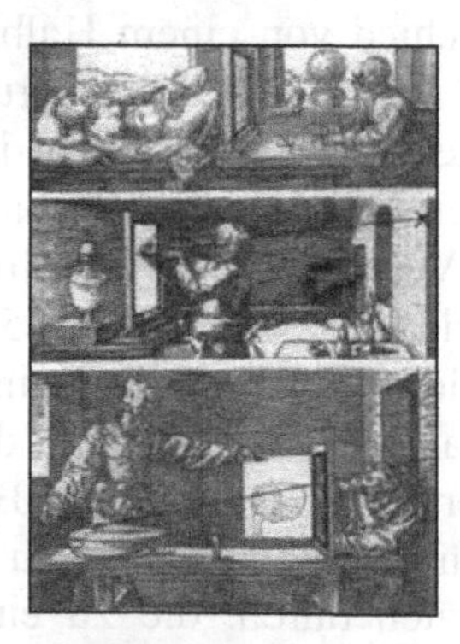

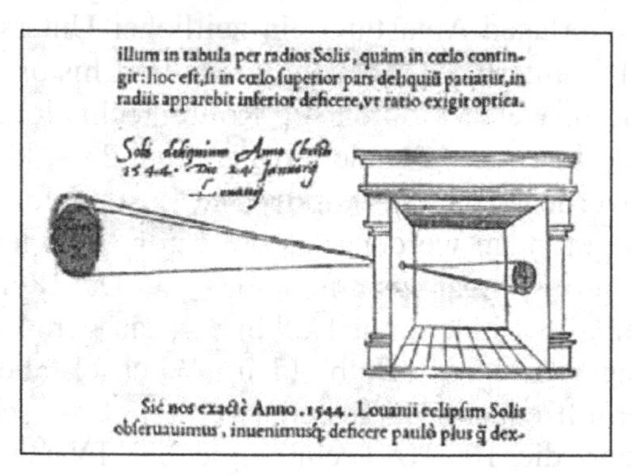

illum in tabula per radios Solis, quàm in cœlo contingit: hoc est, si in cœlo superior pars deliquiū patiatur, in radiis apparebit inferior deficere, vt ratio exigit optica.

Sić nos exactè Anno .1544. Louanii eclipsim Solis obseruauimus, inuenimusq; deficere paulò plus q̃ dex-

Abb. 3.2. Albrecht Dürer, 1525 Underweysung der Messung (links) (Dürer 1977), Reinerus Gemma-Frisius, 1544, Camera Obscura (rechts)

Eine wesentliche Erkenntnis war, dass alle Raumpunkte sich über ein optisches Zentrum, den Brennpunkt, auf die Bildebene abbilden lassen. Deshalb wird dieses Prinzip auch als Lochkameramodell bezeichnet. Das optische Zentrum liegt auf der Brennebene, der fokalen Ebene. Durch die Projektion erfährt die Abbildung eine Punktspiegelung am Brennpunkt (siehe Abb. 3.3). In den folgenden Abschnitten wird nun detailliert auf die mathematische Modellierung dieses Abbildungsprozesses eingegangen.

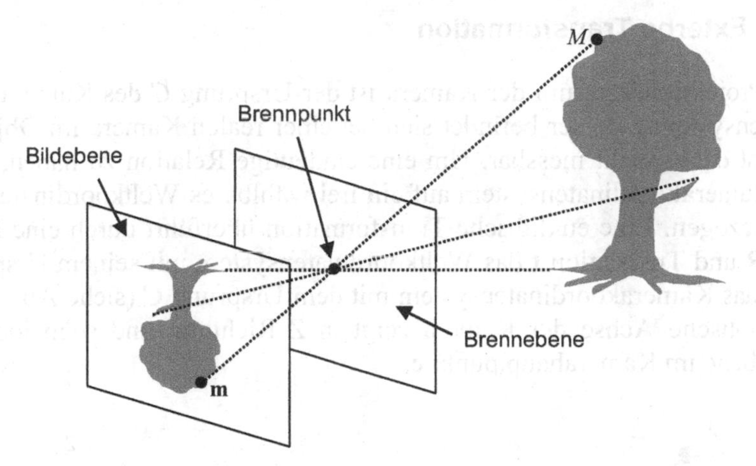

Abb. 3.3. Projektion einer 3-D-Szene auf eine Bildebene

In Abb. 3.4 ist der geometrische Zusammenhang zwischen einem 3-D-Punkt $M_w = (X_w, Y_w\ Z_w)^T$ und seiner Projektion $\mathbf{m} = (u,v)^T$ in die Bildebene I dargestellt. Im Gegensatz zum Modell der Lochkamera, bzw. einer realen Videokamera liegt in Abb. 3.4 das Projektionszentrum hinter der Bildebene.

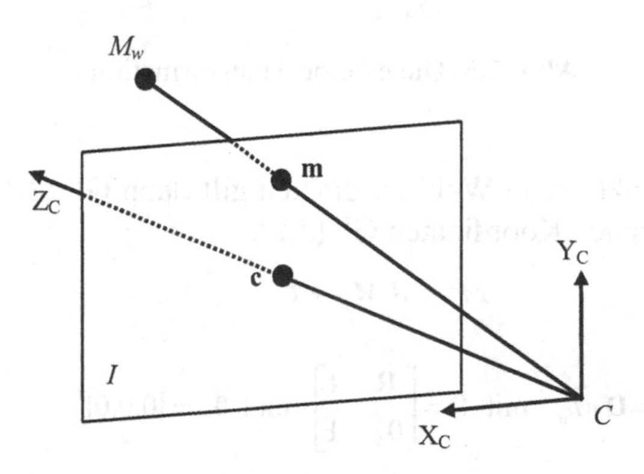

Abb. 3.4. Schematisches Prinzip des Lochkameramodells

Dies hat keine Konsequenz für alle weiteren mathematischen Herleitungen mit Ausnahme einer Spiegelung der x- und y-Achsen der Koordinatensysteme. Es erleichtert jedoch die grafische Darstellung und wird in allen weiteren Abbildungen so verwendet. Die optische Abbildung wird in drei Schritte unterteilt, und zwar in eine externe, eine perspektivische und eine interne Transformation.

3.2.1 Externe Transformation

Das Projektionszentrum der Kamera ist der Ursprung *C* des Kamerakoordinatensystems. Dieser befindet sich bei einer realen Kamera im Objektiv und ist daher nicht messbar. Um eine eindeutige Relation zu haben, wird das Kamerakoordinatensystem auf ein frei wählbares Weltkoordinatensystem bezogen. Eine euklidische Transformation überführt durch eine Rotation **R** und Translation **t** das Weltkoordinatensystem mit seinem Ursprung *O* in das Kamerakoordinatensystem mit dem Ursprung *C* (siehe Abb. 3.5). Die optische Achse der Kamera zeigt in Z-Richtung und schneidet die Bildebene im Kamerahauptpunkt **c**.

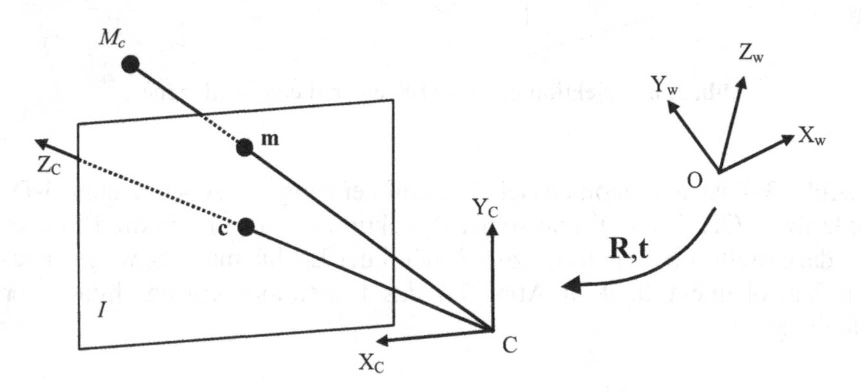

Abb. 3.5. Die externe Transformation

Für den 3-D-Punkt M_w in Weltkoordinaten gilt dann Gl. (3.1) und entsprechend in homogenen Koordinaten Gl. (3.2).

$$M_c = \mathbf{R}\, M_w + \mathbf{t} \tag{3.1}$$

$$\widetilde{M}_c = \mathbf{D}\, \widetilde{M}_w \quad \text{mit } \mathbf{D} = \begin{bmatrix} \mathbf{R} & \mathbf{t} \\ 0_3^T & 1 \end{bmatrix} \quad \text{und } 0_3 = [0,0,0]^T \tag{3.2}$$

Dabei bezeichnet $\tilde{}$ einen homogenen Vektor, der um eine Dimension erweitert wurde, z.B.

$$\widetilde{M}_c = \left[M_c^T, 1\right]^T$$

Die Matrix **D** enthält die *externen* Parameter einer Kamera und wird *extrinsische* Matrix genannt. Die orthogonale Drehmatrix **R** hat drei Freiheitsgrade, die den Drehwinkeln um die drei Achsen des Koordinatensystems entsprechen. Auch die Translation hat drei Freiheitsgrade, so dass sich sechs frei wählbare Parameter für die externe Transformation ergeben.

3.2.2 Perspektivische Transformation

Die perspektivische Transformation eines Punktes (X_c, Y_c, Z_c) im 3-D-Kamerakoordinatensystem in den Punkt (x, y) im 2-D-Sensorkoordinatensystem ist durch die Gleichungen für die Zentralprojektion festgelegt. Dabei bezeichnet f die Brennweite, den Abstand der Bildebene vom Brennpunkt.

$$\frac{x}{X_c} = \frac{y}{Y_c} = \frac{f}{Z_c} \tag{3.3}$$

Damit erhält man die Beziehung in Gl. (3.4) zwischen dem Punkt in Kamerakoordinaten und seiner Projektion in Sensorkoordinaten. In Gl. (3.5) ist die entsprechende Darstellung im projektiven Raum angegeben.

$$\begin{bmatrix} U \\ V \\ S \end{bmatrix} = \begin{bmatrix} f & 0 & 0 & 0 \\ 0 & f & 0 & 0 \\ 0 & 0 & 1 & 0 \end{bmatrix} \cdot \begin{bmatrix} X_c \\ Y_c \\ Z_c \\ 1 \end{bmatrix}, \quad \text{mit } x = U/S, \quad y = V/S \quad \text{für } S \neq 0 \tag{3.4}$$

$$s\widetilde{\mathbf{m}}' = \mathbf{P}'\widetilde{M}_c \quad \text{mit } \mathbf{P}' = \begin{bmatrix} f & 0 & 0 & 0 \\ 0 & f & 0 & 0 \\ 0 & 0 & 1 & 0 \end{bmatrix} \quad \text{und } s = S \tag{3.5}$$

Die Matrix $\mathbf{P}'$ bezeichnet man als perspektivische Projektionsmatrix. Der 3-D-Raumpunkt in homogenen Koordinaten transformiert sich mit der perspektivischen Projektion auf die Ebene in den Punkt $\widetilde{\mathbf{m}}'$. Aus Gl. (3.2) und Gl. (3.5) ergibt sich dann die Transformation von 3-D-Weltkoordinaten in 2-D-Sensorkoordinaten.

$$s\widetilde{\mathbf{m}}' = \mathbf{P}'\mathbf{D}\,\widetilde{M}_w \tag{3.6}$$

Dieser Abbildungsprozess entspricht damit einer projektiven Transformation vom dreidimensionalen projektiven Raum $\mathcal{P}^3$ in die zweidimensionale projektive Ebene $\mathcal{P}^2$ (siehe Abb. 3.6). Auch in dieser Darstellung ist der Kamerahauptpunkt als Schnittpunkt der optische Achse mit der Bildebene eingezeichnet.

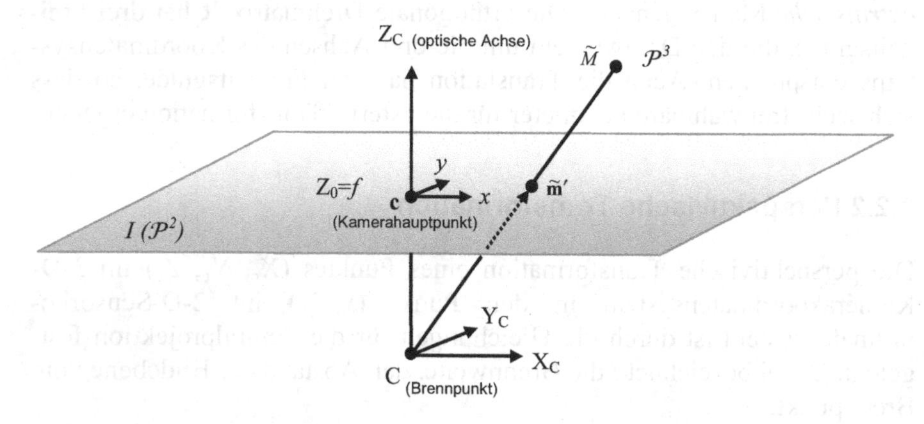

Abb. 3.6. Die perspektivische Transformation

3.2.3 Interne Transformation

Bisher ist die Maßeinheit der Koordinatensysteme immer noch metrisch. Um nun eine Darstellung der Abbildung **m** in diskreten Bildkoordinaten zu erhalten, ist eine sog. interne Transformation notwendig. Die Transformation der Sensorkoordinaten in Bildkoordinaten besteht aus einer horizontalen und vertikalen Skalierung k_u, k_v, welche die Umrechnung von z. B. mm in diskrete Bildkoordinaten vornimmt. Da die diskrete Bildmatrix i. A. in einer Ecke des Bildes beginnend durchnummeriert wird, muss noch eine Verschiebung des Schnittpunktes **c** der optischen Achse mit der Bildebene, des Kamerahauptpunktes (engl. *principal point*), erfolgen. Daraus ergibt sich die Verschiebung (u_0, v_0).in den Ursprung des Bildkoordinatensystems (siehe Abb. 3.7). Fasst man diese Parameter in einer linearen Transformationsmatrix zusammen, so liefert dies:

$$\tilde{\mathbf{m}} = \mathbf{H}\tilde{\mathbf{m}}' \quad \text{mit } \mathbf{H} = \begin{bmatrix} k_u & 0 & u_0 \\ 0 & k_v & v_0 \\ 0 & 0 & 1 \end{bmatrix} \tag{3.7}$$

In der Literatur wird zusätzlich noch ein sog. *Skew*-Parameter für eine schiefsymmtrische Ausrichtung der Achsen des Bildsensors erwähnt. Dieser kann entsprechend der Ausführungen im Kapitel 2 *„Grundlagen der projektiven Geometrie"* als Scherungsfaktor in der (1,2)-Komponente der internen Transformationsmatrix berücksichtigt werden. Bei der hohen Genauigkeit in der Fertigung von CCD-Chips ist dieser Parameter jedoch vernachlässigbar.

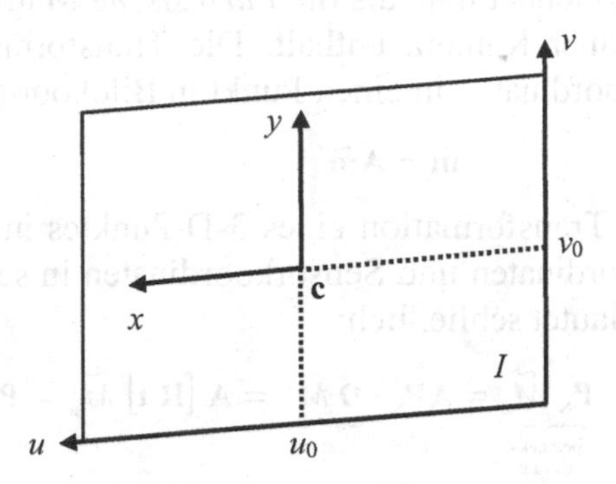

Abb. 3.7. Die interne Transformation

Führt man zusätzlich die perspektivische Transformation aus, erhält man eine Beschreibung in 3-D-Kamerakoordinaten.

$$s\tilde{\mathbf{m}} = \mathbf{HP}'\tilde{M}_c \text{ mit } \mathbf{P}_{\text{neu}} = \mathbf{HP}' = \begin{bmatrix} fk_u & 0 & u_0 & 0 \\ 0 & fk_v & v_0 & 0 \\ 0 & 0 & 1 & 0 \end{bmatrix} \tag{3.8}$$

3.2.4 Normierte Bildkoordinaten

Man spricht von normierten Koordinaten, wenn die Bildebene den Abstand $f = 1$ vom Ursprung des Kamerakoordinatensystems hat. Es gilt:

$$\mathbf{P}_N = \begin{bmatrix} 1 & 0 & 0 & 0 \\ 0 & 1 & 0 & 0 \\ 0 & 0 & 1 & 0 \end{bmatrix} \tag{3.9}$$

Damit kann die Transformationsmatrix in Gl. (3.8) auch geschrieben werden als

$$\mathbf{P}_{\mathrm{neu}} = \mathbf{A}\mathbf{P}_N \tag{3.10}$$

$$\text{mit } \mathbf{A} = \begin{bmatrix} a_u & 0 & u_0 \\ 0 & a_v & v_0 \\ 0 & 0 & 1 \end{bmatrix} \quad \text{und} \quad a_u = fk_u, a_v = fk_v \tag{3.11}$$

Die Matrix **A** bezeichnet man als die *intrinsische* Matrix, welche die *internen* Parameter einer Kamera enthält. Die Transformation eines Bildpunktes in Sensorkoordinaten in einen Punkt in Bildkoordinaten lautet:

$$\widetilde{\mathbf{m}} = \mathbf{A}\widetilde{\mathbf{m}}' \tag{3.12}$$

Die vollständige Transformation eines 3-D-Punktes in Weltkoordinaten über die Kamerakoordinaten und Sensorkoordinaten in seine Abbildung in der 2-D-Bildebene lautet schließlich:

$$s\widetilde{\mathbf{m}} = \underbrace{\mathbf{A}\widetilde{\mathbf{m}}'}_{\text{intern}} = \mathbf{A} \cdot \underbrace{\mathbf{P}_{\mathrm{N}}\,\widetilde{M}_c}_{\text{perspektivisch}} = \mathbf{A}\mathbf{P}_{\mathrm{N}} \cdot \underbrace{\mathbf{D}\,\widetilde{M}_w}_{\text{extern}} = \mathbf{A}\left[\mathbf{R}\ \mathbf{t}\right]\widetilde{M}_w = \mathbf{P}\,\widetilde{M}_w \tag{3.13}$$

$$\text{mit } \mathbf{P} = \mathbf{A}\left[\mathbf{R}\ \mathbf{t}\right] \tag{3.14}$$

Die Matrix **P** ist die allgemeine Projektionsmatrix der perspektivischen Projektion. Bis auf einen Skalierungsfaktor ist nun ein eindeutiger Zusammenhang zwischen einem 3-D Raumpunkt und seiner Abbildung auf die 2-D-Bildebene in Pixelkoordinaten hergestellt. Vernachlässigt man den Scherungsparameter, so weist diese Projektionsmatrix zehn Freiheitsgrade auf, die sich durch die Anzahl der Parameter ergeben. Die extrinsische Transformation enthält drei freie Parameter für die Rotation und drei für die Translation. Die intrinsische Transformation liefert vier weitere Parameter, zwei für die Verschiebung des Bildkoordinatensystems und zwei für die horizontale und vertikale Skalierung.

Durch Division durch die dritte Komponente erhält man die Gleichungen der perspektivischen Projektion für die Bildkoordinaten u und v in der affinen Ebene. Dabei stellen q_{ij} die Komponenten der 3×4-Projektionsmatrix **P** dar.

$$u = \frac{q_{11}X_w + q_{12}Y_w + q_{13}Z_w + q_{14}}{q_{31}X_w + q_{32}Y_w + q_{33}Z_w + q_{34}} \tag{3.15}$$

$$v = \frac{q_{21}X_w + q_{22}Y_w + q_{23}Z_w + q_{24}}{q_{31}X_w + q_{32}Y_w + q_{33}Z_w + q_{34}} \tag{3.16}$$

Mit dieser Division wurde der Freiheitsgrad des Skalierungsfaktors im projektiven Raum wieder eliminiert und man erhält nun in den Gl. (3.15) und Gl. (3.16) eine eindeutige Darstellung.

3.2.5 Eigenschaften der perspektivischen Projektionsmatrix

Für die Erläuterung weiterer Eigenschaften der perspektivischen Projektionsmatrix wird die 3×4-Matrix in folgender Form geschrieben, wobei die linke 3×3-Untermatrix **Q** durch die Zeilenvektoren $\mathbf{q}_i^T$ dargestellt wird:

$$\mathbf{P} = \begin{pmatrix} \mathbf{q}_1^T & q_{14} \\ \mathbf{q}_2^T & q_{24} \\ \mathbf{q}_3^T & q_{34} \end{pmatrix} = \left(\mathbf{Q} \middle| \overline{\mathbf{q}}\right) \tag{3.17}$$

Entsprechend Gl. (3.4) transformiert sich ein 3-D-Punkt in die Bildebene nach folgender Beziehung:

$$\begin{bmatrix} \mathrm{U} \\ \mathrm{V} \\ \mathrm{S} \end{bmatrix} = \begin{pmatrix} \mathbf{q}_1^T & q_{14} \\ \mathbf{q}_2^T & q_{24} \\ \mathbf{q}_3^T & q_{34} \end{pmatrix} \cdot \begin{bmatrix} M_w \\ 1 \end{bmatrix} \tag{3.18}$$

Bei genauer Betrachtung der Projektionsmatrix stellen die Zeilenvektoren dieser Matrix die Parameter von Ebenen dar. Wählt man S = 0, so bezeichnet dies alle Punkte in der fokalen Ebene und die dritte Zeile der Projektionsmatrix liefert die entsprechende Ebenengleichung:

$$\mathbf{q}_3^T M_w + q_{34} = 0 \quad \text{für} \quad \mathrm{S} = 0 \tag{3.19}$$

Setzt man entsprechend U = 0 oder V = 0, so erhält man die Ebenengleichungen für Ebenen, welche die retinale Ebene, die Bildebene, vertikal und horizontal schneiden (siehe Abb. 3.8):

$$\mathbf{q}_1^T M_w + q_{14} = 0 \quad \text{für} \quad U = 0, \qquad \mathbf{q}_2^T M_w + q_{24} = 0 \quad \text{für} \quad V = 0 \tag{3.20}$$

Der Schnittpunkt der drei Ebenen ist das optische Zentrum *C*. Dieses muss nach Multiplikation mit der Projektionsmatrix den Nullvektor ergeben. Damit folgt:

$$\mathbf{P}\begin{pmatrix} C & 1 \end{pmatrix}^T = \mathbf{0} \quad \text{und} \quad C = -\mathbf{Q}^{-1}\overline{\mathbf{q}} \tag{3.21}$$

Der Kamerahauptpunkt **c** liegt auf der optischen Achse, die vom optischen Zentrum *C* ausgeht und senkrecht auf der fokalen Ebene steht. Der Normalenvektor der fokalen Ebene entspricht dem Vektor $\mathbf{q}_3$. Damit kann jeder Punkt auf der optischen Achse durch folgende Gleichung parametrisiert werden:

$$\widetilde{C} + \lambda \ (q_{31}, q_{32}, q_{33}, 0)^T \tag{3.22}$$

Transformiert man nun diesen Punkt mit der perspektivischen Projektionsmatrix in die Bildebene, so liefert das den Kamerahauptpunkt:

$$\begin{aligned} \mathbf{c} &\sim \mathbf{P}\left(\widetilde{C} + \lambda \ (q_{31}, q_{32}, q_{33}, 0)^T\right) \sim \mathbf{P}\widetilde{C} + \mathbf{P}\lambda \ (q_{31}, q_{32}, q_{33}, 0)^T \\ &\sim \mathbf{P} \ (q_{31}, q_{32}, q_{33}, 0)^T \end{aligned} \tag{3.23}$$

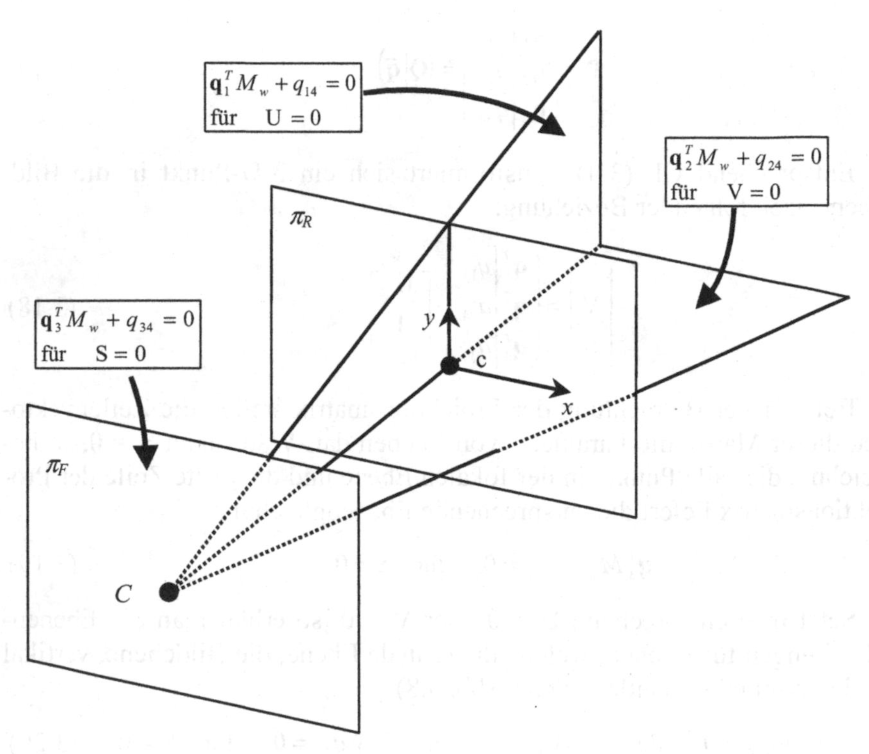

Abb. 3.8. Die fokale Ebene π_F und die Schnittgeraden in der retinalen Ebene π_R

3.2.6 Berücksichtigung von Linsenverzerrungen

Besonders bei kleiner Brennweite sind nichtlineare Verzerrungen durch die Krümmung der Linse zu berücksichtigen. Dies bedeutet, dass mit zunehmendem radialen Abstand vom Brennpunkt eine nichtlineare Abbildung auf die Bildebene erfolgt und so z. B. gerade Kanten gekrümmt auf der Bildebene abgebildet werden. Durch die Einführung einer zusätzlichen, nichtlinearen Transformation der unverzerrten Koordinaten u, v in die verzerrten Koordinaten u_d, v_d besteht die Möglichkeit, diese Verzerrung allgemein zu beschreiben.

$$u = u_d + \delta_u, \quad v = v_d + \delta_v \tag{3.24}$$

Diese Verzerrung enthält radiale und tangentiale Anteile, wobei sich folgende Verzerrungskomponenten ergeben. Die Koeffizienten κ_i beschreiben die radiale und η_i die tangentiale Verzerrung.

$$\delta_u = u_d\left(\kappa_1 r_d^2 + \kappa_2 r_d^4 + \ldots\right) + \left[\eta_1\left(r_d^2 + 2u_d^2\right) + 2\eta_2 u_d y_d\right]\left(1 + \eta_3 r_d^2 + \ldots\right) \tag{3.25}$$

$$\delta_v = v_d\left(\kappa_1 r_d^2 + \kappa_2 r_d^4 + \ldots\right) + \left[2\eta_1 x_d v_d + \eta_2\left(r_d^2 + 2v_d^2\right)\right]\left(1 + \eta_3 r_d^2 + \ldots\right) \tag{3.26}$$

$$\text{mit} \quad r_d = \sqrt{u_d^2 + v_d^2} \tag{3.27}$$

Untersuchungen haben gezeigt, dass bei geringer Brennweite vor allem die erste radiale Verzerrungskomponente zu berücksichtigen ist (Tsai 1984, Wei u. Ma 1994). Durch Verwendung eines komplexeren Verzerrungsmodells wirkt sich nämlich die numerische Stabilität der Parameter negativ auf die Genauigkeit des Modells aus. Bei einer Beschränkung des Verzerrungsmodells auf eine radiale Verzerrung ergibt sich folgender Zusammenhang zwischen verzerrten und unverzerrten Koordinaten:

$$u = u_d \cdot \left(1 + \kappa_1 \cdot r_d^2\right), \quad v = v_d \cdot \left(1 + \kappa_1 \cdot r_d^2\right) \tag{3.28}$$

In Abb. 3.9, (links), ist schematisch eine radiale Verzerrung dargestellt, die zu einer sog. kissenförmigen Verzerrung führt. Dies liefert besonders am Bildrand gekrümmte horizontale und vertikale Kanten. Das Bild in Abb. 3.9, (mitte), zeigt eine verzerrte Originalaufnahme, während in Abb. 3.9, (rechts), das unverzerrte Bild zu sehen ist.

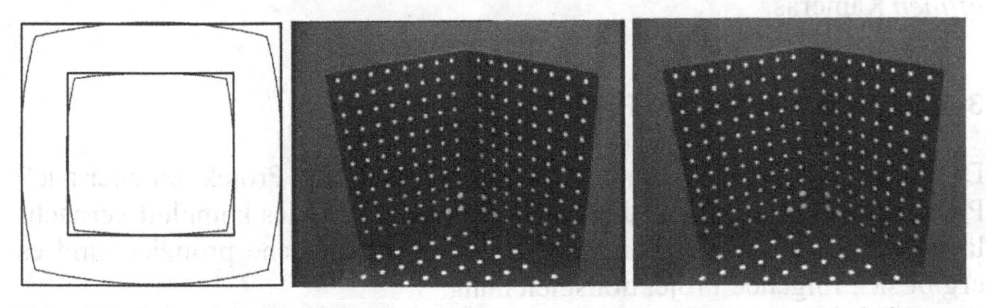

Abb. 3.9. Schematische Darstellung der kissenförmigen Verzerrung bei einer radialen Komponente (links), verzerrte Originalaufnahme (mitte) und entzerrtes Bild (rechts) (Quelle: P. Eisert, FhG/HHI)

3.3 Approximationen der perspektivischen Projektion

Die perspektivische Projektion ist eine nichtlineare Abbildung, die abhängig von der Tiefe der Raumpunkte ist. Dies führt z.B. zur unterschiedlich großen Darstellung von gleichgroßen Objekten, die verschieden weit von der Kamera entfernt sind. Die normierte perspektivische Projektionsmatrix ist hier nochmals angegeben:

$$\mathbf{P}_N = \begin{bmatrix} 1 & 0 & 0 & 0 \\ 0 & 1 & 0 & 0 \\ 0 & 0 & 1 & 0 \end{bmatrix} \tag{3.29}$$

Können jedoch aufgrund der Szene gewisse Annahmen hinsichtlich der Tiefe von Objekten getroffen werden, so lässt sich das perspektivische Kameramodell vereinfachen. Ein Merkmal der folgenden vereinfachten Abbildungsmodelle ist, dass die linke 3×3-Untermatrix der Projektionsmatrix, also die ersten drei Spalten, nur den Rang 2 hat (Bergthold 2003). Die letzte Zeile der Projektionsmatrix hat die Komponenten $(0, 0, 0, 1)^T$ und ein Punkt im Unendlichen wird wieder auf einen Punkt im Unendlichen transformiert.

$$\begin{pmatrix} x \\ y \\ 0 \end{pmatrix} \sim \begin{bmatrix} 1 & 0 & 0 & 0 \\ 0 & 1 & 0 & 0 \\ 0 & 0 & 0 & 1 \end{bmatrix} \begin{pmatrix} \mathrm{X_w} \\ \mathrm{Y_w} \\ \mathrm{Z_w} \\ 0 \end{pmatrix} \tag{3.30}$$

Diese Eigenschaft einer affinen Transformation wurde bereits im Kapitel 2 „*Grundlagen der projektiven Geometrie*" erläutert.

Demnach liegt bei diesen vereinfachten Modellen auch der Brennpunkt und damit die Brennebene im Unendlichen. Man spricht deshalb auch von *affinen* Kameras.

3.3.1 Orthographische Projektion

Die einfachste Approximation ist die orthographische Projektion oder auch Parallelprojektion, welche die Tiefe eines Raumpunktes komplett vernachlässigt. Ein Raumpunkt wird parallel auf die Bildebene projiziert und es ergibt sich folgende Projektionsgleichung:

$$x = \mathrm{X_w}, \quad y = \mathrm{Y_w} \tag{3.31}$$

$$\begin{bmatrix} x \\ y \\ 1 \end{bmatrix} \sim \mathbf{P}_{op} \begin{bmatrix} X_w \\ Y_w \\ Z_w \\ 1 \end{bmatrix} \quad \text{mit } \mathbf{P}_{op} \sim \begin{bmatrix} 1 & 0 & 0 & 0 \\ 0 & 1 & 0 & 0 \\ 0 & 0 & 0 & 1 \end{bmatrix} \begin{bmatrix} \mathbf{R} & \mathbf{t} \\ \mathbf{0}^T & 1 \end{bmatrix} \tag{3.32}$$

Berücksichtigt man die externe Transformation, so resultiert eine Projektion, die fünf Freiheitsgrade aufweist, drei für die Rotation und zwei für die Translation. Die dritte Komponente des Translationsvektor ist irrelevant, da diese bei der orthographischen Projektion zu Null wird.

$$\begin{bmatrix} x \\ y \\ 1 \end{bmatrix} \sim \begin{bmatrix} 1 & 0 & 0 & 0 \\ 0 & 1 & 0 & 0 \\ 0 & 0 & 0 & 1 \end{bmatrix} \begin{bmatrix} \mathbf{R} & \mathbf{t} \\ \mathbf{0}^T & 1 \end{bmatrix} \begin{bmatrix} X_w \\ Y_w \\ Z_w \\ 1 \end{bmatrix} \tag{3.33}$$

Für Objekte, die genügend weit von der Kamera entfernt sind, kann die orthographische Projektion als Näherung der perspektivischen Projektion angenommen werden. Es kann demnach nur in solchen Anwendungsfällen sinnvoll eingesetzt werden, in denen die Objekte klein sind im Verhältnis zum Betrachtungsabstand, wie dies z.B. bei Luftaufnahmen der Fall ist. Um eine Größenskalierung zu berücksichtigen kann die orthographische Projektion zu einer skalierten orthographischen Projektion erweitert werden. Die entsprechende Projektionsmatrix ergibt sich dann basierend auf Gl. (3.33) und weist nun durch den zusätzlichen Parameter k sechs Freiheitsgrade auf:

$$\mathbf{P}_{sop} \sim \begin{bmatrix} k & 0 & 0 & 0 \\ 0 & k & 0 & 0 \\ 0 & 0 & 0 & 1 \end{bmatrix} \begin{bmatrix} \mathbf{R} & \mathbf{t} \\ \mathbf{0}^T & 1 \end{bmatrix} \tag{3.34}$$

3.3.2 Schwach-perspektivische Projektion

Um zusätzlich ein unterschiedliches Bildseitenverhältnis zu ermöglichen, müssen zusätzlich die horizontalen und vertikalen Skalierungsfaktoren a_u, a_v mit in die Projektion eingebracht werden. Man spricht dann von der sog. schwach-perspektivische Projektion. Hier werden alle Objekte zuerst parallel auf eine Bildebene mittlerer Tiefe projiziert. Anschließend erfolgt für eine konstante Tiefe Z_c eine perspektivische Projektion dieser 2-D-Abbildung auf die Bildebene. Damit hat das schwach-perspektivische Modell sieben Freiheitsgrade. Es gilt dann folgender Zusammenhang zwischen Bild- und Weltkoordinaten:

$$\mathbf{P}_{sp} \sim \begin{bmatrix} a_u/Z_c & 0 & 0 & 0 \\ 0 & a_v/Z_c & 0 & 0 \\ 0 & 0 & 0 & 1 \end{bmatrix} \begin{bmatrix} \mathbf{R} & \mathbf{t} \\ \mathbf{0}^T & 1 \end{bmatrix} \tag{3.35}$$

In Abb. 3.10 sind die unterschiedlichen Approximationen der perspektivischen Projektion dargestellt.

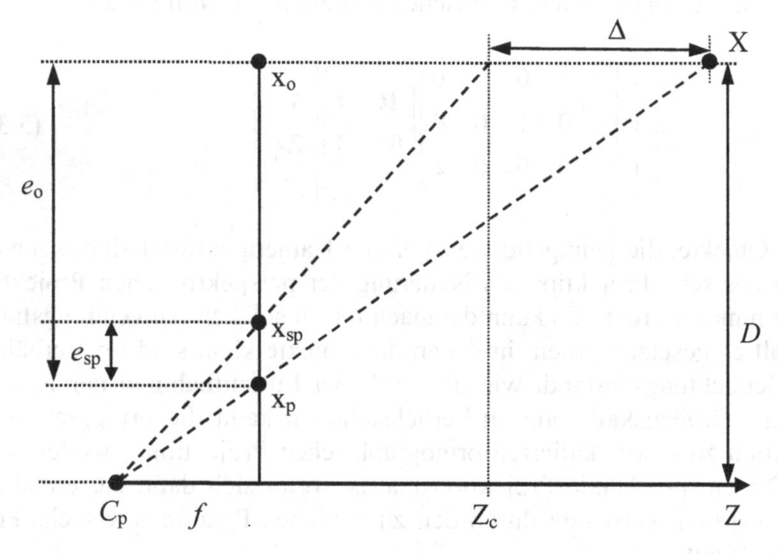

Abb. 3.10. Vergleich der unterschiedlichen Approximationen der perspektivischen Projektion

Der Brennpunkt der perspektivischen Projektion wird mit C_p bezeichnet. Der 3-D-Raumpunkt mit seiner horizontalen Komponente X bildet sich bei der perspektivischen Projektion in x_p ab. Die parallele Projektion auf die Bildebene führt zu x_o und der resultierende Fehler gegenüber der perspektivischen Projektion ist e_o Damit hängt der Fehler vom Abstand D des Raumpunktes von der optischen Achse ab. Bei der schwach-perspektivischen Projektion wird der 3-D-Raumpunkt zuerst auf die Ebene mit der mittleren Tiefe Z_c projiziert. Dann erfolgt die perspektivische Projektion in die Abbildung x_{sp}. Der resultierende Fehler ist e_{sp} , der nun zusätzlich zum Abstand D des Raumpunktes noch vom Abstand zur mittleren Tiefenebene Z_c abhängt.

3.3.3 Affine Projektion

Nun kann schließlich noch ein Scherungsparameter s eingeführt werden und man erhält die allgemeine affine Projektionsmatrix.

$$\mathbf{P}_a \sim \begin{bmatrix} a_u/Z_c & s & 0 & 0 \\ 0 & a_v/Z_c & 0 & 0 \\ 0 & 0 & 0 & 1 \end{bmatrix} \begin{bmatrix} \mathbf{R} & \mathbf{t} \\ \mathbf{0}^T & 1 \end{bmatrix} \tag{3.36}$$

Damit erhöht sich die Anzahl der freien Parameter auf acht. Führt man die Matrix-Multiplikation in Gl. (3.36) aus, so liefert das folgende allgemeine affine Projektionsmatrix.

$$\mathbf{P}_a \sim \begin{bmatrix} a_{11} & a_{12} & a_{13} & t_1 \\ a_{21} & a_{22} & a_{23} & t_2 \\ 0 & 0 & 0 & 1 \end{bmatrix} \tag{3.37}$$

Damit die Projektionsmatrix den geforderten Rang 3 erfüllt, muss die obere 2×3-Untermatrix den Rang 2 aufweisen.

Die Verwendung von affinen Kameramodellen hat den Grund, dass statt der zehn freien Parameter des projektiven Kameramodells nur acht Parameter zu bestimmen sind. Da die Robustheit der Schätzung mit der Anzahl der freien Parameter abnimmt, ist ein einfacheres Modell aus der Sicht der Parameterschätzung zu bevorzugen. Auf die Schätzung von Kameraparametern wird detailliert im nächsten Abschnitt eingegangen. In Anwendungsgebieten, wo man davon ausgehen kann, dass die betrachteten Objekte sehr weit von der Kamera entfernt sind, ist die Vereinfachung u. U. sogar angebracht. Besonders in der Astronomie bzw. in der Photogrammetrie (Fernerkundung) werden die affinen Kameramodelle verwendet.

Wie bereits dargestellt, hat die affine Kamera ihren Brennpunkt im Unendlichen. Dadurch werden parallele Linien im Raum im Gegensatz zur perspektivischen Projektion auch auf parallele Linien in der Bildebene abgebildet. Die perspektivische Verzerrung aufgrund der unterschiedlichen Tiefe der Objekte wird damit aufgehoben. In Abb. 3.11 ist der Übergang von der projektiven Kamera zur affinen Kamera nochmals anschaulich dargestellt.

Der Übergang von der perspektivischen zur affinen Projektion wird in der Kinofilmproduktion als besonderer Effekt gerne eingesetzt. Durch eine Änderung des Abstandes der Kamera von der Szene und einer gleichzeitigen Änderung der Brennweite, also einer Skalierung bzw. Vergrößerung des Objektes wird die perspektivische Verzerrung nach und nach aufgehoben.

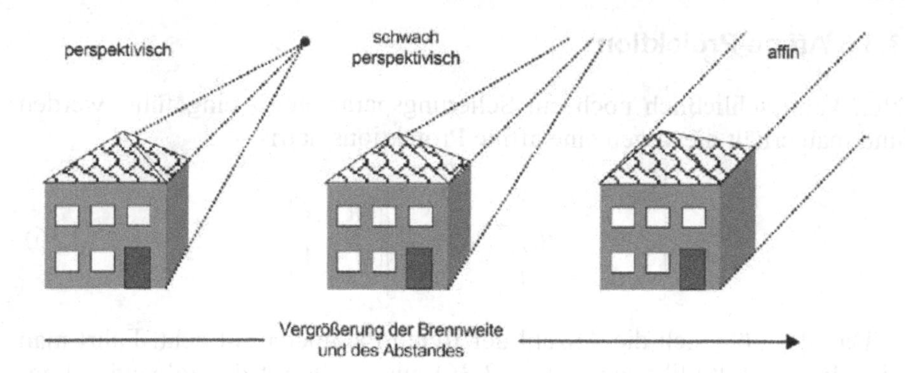

Abb. 3.11. Übergang von der projektiven zur affinen Kamera

In Abb. 3.12 sind die Ansichten einer projektiven und einer affinen Kamera simuliert. Während im linken Bild die eingezeichneten Geraden aufeinander zu laufen, sind sie im rechten Bild parallel. Die Perspektive ist aufgehoben.

Abb. 3.12. Aufnahme einer projektiven Kamera (links) und einer simulierten affinen Kamera (rechts)

Hinsichtlich des Vergleichs der verschiedenen Kameramodelle bezüglich der perspektivischen Kamera gibt es ausführliche Betrachtungen, auf die der Leser an dieser Stelle verwiesen sei (Aloimonos 1990, Xu u. Zhang 1996, Faugeras und Luong 2004, Hartley und Zisserman 2004).

3.4 Kamerakalibrierung

Im den vorangegangenen Abschnitten wurden unterschiedlich komplexe Modelle für den Abbildungsprozess einer dreidimensionalen Szene auf eine zweidimensionale Bildebene einer Kamera erläutert. Die verschiedenen Parameter sind nicht bekannt, sondern müssen in einem sog. Kalibrierungsschritt bestimmt werden. Hierbei wird von einer bekannten 3-D-Struktur der Szene ausgegangen. Dies ist i. A. ein spezielles Kalibrierungsmuster, das mit der Kamera aufgenommen wird. Aufgrund der Korrespondenz zwischen den 3-D-Messpunkten im Kalibrierungsmuster und den entsprechenden korrespondierenden Abbildungen können die Parameter des Kameramodells geschätzt werden (Lenz u. Tsai 1989).

3.4.1 Schätzung der Kameraparameter

Die Abbildung der dreidimensionalen Welt auf die zweidimensionale Bildebene der Kamera enthält intrinsische und extrinsische Parameter und ist durch folgende lineare Gleichung definiert:

$$s\tilde{\mathbf{m}} = \mathbf{P}\tilde{M}_w, \quad \text{mit } \mathbf{P} = \mathbf{A}\left[\mathbf{R}\ \mathbf{t}\right] = \begin{bmatrix} a_u\mathbf{r}_1^T + u_0\mathbf{r}_3^T & a_u t_x + u_0 t_z \\ a_v\mathbf{r}_2^T + v_0\mathbf{r}_3^T & a_v t_y + v_0 t_z \\ \mathbf{r}_3^T & t_z \end{bmatrix} \tag{3.38}$$

Aus Gl. (3.38) ist ersichtlich, dass bei bekannten 3-D-Punkten und den entsprechenden korrespondierenden Abbildungen die Elemente der Projektionsmatrix berechnet werden können. Dies geschieht i. A. durch die Verwendung eines Kalibrierkörpers, der geeignete Messpunkte enthält, für welche die exakten 3-D-Koordinaten verfügbar sind (siehe Abb. 3.13).

Abb. 3.13. Abbildung eines Kalibrierkörpers des FhG/HHI

Zu den 3-D-Koordinaten des Kalibrierkörpers müssen nun die entsprechenden u,v-Koordinaten der Messpunkte in dem aufgenommenen Bild bestimmt werden (Abb. 3.14). Dies kann durch Anwendung geeigneter Bildverarbeitungsverfahren geschehen, die z. B. nach bestimmten Mustern, wie in diesem Falle Kreisen, suchen. Ziel dieser Verfahren ist die Bestimmung der entsprechenden Abbildung des Messpunktes. In dem angeführten Beispiel wurden die Mittelpunkte der weißen Kreise als Messpunkte verwendet.

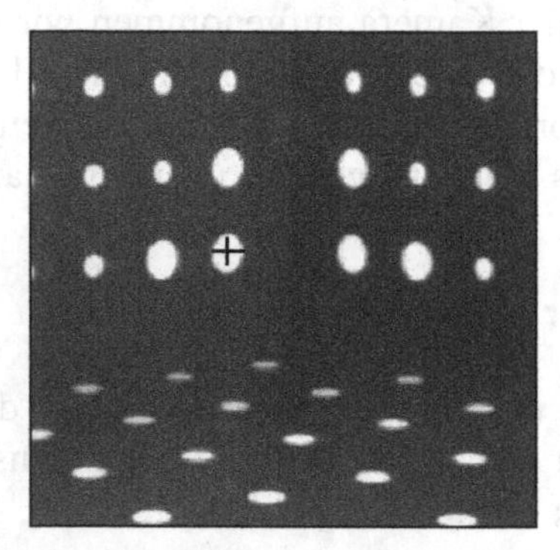

Abb. 3.14. Bestimmung des Mittelpunktes der Messpunkte im aufgenommenen Kamerabild des Kalibrierkörpers

Ignoriert man die Linsenverzerrung und verwendet man das lineare Modell, so kann man für entsprechende Anwendungen eine ausreichende Genauigkeit bei der Schätzung der Parameter erreichen. In den folgenden Gleichungen bezeichnet q_{jk} das (j,k)-Element der Projektionsmatrix **P**. Die ersten drei Elemente jeder Zeile der Projektionsmatrix werden zu einem Vektor $\mathbf{q}_i = (q_{i1}, q_{i2}, q_{i3})^T$ zusammengefasst. Aus der Projektionsgleichung

$$s\widetilde{\mathbf{m}} = s\begin{pmatrix} u \\ v \\ 1 \end{pmatrix} = \mathbf{P}\widetilde{M}_w = \left(\begin{array}{c|c} \mathbf{q}_1^T & q_{14} \\ \mathbf{q}_2^T & q_{24} \\ \mathbf{q}_3^T & q_{34} \end{array}\right)\widetilde{M}_w \tag{3.39}$$

können durch Division durch s die beiden folgenden Beziehungen in Gl. (3.40) bestimmt werden. Diese Gleichungen beinhalten den 3-D-Punkt M auf dem Kalibrierungsmuster und seine korrespondierende Abbildung in der Bildebene $\mathbf{m} = (u,v)^T$.

$$\begin{aligned} (\mathbf{q}_1 - u \cdot \mathbf{q}_3)^T \cdot M + q_{14} - u \cdot q_{34} = 0 \\ (\mathbf{q}_2 - v \cdot \mathbf{q}_3)^T \cdot M + q_{24} - v \cdot q_{34} = 0 \end{aligned} \tag{3.40}$$

Für N Messpunkte erhält man dann ein System von $2N$ homogenen linearen Gleichungen

$$\mathbf{A} \cdot \mathbf{x} = 0 \tag{3.41}$$

Die Matrix **A** ist eine $2N \times 12$-Matrix, welche von den 2-D- und 3-D-Koordinaten der Messpunkte abhängt. Der Vektor **x** hat die Dimension 12×1 mit den Komponenten

$$\mathbf{x} = \left[\mathbf{q}_1^T, q_{14}, \mathbf{q}_2^T, q_{24}, \mathbf{q}_3^T, q_{34}\right]^T \tag{3.42}$$

Da der Vektor $\mathbf{q}_3$ die Komponenten der letzten Zeile der Rotationsmatrix enthält, kann folgende Nebenbedingung eingeführt werden, um die triviale Lösung auszuschließen:

$$\left\|\mathbf{q}_3\right\| = 1 \tag{3.43}$$

Der folgende Ausdruck ist dann unter Berücksichtigung der Nebenbedingung bei Verwendung des Lagrangeschen Multiplikators zu minimieren:

$$\left\|\mathbf{A} \cdot \mathbf{x}\right\| \rightarrow \min \tag{3.44}$$

Dies bedeutet die Bestimmung von Eigenvektoren einer 3×3-Matrix und die Invertierung einer 9×9-Matrix (siehe Anhang D.2.3). Als Ergebnis erhält man die Komponenten der gesuchten Projektionsmatrix und implizit auch die intrinsischen und extrinsischen Kameraparameter (siehe Anhang D.3). Die Schätzung der Parameter kann verbessert werden, wenn klassische nichtlineare Optimierungsverfahren verwendet werden, wie z. B. ein Gauss-Newton-Verfahren oder die Levenberg-Marquardt-Optimierung (Press 1986). Besonders wenn nichtlineare Verzerrungen durch die Kameralinse mit in die Optimierung integriert werden sollen, eignen sich diese Verfahren. Allerdings ist es bei diesen Verfahren notwendig mit geeigneten Startwerten für die Parameter zu beginnen, um im Laufe der Optimierung zum absoluten Minimum zu gelangen (Heikkilä u. Silven).

3.4.2 Das Bild des absoluten Konic

Im Kapitel 2 „*Grundlagen der projektiven Geometrie*" wurde der absolute Konic als Element des projektiven Raumes eingeführt Es wurde gezeigt, dass sich jeder Konic durch eine projektive Transformation in einen neuen Konic überführen lässt.

$$\mathbf{C}' = \mathbf{H}^{-T}\mathbf{C}\mathbf{H}^{-1} \tag{3.45}$$

Demnach muss dieser Zusammenhang auch für den absoluten Konic gelten. Die projektive Transformation des absoluten Konic wird als Bild des absoluten Konics (engl. *image of the absolute conic (IAC)*) bezeichnet. Oder anders formuliert, jeder Kreis auf einer Bildebene projiziert sich in den absoluten Konic auf der Ebene im Unendlichen. Wie transformieren sich nun Punkte des absoluten Konics in die Bildebene einer Kamera? Diese Frage kann nun geklärt werden, da ein Modell für den Abbildungsprozess eines Punktes im Raum in die Bildebene der Kamera vorliegt. Dazu folgende Betrachtung:

Ein Punkt im Unendlichen hat in seiner vierten Komponente eine Null. Damit lautet die Projektion eines Punktes entsprechend dem Kameramodell:

$$\tilde{\mathbf{m}} = \mathbf{P}\tilde{M}_\infty = \mathbf{A}[\mathbf{R} \quad \mathbf{t}]\begin{pmatrix} M \\ 0 \end{pmatrix} = \mathbf{AR}M \tag{3.46}$$

Das heißt, dass eine Transformation eines Punktes im Unendlichen nur eine Homographie und unabhängig von der Position der Kamera ist (siehe Abb. 3.15). Dieser Aspekt wird in Kapitel 6 „*Die Homographie zwischen zwei Ansichten*“ nochmals detailliert ausgeführt.

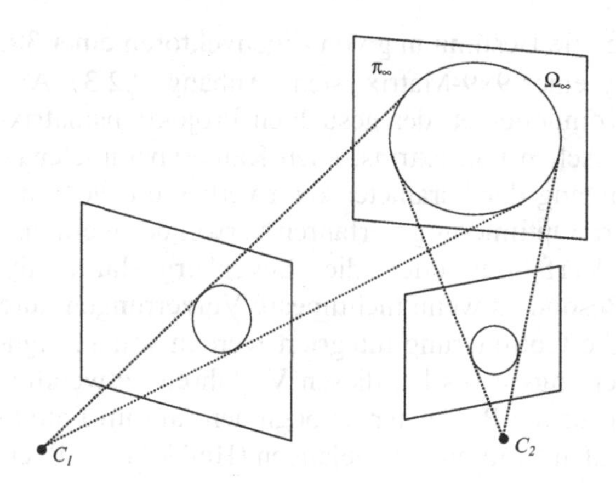

Abb. 3.15. Bild des absoluten Konic in zwei Kameraansichten

$$\tilde{\mathbf{m}} = \mathbf{H}M, \qquad \text{mit} \quad \mathbf{H} = \mathbf{AR} \tag{3.47}$$

Nun kann der absolute Konic $\Omega_\infty = \mathbf{I}_{3\times3}$ entsprechend Gl. (3.45) mit dieser Homographie transformiert werden und man erhält das Bild des absoluten Konics:

$$\omega = (\mathbf{AR})^{-T}\mathbf{I}_{3\times3}(\mathbf{AR})^{-1} = \mathbf{A}^{-T}\mathbf{R}\mathbf{R}^{-1}\mathbf{A}^{-1} = \mathbf{A}^{-T}\mathbf{A}^{-1} \tag{3.48}$$

Gemäß der Dualität im projektiven Raum existiert auch ein duales Bild des absoluten Konic:

$$\omega^* \cong \omega^{-1} \cong \mathbf{A}\mathbf{A}^T \tag{3.49}$$

Dies bedeutet, dass das Bild des absoluten Konic nur durch die intrinsischen Parameter festgelegt ist, d. h. bei bekanntem Bild des absoluten Konic kann die intrinsische Matrix durch eine Cholesky-Zerlegung gewonnen werden. Dabei besagt die Cholesky-Zerlegung, dass eine positiv-definite Matrix $\mathbf{K}$ eindeutig in $\mathbf{K} = \mathbf{A}\mathbf{A}^T$ zerlegt werden kann, wenn die Matrix $\mathbf{A}$ eine reelle obere Dreiecksmatrix mit positiven Hauptdiagonalelementen ist. Dies trifft entsprechend der Definition für die intrinsische Matrix zu.

Das Bild des absoluten Konic liefert die vollständige Information über die Abbildung eines 3-D-Punktes auf die Bildebene einer Kamera, deshalb ist es mit dessen Hilfe möglich, bestimmte metrische Größen wie Winkel und Längenverhältnisse zu bestimmen. Dazu folgende Betrachtung:

Ein Bildpunkt ist die Abbildung aller 3-D-Punkte im Raum, die auf dem optischen Strahl vom Kamerazentrum C zum Bildpunkt $\mathbf{m}$ liegen. Die Matrix $\mathbf{P}^+$ bezeichnet dabei die Pseudo-Inverse der perspektivischen Projektionsmatrix.

$$M(\lambda) = C + \lambda\, \mathbf{P}^+ \tilde{\mathbf{m}} \tag{3.50}$$

Legt man das Weltkoordinatensystem in die Kamera, so können die Rotation und Translation vernachlässigt werden und man erhält:

$$M(\lambda) = C + \lambda\, \mathbf{P}^+ \tilde{\mathbf{m}} = \lambda \begin{pmatrix} \mathbf{A}^{-1}\mathbf{m} \\ 0 \end{pmatrix} \cong \begin{pmatrix} \mathbf{A}^{-1}\mathbf{m} \\ 0 \end{pmatrix} \cong \begin{pmatrix} \mathbf{d} \\ 0 \end{pmatrix} \tag{3.51}$$

Damit beschreibt der Vektor $\mathbf{d}$ die Orientierung des optischen Sehstrahles für die Abbildung $\mathbf{m}$:

$$\mathbf{d} = \mathbf{A}^{-1}\mathbf{m} \tag{3.52}$$

Nun kann unter Verwendung der Kosinus-Beziehung der Winkel zwischen zwei Vektoren auf folgende Weise berechnet werden:

$$\cos\theta = \frac{\mathbf{d}_1^T \mathbf{d}_2}{\sqrt{\mathbf{d}_1^T \mathbf{d}_1}\sqrt{\mathbf{d}_2^T \mathbf{d}_2}} \tag{3.53}$$

Setzt man nun die Beziehung aus Gl. (3.52) in Gl. (3.53) ein, so liefert das einen Zusammenhang zwischen dem eingeschlossenen Winkel der optischen Strahlen zweier Abbildungen in einer Kamera und dem Bild des absoluten Konic.

$$\cos\theta = \frac{\mathbf{m}_1^T \omega \mathbf{m}_2}{\sqrt{\mathbf{m}_1^T \omega \mathbf{m}_1}\sqrt{\mathbf{m}_2^T \omega \mathbf{m}_2}} \tag{3.54}$$

In Abb. 3.16 sind die optischen Strahlen zweier Bildpunkte in der Bildebene dargestellt. Im Gegensatz zu der sonst üblichen Darstellung liegt hier das optische Zentrum vor der Bildebene. Die entsprechenden Punkte im Unendlichen für die beiden Abbildungen liegen auf der Ebene im Unendlichen. Sowohl in der Ebene im Unendlichen als auch in der Bildebene schneidet die jeweilige Verbindungsgerade den absoluten Konic bzw. das Bild des absoluten Konic in jeweils zwei Punkten. Die Schnittpunkte A und B auf dem absoluten Konic entsprechen den bereits erwähnten zirkularen Punkten. Die Schnittpunkte der Linie auf dem Bild des absoluten Konic sind die Projektionen der beiden absoluten Punkte des absoluten Konic. Dieser Zusammenhang wird später zur Bestimmung des Bildes des absoluten Konic bzw. zur Bestimmung der intrinsischen Matrix ausgenutzt.

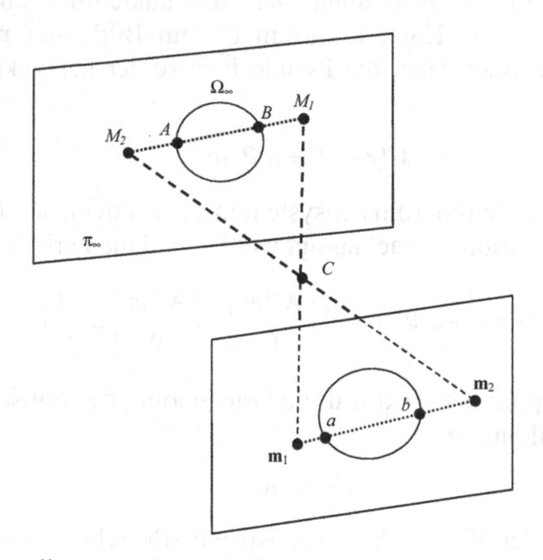

Abb. 3.16. Darstellung zweier optischer Strahlen und ihres eingeschlossenen Winkels unter Berücksichtigung des absoluten Konic und seines Bildes

Stehen die zwei Richtungsvektoren senkrecht aufeinander, dann gilt:

$$\mathbf{m}_1^T \omega\, \mathbf{m}_2 = \mathbf{d}_1^T \mathbf{d}_2 = 0 \tag{3.55}$$

Ein Fluchtpunkt einer Linie im Raum ist geometrisch betrachtet der Schnittpunkt der Linie mit der Ebene im Unendlichen. Er entspricht damit der Abbildung des Richtungsvektors dieser Linie:

$$\mathbf{v} \cong \mathbf{A}\mathbf{R}\mathbf{d}_l \tag{3.56}$$

Die Schnittgerade einer Ebene im Raum mit der Ebene im Unendlichen wird als Fluchtlinie bezeichnet, dabei stellt der Horizont die Fluchtlinie der horizontalen Ebene durch das Kamerazentrum dar. Fluchtlinien von Ebenen berechnen sich auf folgende Weise, wobei der Vektor **n** die Normale der Ebene ist:

$$\mathbf{l} \cong \mathbf{A}^{-T}\mathbf{R}\mathbf{n} \tag{3.57}$$

Damit können unter Verwendung des Bildes des absoluten Konic metrische Größen aus einem aufgenommenen Kamerabild berechnet werden. So kann der Winkel zwischen Linien im Raum über deren Fluchtpunkte berechnet werden:

$$\cos\theta = \frac{\mathbf{v}_1^T \omega \mathbf{v}_2}{\sqrt{\mathbf{v}_1^T \omega \mathbf{v}_1}\sqrt{\mathbf{v}_2^T \omega \mathbf{v}_2}} \tag{3.58}$$

Für orthogonale Linien im Raum muss demnach gelten:

$$\mathbf{v}_1^T \omega \mathbf{v}_2 = 0 \tag{3.59}$$

Der Winkel zwischen Ebenen im Raum kann aus zwei Fluchtlinien berechnet werden:

$$\cos\theta = \frac{\mathbf{l}_1^T \omega \mathbf{l}_2}{\sqrt{\mathbf{l}_1^T \omega \mathbf{l}_1}\sqrt{\mathbf{l}_2^T \omega \mathbf{l}_2}} \tag{3.60}$$

Und schließlich folgt für Fluchtlinien von orthogonalen Ebenen im Raum

$$\mathbf{l}_1^T \omega^* \mathbf{l}_2 = 0\,. \tag{3.61}$$

Weiterhin stehen der Fluchtpunkt des Normalenvektors einer Ebene und die Fluchtlinie der Ebene in folgendem Zusammenhang:

$$\mathbf{l} \cong \omega \mathbf{v} \tag{3.62}$$

Die entsprechende duale Beziehung lautet:

$$\mathbf{v} \cong \omega^* \mathbf{l} \tag{3.63}$$

In den genannten Beziehungen zwischen Fluchtpunkten von Linien im Raum und zwischen Fluchtlinien von Ebenen im Raum spielt das Bild des absoluten Konic die tragende Rolle. Wenn das Bild des absoluten Konic bestimmt werden kann, ist dann entsprechend Gl. (3.49) die Berechnung der intrinsischen Parameter der Kamera möglich. Es stellt sich deshalb die

Frage, wie man aus der Bildaufnahme einer Kamera das Bild des absoluten Konic ermitteln kann. Dazu nun folgende Überlegung:

Für die Bestimmung des Bildes des absoluten Konic kann entweder die Eigenschaft bezüglich der projektiven Transformation eines Konic (siehe Gl. (3.49)) verwendet werden, oder es wird die Beziehung zwischen dem Bild des absoluten Konic und senkrecht zueinander verlaufenden Linen im Raum (Gl. (3.59)) ausgenutzt.

3.4.3 Intrinsische Kalibrierung mittels dreier Ebenen

Die zirkularen Punkte eines Konic können mit jeder Homographie-Transformation in die Bildebene transformiert werden und liefern dort Punkte auf dem Bild des absoluten Konic. Findet man nun für eine Kamera genügend Homographien, so kann aus den Bildpunkten die Kreis-Matrix des Bildes des absoluten Konic berechnet werden. Eine Homographie kann durch vier korrespondierende Punktpaare mit dem Verfahren aus Abschnitt 2.5.4 bestimmt werden. Wie erhält man nun aus einem Kamerabild die gesuchten Punktkorrespondenzen?

Als 3-D-Szene eignen sich Quadrate auf drei Ebenen, die nicht parallel zueinander ausgerichtet sein dürfen. Damit lässt sich nun für die vier Eckpunke eines Quadrates eine Zuordnung zu den Koordinaten (0,0), (0,1), (1,0) und (1,1) herstellen. Für jedes Quadrat auf einer der drei Ebenen ergibt sich schließlich eine Homographie, welche die Abbildungseigenschaft der Kamera beschreibt. Nun können mit diesen Homographien die beiden komplexen Kreispunkte auf dem absoluten Konic $(1, \pm j, 0)$ in die Bildebene transformiert werden und man erhält jeweils zwei Punkte des Bildes des absoluten Konic. Nun kann ein Konic durch diese sechs Punkte gelegt werden, wobei fünf Punkte für eine eindeutige Bestimmung genügen würden. Als Ergebnis erhält man das Bild des absoluten Konic ω, woraus dann entsprechend Gl. (3.48) die intrinsische Matrix mittels Cholesky-Zerlegung berechnet werden kann.

3.4.4 Intrinsische Kalibrierung mittels Fluchtpunkten und Fluchtlinien

Eine andere Möglichkeit der intrinsischen Kalibrierung nützt die Eigenschaft der Fluchtpunkte von senkrechten Linien im Raum in Zusammenhang mit dem Bild des absoluten Konic aus (siehe Gl. (3.59)). Jedes Paar von senkrecht zueinander verlaufenden Linien im Raum, bzw. deren Fluchtpunkte, liefert eine lineare Bedingung für ω. Mit fünf solchen sog.

konjugierten Paaren von Fluchtpunkten erhält man die geforderte Anzahl an linearen Bedingungen zur Berechnung des Bildes des absoluten Konic. Es können jedoch auch die Beziehungen zwischen orthogonalen Ebenen (siehe Gl. (3.61)) oder zwischen einer Ebene und der dazu orthogonalen Linie als lineare Bedingung verwendet werden (siehe Gl. (3.62)).

3.5 Zusammenfassung

In diesem Kapitel wurden verschiedene Kameramodelle dargestellt und deren Abbildungseigenschaften erläutert. Es liegt nun ein mathematisches Modell vor, das den Abbildungsprozess einer 3-D-Szene auf eine 2-D-Bildebene hinreichend beschreibt. Basierend auf diesem Modell ist eine Kalibrierung der aufnehmenden Kamera möglich. Ein Element der projektiven Geometrie ist der absolute Konic. Er ermöglicht eine einfache Bestimmung der intrinsischen Parameter einer Kamera und damit die Berechnung von metrischen Größen innerhalb der aufgenommenen Szene. Mit dem nun vorliegenden Kameramodell kann im nächsten Kapitel eine erweiterte Betrachtung hinsichtlich der geometrischen Beziehung zwischen zwei Kameras, der Epipolargeometrie, angestellt werden.

- Grundlage für den Abbildungsprozess einer 3-D-Szene auf eine 2-D-Bildebene ist das Lochkameramodell.
- Die Darstellung der perspektivischen Projektion mit Hilfe der projektive Geometrie ermöglicht eine Formulierung des nichtlinearen Abbildungsprozesses über eine lineare mathematische Beziehung.
- Die perspektivische Projektion lässt sich in eine externe, eine perspektivische und eine interne Transformation unterteilen.
- Die perspektivische Projektion ist eine Transformation eines Raumpunktes vom projektiven Raum $\mathcal{P}^3$ in die projektive Ebene $\mathcal{P}^2$.
- Für Objektive mit geringer Brennweite muss das Kameramodell durch eine nichtlineare Verzerrungskorrektur erweitert werden.
- Der absolute Konic ermöglicht die Schätzung der intrinsischen Kameraparameter über das Bild des absoluten Konic.

4 Die Epipolargeometrie

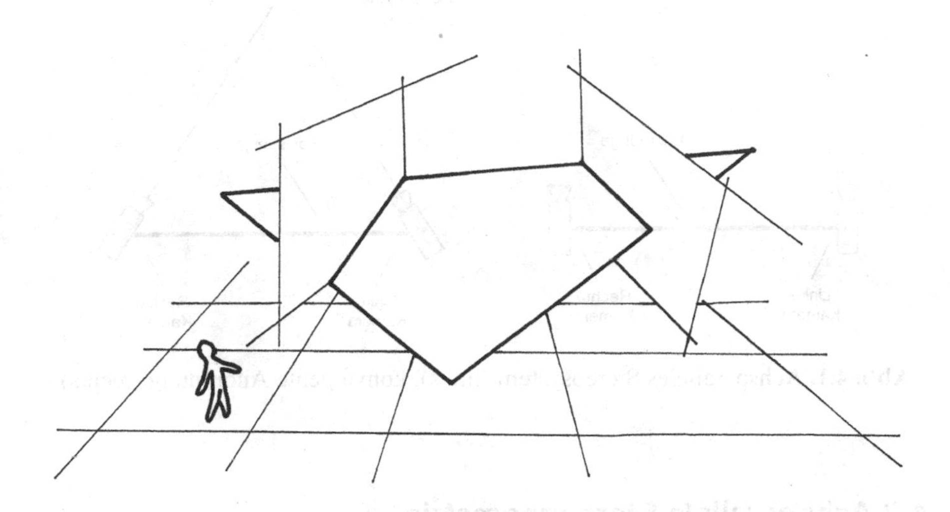

4.1 Klassifizierung von Stereosystemen

Nachdem in den vorangegangenen Kapiteln auf die mathematischen Zusammenhänge bei einer Kamera eingegangen wurden, findet nun eine ausführliche Betrachtung der geometrischen Beziehung zwischen zwei unterschiedlichen Kameras statt. Kameraanordnungen mit zwei Kameras werden Stereosysteme genannt und lassen sich bezüglich ihrer räumlichen Anordnung in zwei grundsätzliche Klassen unterscheiden (Abb. 4.1). Dies ist zum Einen das achsparallele Stereosystem, das sich durch eine parallele Ausrichtung der optischen Achsen beider Kameras auszeichnet. Zum Anderen ist die konvergente Anordnung zu nennen, die sich i. A. durch eine Ausrichtung der optischen Achsen auf einen Konvergenzpunkt auszeichnet. Im ersten Fall ergeben sich einfachere mathematische Zusammenhänge, die im folgenden Abschnitt dargelegt werden. Allerdings weist der achsparallele Aufbau erhebliche Einschränkungen auf, da die Kameras nicht auf ein bestimmtes Objekt ausgerichtet sind. Abhängig von der Tiefenstruktur der Szene kann mit solch einem Aufbau die Szene u. U. gar nicht vollständig von beiden Kameras erfasst werden. In der Praxis wird üblicherweise der konvergente Aufbau verwendet und deshalb auch als allgemeine Stereogeometrie bezeichnet. Allerdings kann jede konvergente Kameraanordnung durch eine virtuelle Drehung der Kameras in ein achsparalleles Stereosystem überführt werden. Dieser Prozess wird Rektifikation genannt und später ausführlich in Kapitel 7 behandelt.

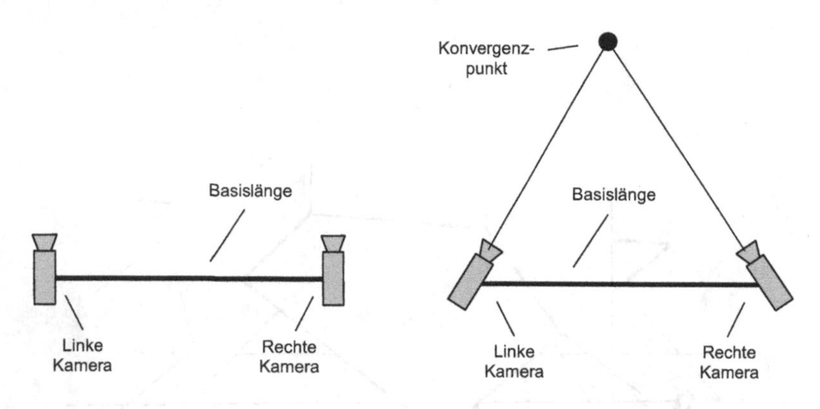

Abb. 4.1. Achsparalleles Stereosystem (links), konvergente Anordnung (rechts)

4.2 Achsparallele Stereogeometrie

Das achsparallele Stereosystem zeichnet sich durch zwei Kameras aus, die nur horizontal verschoben und deren Koordinatensysteme nicht gegeneinander verdreht sind. In Abb. 4.2 ist die Frontsicht auf ein achsparalleles System dargestellt. Die Bildebenen I_1 und I_2 sind parallel und die beiden optischen Zentren C_1 und C_2 sind nur horizontal verschoben.

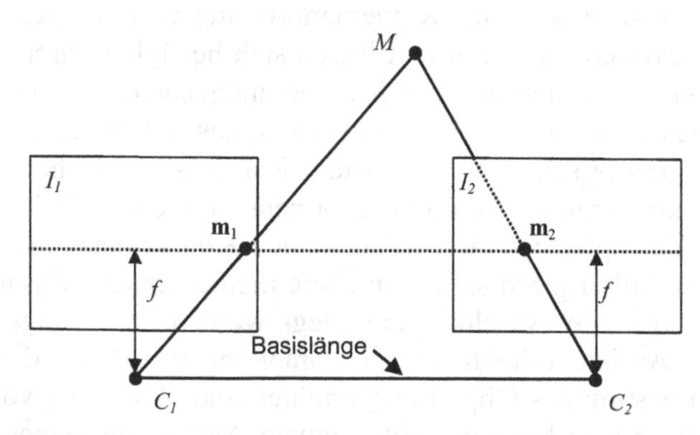

Abb. 4.2. Frontsicht auf eine achsparallele Stereogeometrie

Der Abstand zwischen den beiden optischen Zentren wird Basislänge B genannt und die Verbindungsgerade Basislinie (engl. *baseline*). Die Brennweite f legt den Abstand der beiden Brennpunkte zu ihren Bildebenen fest und wird für beide Kameras als identisch vorausgesetzt. Ein 3-D-Punkt M wird somit über die beiden optischen Zentren in die Abbildungen $\mathbf{m}_1$ und $\mathbf{m}_2$ projiziert. Da bei einem achsparallelen Stereosystem die Bildzeilen identisch sind, führt die unterschiedliche Perspektive der Kameras hinsichtlich des 3-D-Punktes M zu einem rein horizontalen Versatz in der Abbildung. Dieser Unterschied wird als Disparität δ bezeichnet und stellt die relative Verschiebung der Abbildungen $\mathbf{m}_1$ und $\mathbf{m}_2$ des 3-D Punktes M bei zwei unterschiedlichen Ansichten I_1 und I_2 dar. In Abb. 4.3 sind die Verhältnisse nochmals in einer Aufsicht dargestellt.

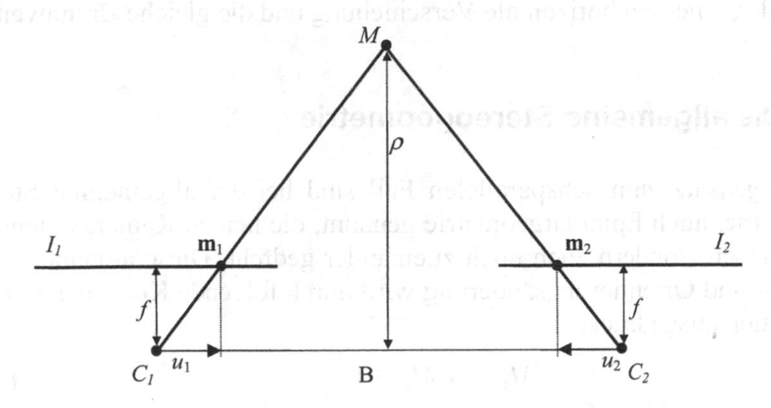

Abb. 4.3. Aufsicht auf eine achsparallele Stereogeometrie

Die Disparität wird i. A. in Bildkoordinaten berechnet, so dass die Einheit Pixel ist:

$$\delta = u_1 - u_2 \tag{4.1}$$

Durch Anwendung des Strahlensatzes muss das Verhältnis zwischen dem Abstand ρ des Punktes M zur fokalen Ebene und der Brennweite f gleich dem Verhältnis der Basislänge B des Stereokamerasystems zur Disparität $\delta \cdot d_u$ (in mm) sein. d_u bezeichnet hierbei die Breite eines CCD-Elementes und stellt den Skalierungsfaktor dar, der die Disparität in Pixel in die Einheit mm umrechnet.

$$\frac{\rho}{f} = \frac{B}{\delta \cdot d_u} \tag{4.2}$$

Aus der vorgenannten Beziehung lässt sich der Abstand ρ eines Punktes M von der Kamera aus den konstanten Kameraparametern f, B und d_u sowie der Disparität δ berechnen.

$$\rho = \frac{B \cdot f}{\delta \cdot d_u} \tag{4.3}$$

Damit stellt die Disparität ein Maß für die Raumtiefe des 3-D-Punktes M dar und verhält sich umgekehrt proportional zu ihr. Für Punkte im Unendlichen muss also die Disparität gegen Null konvergieren. Für diesen einfachen Fall kann also direkt eine 3-D-Rekonstruktionsvorschrift abgeleitet werden (siehe Gl. 4.3). Die Voraussetzung ist jedoch die parallele Ausrichtung der optischen Achsen, also keine Rotation der Kameras zueinander, eine rein horizontale Verschiebung und die gleiche Brennweite f.

4.3 Die allgemeine Stereogeometrie

Im Gegensatz zum achsparallelen Fall sind bei der allgemeinen Stereogeometrie, auch Epipolargeometrie genannt, die beiden Kameras nicht nur verschoben, sondern auch noch zueinander gedreht. Diese allgemeine Positions- und Orientierungsänderung wird durch folgende Koordinatentransformation ausgedrückt.

$$M_{C_2} = \mathbf{R} M_{C_1} + \mathbf{t} \tag{4.4}$$

Dabei stellt $\mathbf{R}$ eine orthogonale Drehmatrix und $\mathbf{t}$ den dreidimensionalen Verschiebungsvektor dar. Das Weltkoordinatensystem wird bei dieser Definition in das optische Zentrum der Kamera 1 gelegt. Bevor auf die mathematische Herleitung der Geometrie zwischen zwei Kameras eingegangen wird, soll eine anschauliche Erläuterung der wesentlichen Kenngrößen der Epipolargeometrie folgen.

Analog zum achsparallelen System wird die Verbindungsgerade zwischen den beiden optischen Zentren Basislinie genannt. Aufgrund der gedrehten Bildebenen schneidet diese Gerade jedoch beide Bildebenen. Diese Schnittpunkte werden *Epipole*, $\mathbf{e}_1$ und $\mathbf{e}_2$, genannt und ihre Lage in den Bildebenen ist nur durch die Anordnung der Kameras zueinander bestimmt. Die Epipole können auch als Projektion der optischen Zentren in die jeweils andere Bildebene aufgefasst werden. Der 3-D-Punkt M und die beiden Brennpunkte spannen eine Ebene auf, die als *Epipolarebene* π bezeichnet wird (siehe Abb. 4.4). Da die Abbildungen $\mathbf{m}_1$ und $\mathbf{m}_2$ auf den optischen Strahlen liegen, sind auch diese Teil der Ebene π. Die Epipolarebene schneidet nun die beiden Bildebenen in zwei Schnittgeraden, die

Epipolarlinien, $\mathbf{l}_1$ und $\mathbf{l}_2$, genannt werden. Stellt man sich nun die beiden Sehstrahlen des 3-D-Punktes in die beiden Kameras als Gummiband vor, und bewegt man diesen Punkt innerhalb der Epipolarebene, so führt dies zu unterschiedlichen Abbildungen in den beiden Bildebenen, wobei diese immer auf den Epipolarlinien liegen. Ein weiteres Gedankenexperiment ist folgendes: Lässt man den 3-D-Punkt M entlang eines Sehstrahles z. B. in Richtung Kamera 1 laufen, so ergibt sich immer die gleiche Abbildung $\mathbf{m}_1$ in Kamera 1, während in Kamera 2 die Abbildung $\mathbf{m}_2$ entlang der Epipolarlinie $\mathbf{l}_2$ in Richtung des Epipols $\mathbf{e}_2$ wandert. Der Sehstrahl von jedem 3-D-Punkt in eine Kamera liefert als Projektion in der anderen Kamera die entsprechende Epipolarlinie. Folglich muss auch für jeden Bildpunkt in der einen Kamera in der anderen Kamera eine Epipolarlinie existieren, auf der alle möglichen Korrespondenzpunkte liegen.

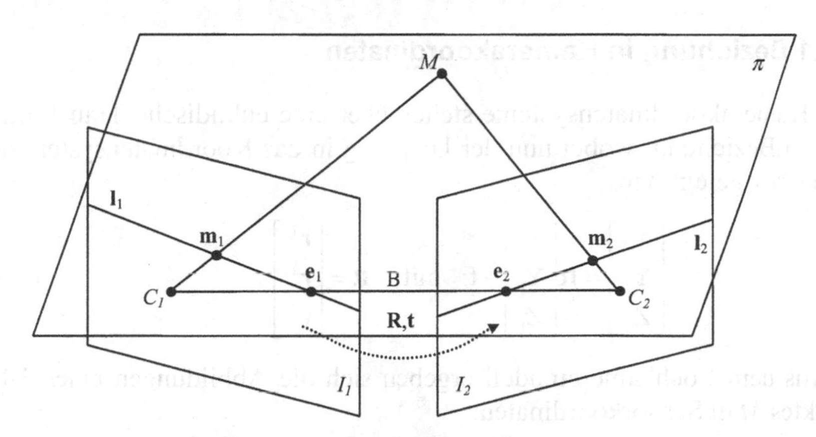

Abb. 4.4. Allgemeine Epipolargeometrie

Da die beiden Brennpunkte in der Epipolarebene liegen, ist auch die Verbindungsgerade, die Basislinie, Teil der Epipolarebene. Rotiert man nun die Epipolarebene um die Basislinie, so kann die Gesamtheit aller 3-D-Punkte im Raum erfasst werden. Für jede neue Position ergibt sich jedoch wieder ein neues Paar von Epipolarlinien. Da die Epipole unabhängig von der Position des 3-D-Punktes sind, schneiden sich alle Epipolarlinien in den jeweiligen Epipolen. Die Gesamtheit aller Epipolarlinien in einer Bildebene wird *Epipolarlinienbüschel* (engl. *pencil of epipolar lines*) genannt.

In Abb. 4.5 ist eine Stereobildpaar für den konvergenten Fall zu sehen. Durch die unterschiedliche Perspektive ergeben sich verdeckte Bereiche, die nur in einer der beiden Kameras sichtbar sind. Im Folgenden werden nun die genannten Kenngrößen der Epipolargeometrie hergeleitet.

Abb. 4.5. Beispiel für eine konvergente Stereoansicht

4.3.1 Beziehung in Kamerakoordinaten

Die Kamerakoordinatensysteme stehen über eine euklidische Transformation in Beziehung, wobei nun der Ursprung in das Koordinatensystem der Kamera 1 gelegt wird.

$$\begin{bmatrix} X_2 \\ Y_2 \\ Z_2 \end{bmatrix} = \mathbf{R} \begin{bmatrix} X_1 \\ Y_1 \\ Z_1 \end{bmatrix} + \mathbf{t} \quad \text{mit} \quad \mathbf{R} = \begin{bmatrix} \mathbf{r}_1^T \\ \mathbf{r}_2^T \\ \mathbf{r}_3^T \end{bmatrix} \tag{4.5}$$

Aus dem Lochkameramodell ergeben sich die Abbildungen eines 3-D-Punktes M in Sensorkoordinaten:

$$\tilde{\mathbf{m}}_1' = M_1 / Z_1, \qquad \tilde{\mathbf{m}}_2' = M_2 / Z_2 \tag{4.6}$$

Durch Kombination von Gl. (4.5) und Gl. (4.6) erhält man eine Beziehung zwischen den beiden Abbildungen des 3-D-Punktes M mit den zwei unbekannten Strukturparametern Z_1 und Z_2:

$$\tilde{\mathbf{m}}_2' = \frac{1}{Z_2} \left(Z_1 \mathbf{R} \tilde{\mathbf{m}}_1' + \mathbf{t} \right) \tag{4.7}$$

Das Kreuzprodukt der Gleichung mit dem Vektor **t** und weiterhin das innere Produkt (Skalarprodukt) mit $\tilde{\mathbf{m}}_2'$ sowie die Eliminierung der Strukturparameter liefern schließlich folgende Beziehung.

$$\mathbf{t} \times \tilde{\mathbf{m}}_2' = \frac{Z_1}{Z_2} \mathbf{t} \times \mathbf{R} \tilde{\mathbf{m}}_1' \tag{4.8}$$

$$\tilde{\mathbf{m}}_2' \cdot (\mathbf{t} \times \tilde{\mathbf{m}}_2') = \tilde{\mathbf{m}}_2'^T \mathbf{t} \times (\mathbf{R}\tilde{\mathbf{m}}_1') = 0 \tag{4.9}$$

Definiert man nun eine Zuordnung eines dreidimensionalen Vektors zu einer antisymmetrischen Matrix entsprechend Gl. (4.10), so kann das Kreuzprodukt zweier Vektoren durch das Matrixprodukt-Vektor-Produkt einer 3×3-Matrix mit einem dreidimensionalen Vektor ausgedrückt werden.

$$\begin{bmatrix} t_x \\ t_y \\ t_z \end{bmatrix}_\times = \begin{bmatrix} 0 & -t_z & t_y \\ t_z & 0 & -t_x \\ -t_y & t_x & 0 \end{bmatrix} \quad \text{mit } [\mathbf{t}]_\times = -[\mathbf{t}]_\times^T \tag{4.10}$$

Mit dieser Schreibweise erhält man schließlich die zentrale Gleichung für die mathematische Beziehung zwischen den Abbildungen eines 3-D-Punktes in zwei Kameras, die *Epipolargleichung*.

$$\tilde{\mathbf{m}}_2'^T \mathbf{E} \tilde{\mathbf{m}}_1' = 0 \quad \text{mit} \quad \mathbf{E} = [\mathbf{t}]_\times \mathbf{R} \tag{4.11}$$

Diese Gleichung ist erfüllt, wenn die Abbildungen in Kamera 1 und Kamera 2 korrespondierende Abbildungen eines 3-D-Punktes sind. Leider gilt nicht der Umkehrschluss, dass Abbildungen in beiden Kameras, welche die Epipolarbedingung erfüllen, auch korrespondierende Punkte sind. Dies zeigt sich daran, dass alle Punkte auf einem optischen Strahl zu einer Abbildung in einer Ansicht und zu unterschiedlichen Abbildungen in der zweiten Ansicht führen. Die Bedeutung der Epipolargleichung wird nach der folgenden Herleitung der Epipolarlinien noch deutlicher.

Die Matrix **E** wird *Essential*-Matrix genannt und beschreibt die euklidische Transformation von Kamera 1 nach Kamera 2. Diese Matrix wurde zuerst von (Longuet-Higgins 1981) im Bereich „Struktur aus Bewegung" (*structure from motion*) vorgestellt. Im Kapitel 8 „*Die Stereoanalyse*" wird dieses Thema nochmals aufgegriffen.

Bestimmung der Epipolarlinien

Eine Linie in einer Ebene kann mit dem dreidimensionalen Vektor **l** auf folgende Weise beschrieben werden:

$$ax + by + c = 0 \quad \text{mit } \mathbf{l} = [a, b, c]^T \tag{4.12}$$

Für Punkte auf dieser Linie muss dann entsprechend den Ausführungen in Kapitel 2 zur projektiven Ebene gelten:

$$\mathbf{p}_1^T \mathbf{l} = 0 \;\text{ und }\; \mathbf{p}_2^T \mathbf{l} = 0 \quad \text{mit } \mathbf{p}_i = [x_i, y_i, 1]^T \tag{4.13}$$

Über das Kreuzprodukt beider Punkte ist eindeutig eine Linie definiert.

$$\mathbf{l} = \mathbf{p}_1 \times \mathbf{p}_2 \tag{4.14}$$

Mit dem Kameramodell lässt sich jeder 3-D-Punkt über den zugehörigen Bildpunkt in homogenen Koordinaten und einen entsprechenden Skalierungsfaktor λ beschreiben.

$$\lambda_1 \widetilde{\mathbf{m}}'_1 = M_1 \quad \text{und} \quad \lambda_2 \widetilde{\mathbf{m}}'_2 = M_2 \qquad \text{mit} \quad \lambda_i \in (0, \infty) \tag{4.15}$$

Legt man den Ursprung des Weltkoordinatensystems wie gehabt in die Kamera 1, so sind die beiden Kameras über folgende euklidische Transformation verknüpft.

$$M_2 = \mathbf{R} M_1 + \mathbf{t} = \lambda_1 \mathbf{R} \widetilde{\mathbf{m}}'_1 + \mathbf{t} \tag{4.16}$$

$$\lambda_2 \widetilde{\mathbf{m}}'_2 = \lambda_1 \mathbf{R} \widetilde{\mathbf{m}}'_1 + \mathbf{t} \tag{4.17}$$

Nun kann die Epipolarlinie in Kamera 2 über zwei ausgezeichnete Punkte berechnet werden. Dies ist zum einen der Epipol in Ansicht 2, der die Projektion des optischen Zentrums von Kamera 1 in die Bildebene 2 darstellt. Er entspricht damit einer Skalierung mit $\lambda_1 = 0$ und man erhält den Epipol dann aus Gl. (4.17), der bis auf einen Faktor dem Vektor $\mathbf{t}$ entspricht:

$$\widetilde{\mathbf{e}}'_2 = \mathbf{t} \tag{4.18}$$

Der zweite Punkt ist die Abbildung eines Punktes im Unendlichen in Ansicht 2 und dies entspricht einer Skalierung von $\widetilde{\mathbf{m}}'_1$ mit $\lambda_1 = \infty$. Damit kann dann der Vektor $\mathbf{t}$ vernachlässigt werden und man erhält die Projektion des Punktes $\widetilde{\mathbf{m}}'_{2\infty}$.

$$\widetilde{\mathbf{m}}'_{2\infty} = \mathbf{R} \widetilde{\mathbf{m}}'_1 \tag{4.19}$$

Aus diesen beiden Abbildungen kann nun die Epipolarlinie in Ansicht 2 berechnet werden.

$$\mathbf{l}'_2 = \widetilde{\mathbf{e}}'_2 \times \widetilde{\mathbf{m}}'_{2\infty} = \mathbf{t} \times \mathbf{R} \widetilde{\mathbf{m}}'_1 = \mathbf{E} \widetilde{\mathbf{m}}'_1 \,. \tag{4.20}$$

Die korrespondierende Epipolarlinie in Ansicht 1 lautet:

$$\mathbf{l}'_1 = \mathbf{E}^T \widetilde{\mathbf{m}}'_2 \tag{4.21}$$

Herleitung des Epipols $\tilde{\mathbf{e}}_1'$

Aus der *Epipolargleichung* ergibt sich unter Verwendung der Gleichung für die Epipolarlinie Gl. (4.20) und Gl. (4.21), dass für jeden Punkt in einer Ansicht der korrespondierende Punkt in der anderen Ansicht auf der entsprechenden Epipolarlinie liegt. Daraus folgt:

$$\tilde{\mathbf{m}}_1'^T \mathbf{l}_1' = 0 \text{ mit } \mathbf{l}_1' = \mathbf{E}^T \tilde{\mathbf{m}}_2' \quad \text{bzw.} \quad \tilde{\mathbf{m}}_2'^T \mathbf{l}_2' = 0 \text{ mit } \mathbf{l}_2' = \mathbf{E}\tilde{\mathbf{m}}_1' \tag{4.22}$$

Da die Epipolargleichung auch für den Epipol gültig ist und alle Epipolarlinien durch diesen Epipol verlaufen, gilt dies für alle Punkte in Ansicht 2.

$$\mathbf{E}\tilde{\mathbf{e}}_1' = [\mathbf{t}]_\times \mathbf{R}\tilde{\mathbf{e}}_1' = \mathbf{0} \tag{4.23}$$

Somit kann aus der Essential-Matrix direkt der Epipol in Ansicht 1 aus dem rechtsseitigen eindimensionalen Nullraum berechnet werden. Dies entspricht einer Lösung des Gleichungssystems aus Gl. (4.23) mit drei Gleichungen für drei Unbekannte mittels Gauß-Eliminierung. Nach Division durch die dritte Komponente erhält man den Epipol in homogenen Koordinaten. Analog dazu ergibt sich aus folgender Gleichung der Epipol in Ansicht 2.

$$\mathbf{E}^T \tilde{\mathbf{e}}_2' = \mathbf{0} \tag{4.24}$$

Die Gleichung (4.23) ist erfüllt, wenn die Vektoren $\mathbf{t}$ und $\mathbf{R}\tilde{\mathbf{e}}_1'$ in die gleiche Richtung zeigen, d.h.

$$\mathbf{R}\tilde{\mathbf{e}}_1' = \mathbf{t} \tag{4.25}$$

Damit ergibt sich der Epipol in Ansicht 1, wie folgt

$$\tilde{\mathbf{e}}_1' = \mathbf{R}^T \mathbf{t} \tag{4.26}$$

4.3.2 Beziehung in Bildkoordinaten

Der Zusammenhang zwischen normierten Kamerakoordinaten und Pixelkoordinaten wird durch die intrinsische Transformation mit der Matrix $\mathbf{A}$ hergestellt. Sie lautet für beide Kameras:

$$\tilde{\mathbf{m}}_1 = \mathbf{A}_1 \tilde{\mathbf{m}}_1' \quad \text{und} \quad \tilde{\mathbf{m}}_2 = \mathbf{A}_2 \tilde{\mathbf{m}}_2' \tag{4.27}$$

Setzt man diese Beziehung in die Epipolargleichung Gl. (4.11) ein, so ergibt sich

$$\tilde{\mathbf{m}}_2{}^T \mathbf{A}_2^{-T} \mathbf{E} \mathbf{A}_1^{-1} \tilde{\mathbf{m}}_1 = \tilde{\mathbf{m}}_2{}^T \mathbf{F} \tilde{\mathbf{m}}_1 = 0 \quad \text{mit} \quad \mathbf{F} = \mathbf{A}_2^{-T} \mathbf{E} \mathbf{A}_1^{-1} \tag{4.28}$$

Die 3×3-Matrix $\mathbf{F}$ wird *Fundamental*-Matrix genannt und beschreibt vollständig die Epipolargeometrie in Pixelkoordinaten, da sie sowohl die intrinsischen Parameter der beiden Kameras als auch die extrinsischen Parameter der euklidischen Transformation enthält. Die Gleichungen für die Epipolarlinien in beiden Ansichten lauten schließlich

$$\mathbf{l}_2 = \mathbf{F} \tilde{\mathbf{m}}_1 \quad \text{und} \quad \mathbf{l}_1 = \mathbf{F}^T \tilde{\mathbf{m}}_2 . \tag{4.29}$$

Die Epipole in Bildkoordinaten ergeben sich unter Einbeziehung der intrinsischen Matrizen wie folgt:

$$\tilde{\mathbf{e}}_2 = \mathbf{A}_2 \mathbf{t} \quad \text{und} \quad \tilde{\mathbf{e}}_1 = \mathbf{A}_1 \mathbf{R}^T \mathbf{t} \tag{4.30}$$

Die Definition der Fundamental-Matrix kann unter Verwendung der Beziehung zwischen einer nicht-singulären Matrix und einem Vektor, dargestellt als antisymmetrische Matrix (siehe Anhang D.1.3), auch auf folgende Weise umformuliert werden:

$$\mathbf{F} = \mathbf{A}_2^{-T} [\mathbf{t}]_\times \mathbf{R} \mathbf{A}_1^{-1} = [\mathbf{A}_2 \mathbf{t}]_\times \mathbf{A}_2 \mathbf{R} \mathbf{A}_1^{-1} \quad \text{mit} \quad [\mathbf{A}_2 \mathbf{t}]_\times \mathbf{A}_2 = \mathbf{A}_2^{-T} [\mathbf{t}]_\times \tag{4.31}$$

Unter Verwendung der Definition für den Epipol in Ansicht 2 ergibt sich schließlich:

$$\mathbf{F} = [\tilde{\mathbf{e}}_2]_\times \mathbf{A}_2 \mathbf{R} \mathbf{A}_1^{-1} \tag{4.32}$$

Analog zur Betrachtung in Kamerakoordinaten gelten folgende Beziehungen für die Fundamental-Matrix und die Epipole in Bildkoordinaten:

$$\mathbf{F} \tilde{\mathbf{e}}_1 = \mathbf{0} \quad \text{und} \quad \mathbf{F}^T \tilde{\mathbf{e}}_2 = \mathbf{0} \tag{4.33}$$

Damit enthält die Epipolargeometrie, ausgedrückt durch die Fundamental-Matrix, direkt die Epipole in den Ansichten 1 und 2. Die Epipole können damit direkt aus der Fundamental-Matrix durch Lösen des rechtsseitigen Nullraumes bestimmt werden.

In Abb. 4.6 ist das Stereobildpaar eines konvergenten Stereokamerasystems dargestellt. Basierend auf der Epipolargeometrie sind für einige Bildpunkte die korrespondierenden Epipolarlinien eingezeichnet. Es ist gut zu erkennen, dass die Epipolarlinien in beiden Ansichten jeweils konvergieren und sich in den Epipolen, die außerhalb der Bildbereiche liegen, schneiden werden.

Abb. 4.6. Konvergente Ansicht mit eingezeichneten Epipolarlinien

4.4 Eigenschaften der Essential- und Fundamental-Matrix

Sowohl die Essential- als auch die Fundamental-Matrix beschreiben vollständig die geometrische Beziehung zwischen korrespondierenden Punkten in den beiden Ansichten eines Stereokamerasystems. Die Essential-Matrix beschreibt die Beziehung für Punkte in Sensorkoordinaten, d. h. die intrinsischen Parameter müssen bekannt sein, um von den Bildkoordinaten in Pixel in Sensorkoordinaten in z. B. mm transformieren zu können. In diesem Fall spricht man von dem kalibrierten Fall. Die Fundamental-Matrix hingegen liefert die Beziehung für korrespondierende Bildpunkte in Bildkoordinaten. Deshalb bezeichnet man dies auch als unkalibrierten Fall.

Die Essential-Matrix enthält fünf unbekannte Parameter, drei für die Rotation und zwei für die Translation. Die Länge des Translationsvektors, also der dritte Freiheitsgrad, kann aufgrund der aus der unterschiedlichen Tiefe der Raumpunkte resultierenden Mehrdeutigkeit nicht bestimmt werden. Die Essential-Matrix enthält zwei Bedingungen:

1. Da die Determinante der antisymmetrischen Matrix Null ist, verschwindet auch die Determinante der *Essential*-Matrix, denn nach der Determinantenregel gilt:

$$\det(\mathbf{E}) = \det([\mathbf{t}]_\times)\det(\mathbf{R}) = 0 \tag{4.34}$$

2. Aufgrund von $\det(\mathbf{E}) = 0$ existieren nur zwei linear unabhängige Zeilen- oder Spaltenvektoren. Damit ist der Rang der Matrix $Rg(\mathbf{E}) = 2$. Die beiden von Null verschiedenen Eigenwerte der Essential-Matrix sind gleich.

Die Fundamental-Matrix besitzt folgende Eigenschaften:

1. Da bereits die Determinante der Essential-Matrix verschwindet, gilt ebenfalls $\det(\mathbf{F}) = 0$
2. Demzufolge weist auch die Fundamental-Matrix den Rang $Rg(\mathbf{F}) = 2$ auf.

Die Fundamental-Matrix ist eine Größe des projektiven Raumes und daher nur bis auf einen Skalierungsfaktor definiert. Damit verliert diese Matrix einen Parameter. Durch die Eigenschaft $\det(\mathbf{F}) = 0$ reduziert sich die Anzahl der freien Parameter zusätzlich, wodurch schließlich von neun Matrix-Elementen der 3×3-Matrix nur sieben Elemente voneinander unabhängig sind.

Die Anzahl der Freiheitsgrade der Essential- und der Fundamental-Matrix spielen bei der Schätzung dieser Größen, die im Kapitel 5 „*Schätzung der projektiven Stereogeometrie*" behandelt wird, eine wichtige Rolle.

4.5 Die Epipolargeometrie im achsparallelen Fall

Im Abschnitt 4.2 wurde bereits der vereinfachte Fall einer achsparallelen Stereogeometrie beschrieben. In Bezug auf die Epipolarlinien und die Epipole stellt sich die Situation wie folgt dar: Da die Bildebenen parallel ausgerichtet sind, verlaufen die Schnittgeraden der Epipolarebene mit den Bildebenen, also die Epipolarlinien, alle parallel zueinander. Die Basislinie schneidet die beiden Bildebenen erst im Unendlichen, damit liegen auch die Epipole im Unendlichen (siehe Abb. 4.7).

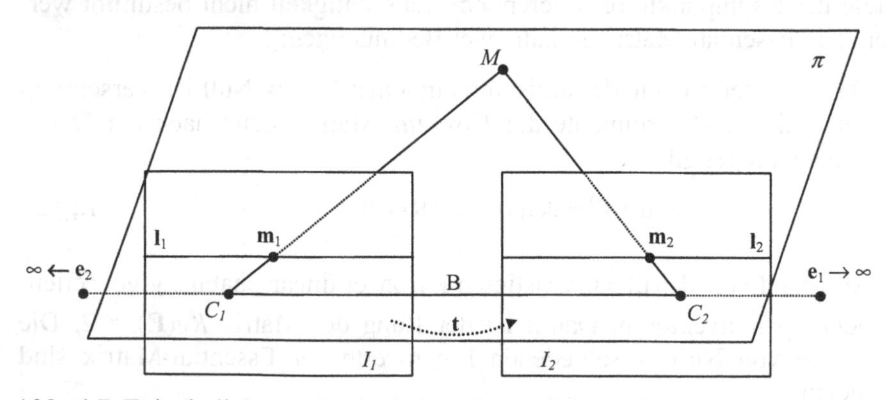

Abb. 4.7. Epipolarlinien und Epipole im achsparallelen Fall

Wie stellt sich nun in diesem Fall die Epipolargeometrie dar? Die euklidische Transformation vereinfacht sich im achsparallelen Fall zu $\mathbf{R} = \mathbf{I}$. Setzt man weiterhin voraus, dass die intrinsischen Matrizen identisch sind, d.h. $\mathbf{A}_1 = \mathbf{A}_2$, so lautet die Fundamental-Matrix für den achsparallelen Fall unter Verwendung der Definition in Gl. (4.31):

$$\mathbf{F} = [\tilde{\mathbf{e}}_2]_\times \mathbf{A}_2 \mathbf{A}_1^{-1} = [\tilde{\mathbf{e}}_2]_\times \tag{4.35}$$

Aus Gl. (4.30) kann der Epipol in Ansicht 2 mit den folgenden Koordinaten $\mathbf{e}_2 = (1,0,0)^T$ berechnet werden. Da die dritte Komponente Null ist, handelt es sich um einen Punkt im Unendlichen. Dies kann man sich auch sehr anschaulich vorstellen, indem man von einem konvergenten Stereosystem ausgeht und in Gedanken die beiden Bildebenen in die achsparallele Stellung dreht. Da der Epipol die Projektion des optischen Zentrums in die andere Bildebene ist, wird sich dieser immer weiter von der optischen Achse der anderen Kamera entfernen, bis er schließlich im achsparallelen Fall im Unendlichen angelangt ist. Für die Fundamental-Matrix erhält man dann folgende Matrix mit zwei Freiheitsgraden:

$$\mathbf{F} = \begin{bmatrix} 0 & 0 & 0 \\ 0 & 0 & -1 \\ 0 & 1 & 0 \end{bmatrix}. \tag{4.36}$$

Diese zwei Freiheitsgrade korrespondieren mit der Lage der Epipole. Damit erhält man für einen beliebigen Punkt in Ansicht 1 folgende Epipolarlinie in Ansicht 2, die nur noch die entsprechende vertikale Koordinate des Bildpunktes enthält.

$$\mathbf{l}_2 = \mathbf{F}\tilde{\mathbf{m}}_1 = \begin{bmatrix} 0 & 0 & 0 \\ 0 & 0 & -1 \\ 0 & 1 & 0 \end{bmatrix} \begin{bmatrix} u \\ v \\ 1 \end{bmatrix} = \begin{bmatrix} 0 \\ -1 \\ v \end{bmatrix} \tag{4.37}$$

Nach der Geradendefinition

$$au + bv + c = 0, \quad \text{mit} \quad m = -a/b \quad \text{und} \quad d = -c/b \tag{4.38}$$

ergibt sich für diese Epipolarlinie die Steigung $m = 0$ und der Achsenabschnitt $d = v$, also die erwartete horizontale Epipolarlinie mit der gleichen v-Koordinate des Bildpunktes in der anderen Bildebene.

4.6 Zusammenfassung

In diesem Kapitel wurde die geometrische Beziehung zwischen zwei Kameras mathematisch hergeleitet. Das Resultat ist die Epipolargleichung, welche die Abbildungen in beiden Ansichten mit der Geometrie zwischen beiden Kameras verknüpft. Der wesentliche Nutzen für die praktische Anwendung lässt sich aus dieser Gleichung ableiten und besteht darin, dass korrespondierende Bildpunkte in einer Ansicht auf der entsprechenden Epipolarlinie in der anderen Ansicht liegen müssen. Für die Tiefenanalyse und die sich daraus ergebende Korrespondenzanalyse reduziert sich damit der Suchraum auf eine Dimension entlang dieser Epipolarlinie. In Kapitel 8 „*Die Stereoanalyse*" wird vertiefend auf diesen Aspekt eingegangen. Da die Korrespondenzanalyse in achsparallelen Stereosystemen wesentlich einfacher zu implementieren ist, stellt sich die Frage, ob man ein konvergentes Kamerasystem künstlich in ein achsparalleles System überführen kann? Die Frage kann positiv beantwortet werden und entsprechende Verfahren werden im Kapitel 7 „*Die Rektifikation*" vorgestellt.

Bisher wurde nur auf die Definition der Fundamental-Matrix und nicht auf die Bestimmung derselben eingegangen. Entsprechend der Definition kann bei vorliegenden intrinsischen Parametern beider Kameras und der extrinsischen Parameter zwischen den Kameras die Fundamental-Matrix explizit berechnet werden. Dies wird als kalibrierter Fall bezeichnet. Die Epipolargleichung bietet jedoch zusätzlich die Möglichkeit, die Epipolargeometrie nur aus vorliegenden Punktkorrespondenzen zu bestimmen. Da diese Aufgabenstellung eine Reihe von Aspekten der linearen und nichtlinearen Optimierung enthält, wird diesem Thema das Kapitel 5 „*Die Schätzung der projektiven Stereogeometrie*" gewidmet. Weiterführende Literatur zur Epipolargeometrie findet man in (Xu u. Zhang 1996).

- Die Basislinie ist die Verbindung zwischen den Projektionszentren beider Kameras.
- Die Epipole sind die projizierten Abbildungen der optischen Zentren in der Bildebene der jeweils anderen Kamera.
- Die Epipolarlinien sind die Schnittgeraden der Epipolarebene, die durch die beiden optischen Zentren und einen 3-D-Punkt im Raum aufgespannt wird.
- Korrespondierende Abbildungen eines 3-D-Punktes liegen auf der entsprechenden Epipolarlinie in der Bildebene der anderen Kamera.

5 Die Schätzung der projektiven Stereogeometrie

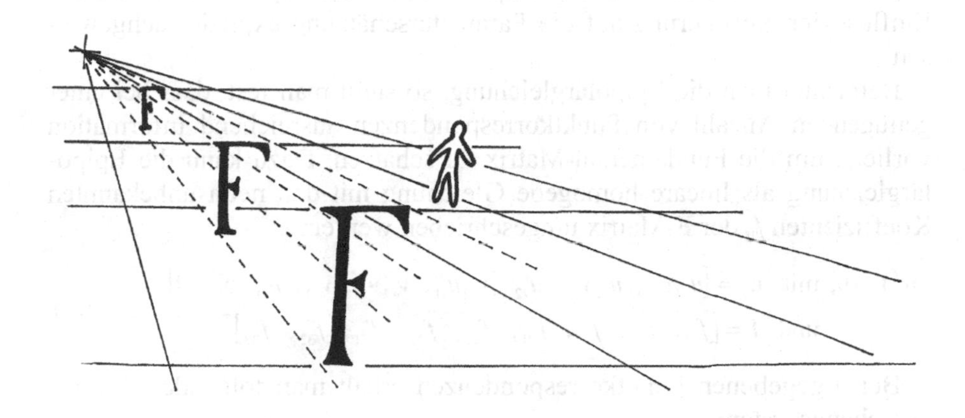

5.1 Einleitung

Im Kapitel 3 „*Das Kameramodell*" wurde gezeigt, wie mit Hilfe eines Kalibierkörpers die intrinsischen und extrinsischen Parameter einer Kamera geschätzt werden können. Hat man die Parameter der Kameras eines Stereosystems bestimmt, so kann dann auch die Epipolargeometrie ermittelt werden. Diese drückt sich in der Essential- oder Fundamental-Matrix aus. Über die Epipolargleichung stehen dann die Bildpunkte in Pixelkoordinaten in direktem Zusammenhang zur Fundamental-Matrix. Für korrespondierende Punkte in Ansicht 1 und Ansicht 2 lautet die Epipolargleichung:

$$\tilde{\mathbf{m}}_2{}^T \mathbf{F} \tilde{\mathbf{m}}_1 = 0 \qquad \text{mit} \quad \mathbf{F} = \mathbf{A}_2^{-T} \mathbf{E} \mathbf{A}_1^{-1} \tag{5.1}$$

Man kann sich nun die Frage stellen, ob die Fundamental-Matrix auch ohne Kenntnis der expliziten Kameraparameter nur aus vorliegenden Stereoansichten gewonnen werden kann. Da nur die Information über die projizierten Abbildungen der 3-D-Szene vorliegt, spricht man deshalb auch von der projektiven Stereogeometrie und bezeichnet die Fundamental-Matrix als eine projektive Größe.

5.2 Lineare Verfahren

In allen linearen Schätzverfahren spielt die Normierung der Messwerte eine wesentliche Rolle. Wie bereits im Abschnitt 2.5.6 „*Normierung der Messwerte*" dargestellt wurde, hat diese Normierung positiven Einfluss auf die Konditionierung der Gleichungssysteme und damit auf die Robustheit der Lösung. Deshalb wird auch bei der Schätzung der Fundamental-Matrix in allen Fällen eine Normierung empfohlen. In (Hartley 1997a) wurde der Einfluss der Normierung auf die Parameterschätzung explizit nachgewiesen.

Betrachtet man die Epipolargleichung, so stellt man fest, dass bei einer genügenden Anzahl von Punktkorrespondenzen ausreichend Information vorliegt, um die Fundamental-Matrix zu schätzen. Dazu kann die Epipolargleichung als lineare homogene Gleichung mit den neun unbekannten Koeffizienten f_{ij} der **F**-Matrix umgeschrieben werden.

$$\begin{aligned} \mathbf{u}_i^T \mathbf{f} = 0, \text{ mit } \mathbf{u}_i &= [u_{i2}u_{i1},\ u_{i2}v_{i1},\ u_{i2},\ v_{i2}u_{i1},\ v_{i2}v_{i1},\ v_{i2},\ u_{i1},\ v_{i1},\ 1]^T \\ \text{und } \mathbf{f} &= [f_{11},\ f_{12},\ f_{13},\ f_{21},\ f_{22},\ f_{23},\ f_{31},\ f_{32},\ f_{33}]^T \end{aligned} \quad (5.2)$$

Bei n gegebenen Punktkorrespondenzen erhält man folgendes lineares Gleichungssystem.

$$\mathbf{U}_n \mathbf{f} = 0, \qquad \text{mit } \mathbf{U}_n = \begin{bmatrix} \mathbf{u}_1^T \\ \vdots \\ \mathbf{u}_n^T \end{bmatrix} \quad (5.3)$$

Sind genau acht Punktkorrespondenzen gegeben, so kann eine eindeutige Lösung für die Fundamental-Matrix bestimmt werden, da diese bis auf einen Skalierungsfaktor definiert ist. Diese Vorgehensweise wird als *8-Punkt-Algorithmus* bezeichnet und wurde erstmals von Longuet-Higgins zur Schätzung der Essential-Matrix vorgestellt (Longuet-Higgins 1981).

5.2.1 Der 8-Punkt-Algorithmus

Sind die Punktkorrespondenzen nicht exakt, ist es sinnvoll mehr als acht Punktkorrespondenzen zu verwenden. Damit kann unter Ausnutzung der Epipolargleichung folgender quadratischer Ansatz aufgestellt werden, der analog zu Gl. (5.3) der Gl. (5.5) entspricht:

$$\min_{\mathbf{f}} \sum_i \left\| \tilde{\mathbf{m}}_2^{i\,T} \mathbf{F} \tilde{\mathbf{m}}_1^i \right\|^2 \quad (5.4)$$

$$\min_{\mathbf{f}} \sum_{i} \left\| \mathbf{U}_n \mathbf{f} \right\|^2 \tag{5.5}$$

Der Vektor **f** ist bis auf einen Skalierungsfaktor definiert. Um die triviale Lösung **f** = 0 auszuschließen, sind zusätzliche Bedingungen erforderlich.

Die erste Methode setzt einen der Koeffizienten der Fundamental-Matrix auf Eins und löst das Gleichungssystem mittels der Methode des kleinsten quadratischen Fehlers (engl. *least square*) für ein reduziertes Gleichungssystem mit acht Gleichungen:

$$\left\| \mathbf{U}_n \mathbf{f} \right\|^2 = \left\| \mathbf{U}'_n \mathbf{f}' - c_9 \right\|^2 \tag{5.6}$$

Dabei ist c_9 die neunte Spalte der Matrix $\mathbf{U}_n$. Die Lösung erhält man durch Bestimmung der ersten Ableitung:

$$\frac{\partial \left\| \mathbf{U}_n \mathbf{f} \right\|^2}{\partial \mathbf{f}'} = 0 \tag{5.7}$$

$$\mathbf{f}' = \left(\mathbf{U}'^{T}_{n} \mathbf{U}'_{n} \right)^{-1} \mathbf{U}'^{T}_{n} c_9^{\,2} \tag{5.8}$$

Da im voraus nicht bekannt ist, welcher Koeffizient von Null verschieden ist, müssen alle neun Möglichkeiten überprüft werden. Falls nämlich ein Element zu Eins gesetzt wird, obwohl es eigentlich Null oder wesentlich kleiner als alle anderen acht Elemente der Matrix ist, so führt das zu einem fehlerhaften Ergebnis.

Ein zweiter Ansatz zur Einführung einer zusätzlichen Bedingung ist die Festlegung der Norm des Vektors **f**.

$$\min_{\mathbf{f}} \left\| \mathbf{U}_n \mathbf{f} \right\|^2 \text{ unter der Bedingung } \left\| \mathbf{f} \right\| = 1 \tag{5.9}$$

Dies kann in ein Minimierungsproblem unter Verwendung des Lagrangeschen-Multiplikators umformuliert werden:

$$F(\mathbf{f}, \lambda) = \left\| \mathbf{U}_n \mathbf{f} \right\|^2 + \lambda \left(1 - \left\| \mathbf{f} \right\|^2 \right) \tag{5.10}$$

Unter der Voraussetzung, dass die 1.Ableitung Null ist, ergibt sich folgende Beziehung:

$$\mathbf{U}_n^T \mathbf{U}_n \mathbf{f} = \lambda \mathbf{f} \tag{5.11}$$

Dies ist das klassische Eigenwertproblem, wobei der Eigenvektor der 9×9-Matrix $\mathbf{U}_n^T \mathbf{U}_n$ eine Lösung für **f** zum zugehörigen Eigenwert λ ist. Die Minimierungsaufgabe hat als Lösung den Eigenvektor mit dem kleinsten Eigenwert. Der wesentliche Unterschied zwischen dem ersten und zweiten Ansatz ist, dass im letzteren Fall alle Koeffizienten der Fundamental-Matrix gleich behandelt werden.

Die bisher vorgestellten Methoden können unter Verwendung von Standardbibliotheken der Numerik z. B. *„Numerical Recipes in C"* (Press et al. 1986) besonders schnell realisiert werden. Allerdings beinhalten diese Methoden zwei wesentliche Probleme:

1. Die Bedingung, dass die Determinante von **F** verschwinden muss, wird nicht berücksichtigt. Diese Bedingung ist gleichbedeutend mit der Forderung, dass die Fundamental-Matrix den Rang 2 haben muss.
2. Das Gütekriterium, welches zur Optimierung herangezogen wird, erlaubt keine direkte geometrische Interpretation. Dies kann auf folgende Weise gezeigt werden.

5.2.2 Berücksichtigung des Ranges der Matrix F

Die Fundamental-Matrix ist eine projektive Größe und damit bis auf einen Skalierungsfaktor definiert. Zusätzlich gilt jedoch die Bedingung, dass die Determinante der Fundamental-Matrix verschwindet, d. h. die Matrix weist den Rang $rg(\mathbf{F}) = 2$ auf. Demnach hat die Fundamental-Matrix nur sieben Freiheitsgrade. Die bisher vorgestellten linearen Verfahren konnten diese Bedingung nicht berücksichtigen.

Eine Möglichkeit die Bedingung des Ranges mit zu berücksichtigen ist Folgende. Nach der Bestimmung der Fundamental-Matrix mittels 8-Punkt-Algorithmus kann die Matrix **F** durch eine neue Matrix **F'** ersetzt werden, welche die Rang-Bedingung erfüllt und der geschätzten Matrix am ähnlichsten ist. Dazu wird die Frobenius-Norm verwendet.

$$\min_{\det \mathbf{F}'=0} \|\mathbf{F} - \mathbf{F}'\| \tag{5.12}$$

Nun kann die Methode der Singulärwertzerlegung eingesetzt werden, da die Fundamental-Matrix sich auf folgende Weise zerlegen lässt. Die Matrizen **U** und **V** sind orthogonale Matrizen und die Matrix **D** stellt eine Diagonalmatrix dar.

$$\mathbf{F} = \mathbf{U}\mathbf{D}\mathbf{V}^T \tag{5.13}$$

Für eine Fundamental-Matrix, die nicht die Rang-Bedingung erfüllt, gilt:

$$\mathbf{D} = diag(l, m, n) \quad \text{mit} \quad l \geq m \geq n \tag{5.14}$$

Damit kann durch Nullsetzen der dritten Komponente der Diagonalmatrix die Rang-Bedingung erzwungen werden und man erhält schließlich die gesuchte Fundamental-Matrix, welche die Frobenius-Norm minimiert:

$$\mathbf{F}' = \mathbf{U}\, diag(l, m, 0)\, \mathbf{V}^T \tag{5.15}$$

In den bisherigen Verfahren zur Schätzung der Fundamental-Matrix wurden acht Punktkorrespondenzen zwischen den Stereoansichten benötigt, um das lineare Gleichungssystem aufzustellen. Wie in Kapitel 4 „*Die Epipolargeometrie*“ jedoch gezeigt wurde, besitzt die Fundamental-Matrix nur sieben unabhängige Parameter. Demnach sollten sieben Punktkorrespondenzen für eine Bestimmung der Fundamental-Matrix genügen. Das Gleichungssystem aus Gl. (5.3) mit sieben Punktkorrespondenzen führt zu einer 7×9-Matrix **U**, die den Rang sieben aufweist. Die Lösung dieses Gleichungssystems ist dann der zweidimensionale Nullraum und lautet:

$$\mathbf{F}' = \alpha\, \mathbf{F}_1 + (1-\alpha)\, \mathbf{F}_2 \tag{5.16}$$

Unter Verwendung der Rang-Bedingung erhält man schließlich eine kubische Gleichung bezüglich des skalaren Parameters α:

$$\det(\mathbf{F}') = \det(\alpha \mathbf{F}_1 + (1-\alpha)\mathbf{F}_2) = 0 \tag{5.17}$$

Diese kubische Gleichung liefert genau eine oder drei Lösungen für α und unter Verwendung von Gl. (5.16) kann dann die korrekte Lösung bestimmt werden. Damit liegt ein Verfahren vor, das mit der minimalen Anzahl von sieben Punktkorrespondenzen zu einer Lösung führt (Hartley 1994, Torr u. Murray 1997).

Der 8-Punkt-Algorithmus kann somit auf folgende Weise erweitert werden:

1. Normierung der Bildpunktkorrespondenzen bezüglich des Mittelwertes und der Varianz,
2. Schätzung der Fundamental-Matrix mit einem linearen Verfahren aus Abschnitt 5.2,
3. Berechnung der Fundamental-Matrix **F'**, welche die Rang-Bedingung erfüllt,
4. Denormierung der Fundamental-Matrix, um schließlich die gesuchte Matrix **F** für die Originalbildpunkte zu erhalten.

5.2.3 Geometrische Betrachtung des linearen Kriteriums

Das verwendete Optimierungskriterium aus Gl. (5.4) der bisher dargestellten linearen Verfahren ist die Epipolarbedingung. Um nun dieses Kriterium hinsichtlich seiner geometrischen Bedeutung zu bewerten, ist die Betrachtung des Abstandes der Messpunkte zur Epipolarlinie notwendig

Der Abstand eines Punktes $\mathbf{m}_i$ zu seiner Epipolarlinie $\mathbf{l}_i$ berechnet sich mit folgender Gleichung am Beispiel der Ansicht in Kamera 2:

$$d\left(\tilde{\mathbf{m}}_{i2}, \tilde{\mathbf{l}}_{i2}\right) = \frac{\tilde{\mathbf{m}}_{i2}^T \mathbf{l}_{i2}}{\sqrt{l_{i21}^2 + l_{i22}^2}} = \frac{1}{c_i} \tilde{\mathbf{m}}_{i2}^T \mathbf{F} \tilde{\mathbf{m}}_{i1} \quad \text{mit} \quad \tilde{\mathbf{l}}_{i2} = \mathbf{F} \tilde{\mathbf{m}}_{i1} = \left[l_{i21}, l_{i22}, 1\right]^T$$
$$\text{und} \quad c_i = \sqrt{l_{i21}^2 + l_{i22}^2} \qquad (5.18)$$

Verwendet man nun diese Abstandsdefinition und setzt diese in das lineare Gütekriterium ein, so kann das Kriterium aus Gl. (5.4) in folgender Weise umformuliert werden:

$$\min_{\mathbf{F}} \sum_i c_i^2 d^2\left(\tilde{\mathbf{m}}_{i2}, \tilde{\mathbf{l}}_{i2}\right) \qquad (5.19)$$

Dies bedeutet, dass nicht nur eine geometrische Größe, nämlich der Abstand zwischen Punkten und ihren Epipolarlinien, minimiert wird, sondern zusätzlich noch c_i. Dies führt u. U. zu einer Lösung der Fundamental-Matrix, die nicht den Rang 2 hat. Dies wiederum hat zur Folge, dass die resultierenden Epipolarlinien sich nicht in einem gemeinsamen Punkt, dem Epipol, schneiden.

5.3 Iterative lineare Verfahren

Um nun tatsächlich den Abstand der Punkte zur Epipolarlinie in den Optimierungsprozess einfließen zu lassen, muss ein iterativer Ansatz gewählt werden. Das Gütekriterium für den Abstand der Punkte zur Epipolarlinie lautet:

$$\min_{\mathbf{F}} \sum_i d^2\left(\tilde{\mathbf{m}}_{i2}, \tilde{\mathbf{l}}_{i2}\right) \qquad (5.20)$$

Da dieses Kriterium sich nur auf die Epipolarlinien in der zweiten Ansicht bezieht, ist eine symmetrische Definition dieses Kriteriums sinnvoll. Es lautet dann für beide Ansichten:

$$\min_{\mathbf{F}} \sum_i \left(d^2\left(\tilde{\mathbf{m}}_{i1}, \tilde{\mathbf{l}}_{i1}\right) + d^2\left(\tilde{\mathbf{m}}_{i2}, \tilde{\mathbf{l}}_{i2}\right)\right) \qquad (5.21)$$

Unter Verwendung der Definition für die Epipolarlinien in beiden Bildern sowie Gl. (5.19) resultiert folgendes symmetrisches Kriterium:

$$\min_{\mathbf{F}} \sum_i c_i^2 \left(\tilde{\mathbf{m}}_{i2}^T \mathbf{F} \tilde{\mathbf{m}}_{i1} \right)^2, \quad \text{mit } c_i = \left(\frac{1}{l_{i11}^2 + l_{i21}^2} + \frac{1}{l_{i12}^2 + l_{i22}^2} \right)^{1/2} \tag{5.22}$$

Da dieses Kriterium bis auf den Gewichtungsfaktor c_i dem Kriterium des 8-Punkt-Algorithmus entspricht, kann eine gewichtete quadratische Mittelung angewendet werden. Die Gewichtungsfaktoren sind jedoch vom Abstand der Punkte von den Epipolarlinien abhängig. Da dieser Abstand nur bei Kenntnis der Fundamental-Matrix berechnet werden kann, ist eine iterative Vorgehensweise erforderlich. Beginnend mit einer Gewichtung Eins für alle Punktkorrespondenzen wird eine erste Lösung der Fundamental-Matrix mit den bereits beschriebenen Verfahren errechnet. Die Fundamental-Matrix kann dann für die Berechnung der Gewichte verwendet werden. Mit dieser Gewichtung ist nun wiederum eine neue Berechnung der Fundamental-Matrix möglich. Diese Prozedur kann so lange wiederholt werden, wie sich die Schätzung verbessert. Mit diesem Verfahren erreicht man, dass ungenauere Punktkorrespondenzen weniger stark in die Schätzung der Fundamental-Matrix einfließen.

5.4 Nichtlineare Verfahren

Die linearen Verfahren liefern zufriedenstellende Ergebnisse, wenn die Punktkorrespondenzen hinreichend genau sind. Es zeigt sich jedoch, dass durch Verwendung von klassischen nichtlinearen Verfahren aus der numerischen Optimierung bessere Ergebnisse zu erzielen sind. Als nichtlineare Optimierungsverfahren können Standardverfahren aus der numerischen Mathematik eingesetzt werden. Exemplarisch seien an dieser Stelle das Gauß-Newton-Verfahren oder die Levenberg-Marquardt-Optimierung genannt, die in vielen Programmbibliotheken zur nichtlinearen Optimierung zu finden sind (Press et al. 1986). Der wesentliche Unterschied ist, dass hier ein Parametervektor definiert wird, der die gesuchten Größen, in diesem Fall die Elemente der Fundamental-Matrix, enthält. Es erfolgt somit eine Suche im N-dimensionalen Suchraum, wenn N die Anzahl der Parameter ist. Für diese nichtlinearen Verfahren ist es unerlässlich, einen geeigneten Startwert für die Parameter zu wählen. Deshalb wird i. A. zuerst mit Hilfe eines linearen Verfahrens eine erste Schätzung der Fundamental-Matrix bestimmt, die dann mit dem nichtlinearen Verfahren optimiert wird. Ein wichtiges Verfahren ist der sog. M-Schätzer (engl. *M-Estimator*)

5.4.1 M-Schätzer

In diesem Schätzverfahren wird der quadratische Fehler durch eine erweiterte Gütefunktion ersetzt, die eine Gewichtung der Messungen beinhaltet.

$$\min_{\mathbf{F}} \sum_i \rho(r_i) \qquad \text{mit} \qquad \rho(r_i) = w\left(r_i^{k-1}\right) r_i^2 \tag{5.23}$$

Um nun das Modell möglichst gut an die Messungen anzupassen, wird eine nichtlineare Optimierung des Parametervektors vorgenommen. Im ersten Iterationsschritt wird mit einem linearen Verfahren eine erste Schätzung der Fundamental-Matrix vorgenommen. Die Gewichte werden zu Eins gesetzt. In den folgenden Iterationsschritten k werden die Messungen gewichtet und der Parametervektor neu berechnet. Durch die Gewichtung kann der Einfluss durch Ungenauigkeiten bei den Punktkorrespondenzen verringert werden. Allerdings existiert bei einer automatischen Bestimmung von Punktkorrespondenzen eine neue Klasse von Fehlern, die sog. Ausreißer. Besonders gegenüber diesen falschen Korrespondenzen sind die bisherigen Verfahren sehr empfindlich, da im Initialisierungsschritt alle Messungen, also auch die Ausreißer, in die Schätzung einfließen. Im nächsten Abschnitt wird auf diese Problematik genauer eingegangen.

5.4.2 Verfahren zur Eliminierung von Ausreißern

In den bisher vorgestellten Verfahren wurde davon ausgegangen, dass hinreichend genaue Punktkorrespondenzen vorliegen, die allenfalls durch Messfehler in ihrer Genauigkeit beeinträchtigt sind. Dies setzt i. A. eine Kontrolle der Punktkorrespondenzen durch den Benutzer voraus, welches sich in komplexen Szenen als durchaus schwierig gestalten kann. Deshalb ist man bestrebt, automatische Verfahren zur Bestimmung der Fundamental-Matrix zu entwickeln. Diese automatischen Verfahren berechnen im ersten Schritt unabhängig für jedes Bild ausgewählte charakteristische Merkmalspunkte. Im Kapitel 8 „*Die Stereoanalyse*" werden entsprechende Methoden dazu vorgestellt. In einem zweiten Schritt erfolgt dann eine Analyse von Punktkorrespondenzen basierend auf Bildstrukturen, wobei die Epipolargeometrie an dieser Stelle nicht verwendet werden kann, da diese ja erst das Ziel der Fundamental-Matrix-Schätzung ist. Einige Punktkorrespondenzen werden für die existierende Epipolargeometrie korrekt bestimmt sein, während andere fehlerhaft sind. Man kann die Fehler dieser Punktkorrespondenzen in folgende zwei Klassen unterteilen:

Schlechte Lokalisierung der Punktkorrespondenzen
Der Fehler bei der Bestimmung von Merkmalspunkten und den entsprechenden Punktkorrespondenzen, welche die Epipolarbedingung hinreichend erfüllen, ist i. A. gering und kann als gaußverteilt angenommen werden.

Falsche Korrespondenzen
Die Epipolarbedingung ist die einzige geometrische Bedingung, welche zum Zeitpunkt der Bestimmung von Punktkorrespondenzen noch nicht verfügbar ist, da sie die Fundamental-Matrix enthält, die das Ziel der Schätzung ist. Deshalb kann die Epipolarbedingung als Ähnlichkeitskriterium zur Bestimmung der Punktkorrespondenzen nicht verwendet werden und es treten Fehler bei der Zuordnung auf, sog. Ausreißer (engl. *outliers*).

Aus diesem Grund sind Verfahren notwendig, die nicht nur eine optimale Anpassung des Modells (hier der Fundamental-Matrix) an die Messdaten durchführen, sondern gleichzeitig die Ausreißer im Messdatensatz (den Punktkorrespondenzen) eliminieren. Es sei nun r_i der Fehler für einen Messwert i, d. h. die Differenz zwischen der i-ten Messung und dem berechneten Wert. Beim klassischen Linear-Least-Square-Ansatz versucht man die quadratische Summe der Fehler zu minimieren.

$$\min \sum_i r_i^2 \tag{5.24}$$

Im Falle von Ausreißern ist diese Schätzung jedoch sehr instabil. In Abb. 5.1 ist eine Anzahl von Messpunkten dargestellt, aus welchen eine Gerade geschätzt werden soll.

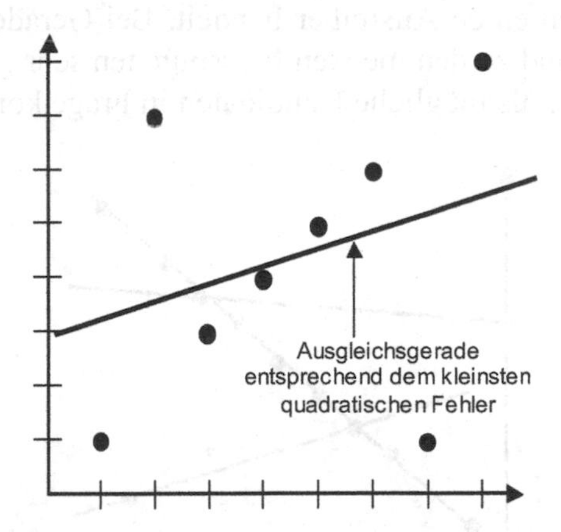

Abb. 5.1. Messpunkte zur Schätzung einer Geraden entsprechend dem kleinsten Fehlerquadrat mit zwei Ausreißern, die resultierende Gerade entspricht offensichtlich nicht dem erwarteten Ergebnis.

Die Gerade wird relativ deutlich durch die meisten Messungen repräsentiert, allerdings treten auch zwei Ausreißer auf. Würde man nun mit diesen Messungen die Geradenparameter mittels Least-Square-Verfahren bestimmen, so würde sich die eingezeichnete Ausgleichsgerade ergeben. Obwohl die berechnete Gerade zu allen Messpunkten im Mittel den kleinsten quadratischen Abstand hat und im Sinne des gewählten Fehlerkriteriums das Ergebnis optimal ist, führen die beiden Ausreißer zu einer vollständigen Verfälschung des Ergebnisses.

Während in klassischen Schätzverfahren die Gesamtheit aller Messungen entsprechend dem kleinsten quadratischen Fehler berücksichtigt wird, gehen neuere Verfahren genau den umgekehrten Weg. Ein sehr robustes Verfahren ist der sog. RANSAC-Algorithmus (RANdom SAmple Consensus) (Fischler u. Bolles 1981). Aus der verfügbaren Anzahl von Messungen werden nur so viele Werte genommen, wie für die Berechnung der Parameter des Modells notwendig sind. Für die Fundamental-Matrix sind entsprechend den Ausführungen in Abschnitt 5.2.2 nur sieben Punktkorrespondenzen notwendig. Das geschätzte Modell wird dann mittels Gütekriterium bewertet und entsprechend dem Ergebnis erfolgt schließlich der Ausschluss oder die Weiterverwendung der ausgewählten Messungen. Diese Prozedur geschieht für verschiedene zufällig gewählte Kombinationen von Messwerten. Als Resultat erhält man einen reduzierten Umfang von Messwerten, die keine Ausreißer mehr enthalten.

In Abb. 5.2 sind für das Zwei-Paramter-Modell einer Geraden drei Geraden für jeweils zwei Messpunkte dargestellt. Die Gerade 1 weist einen großen Fehler im Vergleich zu den anderen Messpunkten auf, ebenso die Gerade 2. Dies legt die Vermutung nahe, dass es sich bei mindestens einem Messpunkt um einen Ausreißer handelt. Bei Gerade 3 ist jedoch der quadratische Abstand zu den meisten Messpunkten sehr gering, womit diese Modellparameter als mögliche Kandidaten in Frage kommen.

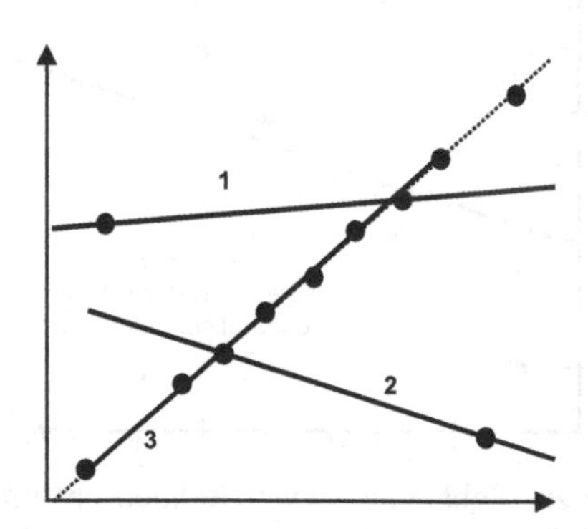

Abb. 5.2. Darstellung der Eliminierung von Ausreißern anhand des Zwei-Parameter-Modells einer Geraden

Um nun noch das Modell möglichst gut an die verbleibenden Messungen anzupassen, wird eine nichtlineare Optimierung des Parametervektors vorgenommen, wie es z. B. beim M-Estimator der Fall ist.

Die wesentliche Herausforderung bei diesem Verfahren ist, den geeigneten Schwellwert zu definieren, ab wann die geschätzte Fundamental-Matrix als optimal angesehen wird. Ein Algorithmus, der adaptiv in jedem Iterationsschritt den Schwellwert entsprechend anpasst, wird in (Hartley u. Zisserman 2004) vorgeschlagen.

In Abb. 5.3 sind zwei Stereoansichten mit resultierenden Epipolarlinien und einigen Punktkorrespondenzen dargestellt. Während die schwarz gezeichneten Epipolarlinien das Ergebnis einer Schätzung entsprechend dem kleinsten quadratischen Fehler zeigen, stellen die grau gezeichneten Epipolarlinien das Ergebnis mittels RANSAC-Algorithmus dar. Die Ausrichtung der Epipolarlinien zeigt deutliche Unterschiede in der geschätzten Epipolargeometrie. Das RANSAC-Verfahren kann die Ausreißer eliminieren und liefert schließlich das korrekte Ergebnis. In Abb. 5.4 wurden für beide Verfahren die Ausreißer aus der Stichprobe genommen. Nun liefert das Linear-Least-Squares-Verfahren annähernd das gleiche Ergebnis wie das RANSAC-Verfahren.

Abb. 5.3. Stereoansicht mit eingetragenen Epipolarlinien bei einer Schätzung mittels RANSAC-Verfahren (grau) und Linear-Least-Squares (schwarz): In diesem Fall waren die Ausreißer in den verwendeten Punktkorrespondenzen enthalten (Quelle: C. Fehn, FhG/HHI)

Abb. 5.4. Stereoansicht mit eingetragenen Epipolarlinien bei einer Schätzung mittels RANSAC-Verfahren (grau) und Linear-Least-Squares (schwarz): Nun wurden die Ausreißer bereits eliminiert, das Linear-Least-Squares-Verfahren liefert ein annähernd gleiches Ergebnis wie das RANSAC-Verfahren (Quelle: C. Fehn, FhG/HHI)

5.5 Zusammenfassung

In diesem Kapitel wurde gezeigt, dass unter Verwendung der Epipolarbedingung die Schätzung der Fundamental-Matrix allein aus Punktkorrespondenzen in zwei Stereoansichten möglich ist. Hinsichtlich der Güte der Fundamental-Matrix-Schätzung findet man in (Zhang 1998) eine sehr ausführliche Betrachtung. Der 8-Punkt-Algorithmus ist historisch betrachtet das erste Verfahren, das die Schätzung der Fundamental-Matrix beschreibt. Dabei wird jedoch von korrekten Punktkorrespondenzen ausgegangen. Da man jedoch an weitgehend automatisierten Verfahren interessiert ist, stellten sich neue Herausforderungen an diese Schätzverfahren. Bei einer automatischen Bestimmung von Punktkorrespondenzen ist zunächst nicht gewährleistet, dass diese auch tatsächlich Abbildungen des gleichen 3-D-Punktes im Raum sind. Deshalb stellen die iterativen nichtlinearen Verfahren einen wesentlichen Fortschritt dar, da hier während der Schätzung der Fundamental-Matrix gleichzeitig stark fehlerhafte Punktkorrespondenzen, sog. Ausreißer, eliminiert werden. Dabei hat sich der RANSAC-Algorithmus als besonders robust erwiesen. Inzwischen gibt es kommerzielle Software-Produkte, die eine automatische Schätzung der Epipolargeometrie ermöglichen (Boujou 2004).

- Grundlage für die Schätzung der Fundamental-Matrix ist die Epipolarbedingung.
- Der *8-Punkt-Algorithmus* liefert ein Verfahren für zuverlässige Punktkorrespondenzen.
- Sieben Punktkorrespondenzen ist die minmale Anzahl zur Berechnung der Fundamental-Matrix
- Iterative Verfahren beinhalten eine Bewertung der unterschiedlich genauen Punktkorrespondenzen.
- Der RANSAC-Algorithmus wählt aus den verfügbaren Messungen nur die, für die Schätzung, minimal notwendige Anzahl aus und kann Ausreißer eliminieren.

6 Die Homographie zwischen zwei Ansichten

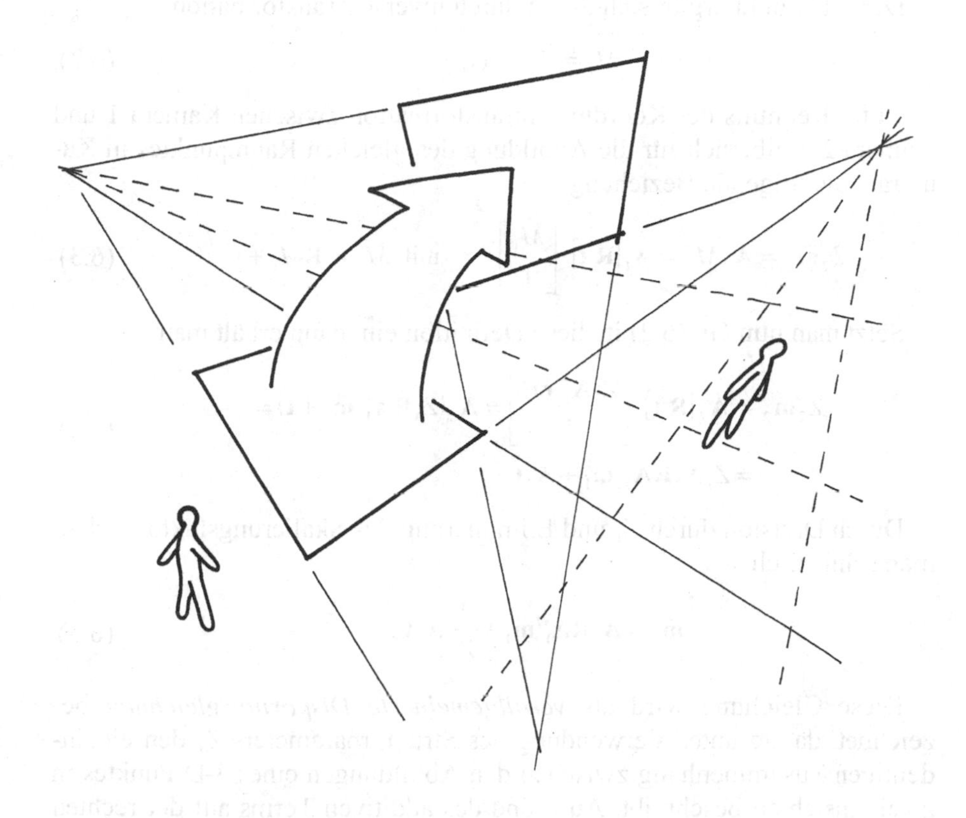

6.1 Die verallgemeinerte Disparitätsgleichung

Nachdem mit der Epipolargleichung eine Beziehung zwischen korrespondierenden Punkten in zwei unterschiedlichen Ansichten hergestellt wurde, stellt sich nun die Frage, wie sich die Transformation von Abbildungen in Ansicht 1 in die entsprechende Abbildung in Ansicht 2 darstellt. Da unterschiedliche Raumpunke auf einem Sehstrahl zu ein und derselben Abbildung in einer Ansicht und zu verschiedenen Abbildungen in der anderen Ansicht führen können, muss in diese Beziehung die Tiefe des Raumpunktes eingehen. Unter der Annahme, dass das Weltkoordinatensystem in Kamera 1 liegt, lautet die Abbildung eines 3-D-Punktes M inm Koordinatensystem von Kamera 1:

$$Z_1 \widetilde{\mathbf{m}}_1 = \mathbf{A}_1 [\mathbf{I}\ \mathbf{0}] \cdot \begin{bmatrix} M_1 \\ 1 \end{bmatrix} = \mathbf{A}_1 M_1 \tag{6.1}$$

Der 3-D Punkt ergibt sich direkt durch inverse Transformation:

$$M_1 = Z_1 \mathbf{A}_1^{-1} \widetilde{\mathbf{m}}_1 \tag{6.2}$$

Unter Kenntnis der Koordinatentransformation zwischen Kamera 1 und Kamera 2 ergibt sich für die Abbildung des gleichen Raumpunktes in Kamera 2 die folgende Beziehung:

$$Z_2 \widetilde{\mathbf{m}}_2 = \mathbf{A}_2 M_2 = \mathbf{A}_1 [\mathbf{R}\ \mathbf{t}] \cdot \begin{bmatrix} M_1 \\ 1 \end{bmatrix} \qquad \text{mit } M_2 = \mathbf{R} M_1 + \mathbf{t} \tag{6.3}$$

Setzt man nun Gl. (6.2) in diese Definition ein, dann erhält man

$$\begin{aligned} Z_2 \widetilde{\mathbf{m}}_2 &= \mathbf{A}_2 [\mathbf{R}\ \mathbf{t}] \cdot \begin{bmatrix} Z_1 \mathbf{A}_1^{-1} \widetilde{\mathbf{m}}_1 \\ 1 \end{bmatrix} = \mathbf{A}_2 \left(Z_1 \mathbf{R} \mathbf{A}_1^{-1} \widetilde{\mathbf{m}}_1 + \mathbf{t} \right) = \\ &= Z_1 \mathbf{A}_2 \mathbf{R} \mathbf{A}_1^{-1} \widetilde{\mathbf{m}}_1 + \mathbf{A}_2 \mathbf{t} \end{aligned} \tag{6.4}$$

Durch Division durch Z_1 und Eliminierung des Skalierungsfaktors erhält man schließlich

$$\widetilde{\mathbf{m}}_2 = \mathbf{A}_2 \mathbf{R} \mathbf{A}_1^{-1} \widetilde{\mathbf{m}}_1 + \frac{1}{Z_1} \mathbf{A}_2 \mathbf{t}\,. \tag{6.5}$$

Diese Gleichung wird als *verallgemeinerte Disparitätsgleichung* bezeichnet, da sie unter Verwendung des Strukturparameters Z_1 den eineindeutigen Zusammenhang zwischen den Abbildungen eines 3-D Punktes in zwei Ansichten beschreibt. Aufgrund des additiven Terms auf der rechten Seite und seiner Abhängigkeit von der Tiefe des Raumpunktes ist diese Disparitätsgleichung, wie erwartet, vollständig nichtlinear.

6.2 Die Homographie für Punkte im Unendlichen

Um die Zusammenhänge bei der Projektion eines 3-D-Punktes in zwei Ansichten weiter zu ergründen, ist die Frage von Interesse, unter welchen Bedingungen diese Disparitätsgleichung in eine lineare Transformation übergeht. Analysiert man Gl. (6.5), so stellt man fest, dass der nichtlineare

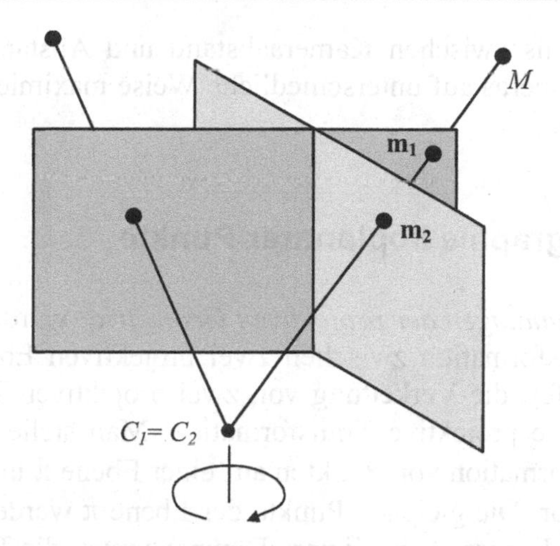

Abb. 6.1. Projektive Transformation zwischen zwei Abbildungen auf zwei Bildebenen, die nur gedreht sind.

Term unter zwei Voraussetzungen verschwindet. Die erste Voraussetzung ist, dass der Translationsvektor zu Null wird. In diesem Fall sind die beiden Ansichten nur gedreht und die optischen Zentren der beiden Kameras sind identisch (siehe Abb. 6.1).

Durch die reine Drehung der Kameras ist keine neue Perspektive auf die 3-D-Szene möglich und deshalb verschwindet auch die Tiefenabhängigkeit in der Disparitätsgleichung. Diese Tatsache spielt im folgenden Kapitel „*Die Rektifikation*“ eine Rolle, da hier eine virtuelle Drehung für jede Kamera auf eine Art und Weise durchgeführt wird, die ein konvergentes Stereokamerasystem in ein achsparalleles Stereokamerasystem überführt.

Die zweite Voraussetzung, unter welcher der nicht-lineare Term in Gl. (6.5) verschwindet, ist, wenn die Punkte im Raum sehr weit von den Kameras entfernt sind, d. h. der Term $1/Z_1$ geht für $Z_1 \rightarrow \infty$ gegen Null. Damit verbleibt folgende lineare Transformation:

$$\tilde{\mathbf{m}}_2 = \mathbf{A}_2\mathbf{R}\mathbf{A}_1^{-1}\tilde{\mathbf{m}}_1 = \mathbf{H}_\infty\tilde{\mathbf{m}}_1 \quad \text{mit } \mathbf{H}_\infty = \mathbf{A}_2\mathbf{R}\mathbf{A}_1^{-1} \tag{6.6}$$

Da diese Beziehung nur für Punkte im Unendlichen gültig ist, wird die lineare Transformationsmatrix als $\mathbf{H}_\infty$ bezeichnet. Anschaulich bedeutet dies, dass Objekte, die sehr weit entfernt sind, auch bei einer Positionsänderung gleich erscheinen. Bei beiden Voraussetzungen

a) Verschwinden des Translationsvektors d. h. die optischen Zentren sind identisch, und

b) die Punkte liegen im Unendlichen,

wird das Verhältnis zwischen Kameraabstand und Abstand der Objektpunkte zu den Kameras auf unterschiedliche Weise maximiert. Das Resultat ist das dasselbe.

6.3 Die Homographie koplanarer Punkte

Im Kapitel 1 „*Grundlagen der projektiven Geometrie*" wurde gezeigt, dass eine lineare Transformation zwischen zwei projektiven Ebenen existiert. Des Weiteren liefert die Verkettung von zwei projektiven Transformationen wiederum eine projektive Transformation. Man stelle sich nun eine projektive Transformation von Punkten auf einer Ebene π in die Bildebene der Kamera C_1 vor. Die gleichen Punkte der Ebene π werden nun auch in die Bildebene der Kamera C_2 projiziert. Demnach muss die Transformation von Abbildungen der einen in die andere Ansicht ebenfalls eine lineare Transformation sein (siehe Abb. 6.2).

Um diese anschauliche Betrachtung auch mathematisch nachzuweisen, muss die Ebenendefinition herangezogen werden (Robert et al. 1995). Es sei nun die Ebene π durch ihren Normalenvektor und den Abstand zum Brennpunkt der Kamera 1 festgelegt. Dabei wird vorausgesetzt, dass die Ebene nicht durch den Ursprung C_1 von Kamera 1 verläuft.

$$\pi = \left[\mathbf{n}^T \ -d\right]^T \tag{6.7}$$

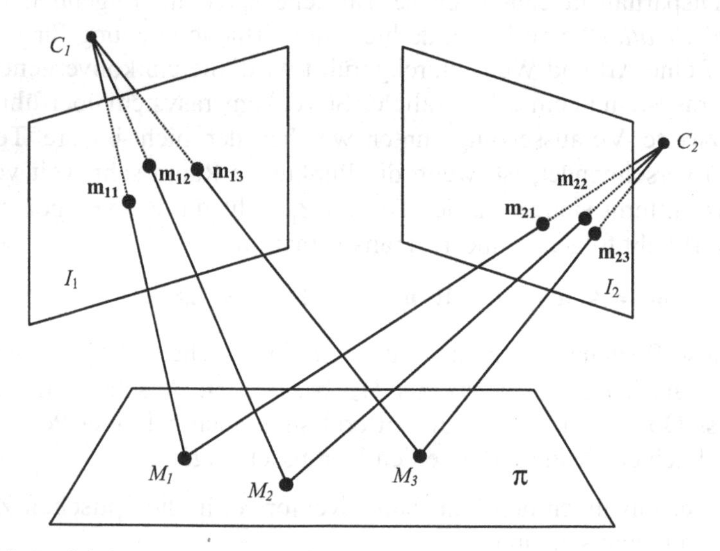

Abb. 6.2. Projektive Transformation von Punkten der Bildebene 1 auf die Ebene π und von dieser Ebene auf die Bildebene 2

Ein Punkt im Koordinatensystem der Kamera 1, der auf dieser Ebene liegt, muss die *Incidence*-Eigenschaft erfüllen (siehe Kapitel 2 „*Grundlagen der projektiven Geometrie*“).

$$\pi^T \widetilde{M}_1 = \left[\mathbf{n}^T \; -d\right] \begin{bmatrix} M_1 \\ 1 \end{bmatrix} = \mathbf{n}^T M_1 - d = 0 \quad \Rightarrow \quad \frac{\mathbf{n}^T M_1}{d} = 1 \tag{6.8}$$

Nach Ersetzen von M_1 durch die Abbildung in Kamera 1 liefert dies:

$$\frac{Z_1 \mathbf{n}^T \mathbf{A}_1^{-1} \widetilde{\mathbf{m}}_1}{d} = 1 \tag{6.9}$$

Mit diesem Term wird nun der zweite Summand auf der rechten Seite in Gl. (6.5) erweitert und es verschwindet der Strukturparameter Z_1 in Gl. (6.10).

$$\mathbf{m}_2 = \mathbf{H}_\infty \widetilde{\mathbf{m}}_1 + \widetilde{\mathbf{e}}_2 \frac{\mathbf{n}^T \mathbf{A}_1^{-1}}{d} \widetilde{\mathbf{m}}_1 = \mathbf{H} \widetilde{\mathbf{m}}_1 \tag{6.10}$$

$$\mathbf{H} = \mathbf{H}_\infty + \widetilde{\mathbf{e}}_1 \frac{\mathbf{n}^T \mathbf{A}_2^{-1}}{d} = \mathbf{A}_1 \mathbf{R} \mathbf{A}_2^{-1} + \mathbf{A}_1 \mathbf{t} \frac{\mathbf{n}^T \mathbf{A}_2^{-1}}{d} \tag{6.11}$$

Für den Fall, dass die Ebene π nicht durch den Brennpunkt C_2 verläuft, kann die inverse Homographie-Matrix verwendet werden:

$$\mathbf{H}^{-1} = \mathbf{H}_\infty^{-1} + \widetilde{\mathbf{e}}_2 \frac{\mathbf{n}^T \mathbf{A}_1^{-1}}{d} \tag{6.12}$$

Falls die Ebene π durch einen der Brennpunkte C_1 oder C_2 verläuft, so ist jeweils eine der Homographie-Definitionen aus Gl. (6.11) oder Gl (6.12) gültig. Für den Fall, dass die Ebene π der Epipolarebene entspricht, sie also beide Brennpunkte enthält, ist die Homographie nicht definiert. Dies liegt darin begründet, dass die Epipolarebene die optischen Strahlen des 3-D-Raumpunktes in beiden Bildebenen enthält. Damit können mehrere Abbildungen in einer Ansicht mit einer einzigen Abbildung in der anderen Ansicht korrespondieren und die Eindeutigkeit der Zuordnung ist damit aufgehoben.

Die Matrix **H** ist eine nicht-singuläre 3×3-Matrix und wird auch homogene Matrix genannt, da sie analog zur homogenen Darstellung bis auf einen Skalierungsfaktor definiert ist. Dies heißt, dass nur die Verhältnisse zwischen den Elementen von Bedeutung sind und die Matrix damit nur 8 Freiheitsgrade besitzt. Somit existiert für Raumpunkte auf einer Ebene eine lineare Transformation **H**, welche jeden Punkt $\mathbf{m}_1$ in der Bildebene 1 auf den korrespondierenden Punkt $\mathbf{m}_2$ in Bildebene 2 abbildet.

6.4 Homographie und Fundamental-Matrix

Nachdem nun die Voraussetzungen für die Existenz einer Homographie zwischen zwei Ansichten dargestellt wurden, soll im Folgenden der Zusammenhang zwischen einer Homographie und der Fundamental-Matrix erläutert werden. In Abb. 6.3 ist die Kompatibilität zwischen Epipolargeometrie und der Homographie dargestellt.

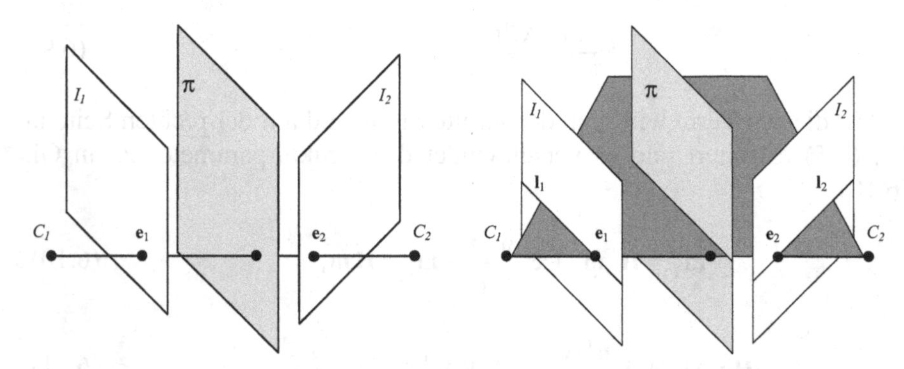

Abb. 6.3. Kompatibilität zwischen der projektiven Transformation und der Epipolargeometrie

Da die Epipole unabhängig von der Position eines 3-D-Punktes sind, können sie mit jeder beliebigen Homographie zueinander in Beziehung gesetzt werden:

$$\tilde{\mathbf{e}}_2 = \mathbf{H}\tilde{\mathbf{e}}_1 \tag{6.13}$$

Die Epipolarlinien sind die Schnittgeraden der Epipolarebene π mit den beiden Bildebenen. Jede andere Ebene im Raum schneidet diese Ebene, solange sie nicht mit ihr identisch ist. Damit können auch die Epipolarlinien mit jeder beliebigen Homographie ineinander überführt werden.

$$\tilde{\mathbf{l}}_2 = \mathbf{H}^{-T}\tilde{\mathbf{l}}_1 \tag{6.14}$$

Im folgenden soll nun die Epipolarbedingung in Gl. (6.15) betrachtet werden.

$$\tilde{\mathbf{m}}_2^T \mathbf{F} \tilde{\mathbf{m}}_1 = \tilde{\mathbf{m}}_2^T \cdot \mathbf{l}_2 = 0 \tag{6.15}$$

Setzt man in diese Gleichung die Homographie-Beziehung zwischen korrespondierenden Abbildungen $\tilde{\mathbf{m}}_2 = \mathbf{H} \cdot \tilde{\mathbf{m}}_1$ ein, so kann die Epipolarbedingung auch auf folgende Weise geschrieben werden:

$$(\mathbf{H}\widetilde{\mathbf{m}}_1)^T \mathbf{F}\widetilde{\mathbf{m}}_1 = \widetilde{\mathbf{m}}_1^T \mathbf{H}^T \mathbf{F}\widetilde{\mathbf{m}}_1 = 0 \tag{6.16}$$

Damit Gl. (6.16) erfüllt ist, muss $\mathbf{H}^T\mathbf{F}$ antisymmetrisch sein. Unter Verwendung der Eigenschaften einer antisymmetrische Matrix ergeben sich auch folgende Beziehungen:

$$\left(\mathbf{H}^T\mathbf{F}\right)^T = -\mathbf{H}^T\mathbf{F} \quad \Rightarrow \quad \mathbf{F}^T\mathbf{H} + \mathbf{H}^T\mathbf{F} = \mathbf{0} \tag{6.17}$$

Wie lautet nun der Zusammenhang zwischen einer Homographie und der Fundamental-Matrix? Dazu folgende Betrachtung: Die Epipolarlinie in Ansicht 2 verläuft durch den Epipol und eine Abbildung in dieser Ansicht. Unter Verwendung der Homographie-Beziehung ergibt sich

$$\mathbf{l}_2 = \widetilde{\mathbf{e}}_2 \times \widetilde{\mathbf{m}}_2 = \widetilde{\mathbf{e}}_2 \times (\mathbf{H}\widetilde{\mathbf{m}}_1) = [\widetilde{\mathbf{e}}_2]_\times \cdot \mathbf{H}\widetilde{\mathbf{m}}_1 \,. \tag{6.18}$$

Durch einen Vergleich von Gl. (6.18) mit der Definition der Epipolarlinie

$$\mathbf{l}_2 = \mathbf{F}\widetilde{\mathbf{m}}_1 \tag{6.19}$$

erhält man schließlich folgenden Zusammenhang.

$$\mathbf{F} = [\widetilde{\mathbf{e}}_2]_\times \cdot \mathbf{H} \tag{6.20}$$

Damit kann die Fundamental-Matrix **F** in den Epipol und eine beliebige nicht-singuläre 3×3-Matrix faktorisiert werden.

6.4.1 Die kanonische Form der Projektionsmatrizen

Da die Fundamental-Matrix die relative Beziehung zwischen zwei Kameras angibt, kann das projektive Koordinatensystem der beiden Kameras frei gewählt werden. In verschiedenen fortführenden Betrachtungen ist es günstig von einer Kamera 1 mit folgender Projektionsmatrix auszugehen.

$$\mathbf{P}_1 = [\mathbf{I} \mid \mathbf{0}] \tag{6.21}$$

Dies bedeutet, dass das Weltkoordinatensystem in die erste Kamera gelegt wird und die intrinsische Matrix die Einheitsmatrix ist. Existiert eine Fundamental-Matrix in der faktorisierten Zerlegung entsprechend Gl. (6.20), dann kann die Projektionsmatrix der zweiten Kamera wie folgt definiert werden.

$$\mathbf{P}_2 = [\mathbf{H} \mid \widetilde{\mathbf{e}}_2] \tag{6.22}$$

Diese äquivalente Darstellung der beiden Projektionsmatrizen nennt man *kanonische* Form. Jede projektive Basis kann durch eine projektive Transformation in eine kanonische Basis überführt werden (Faugeras 1995).

6.4.2 Berechnung der Homographie

In Kapitel 2 „*Grundlagen der projektiven Geometrie*" wurde bereits ein Verfahren zur Berechnung der Homographie aus Punktkorrespondenzen vorgestellt. Dabei mussten mindestens vier Punktkorrespondenzen vorliegen, um eine eindeutige Lösung zu erhalten. Ausgehend von den im vorangegangenen Abschnitt dargestellten Beziehungen zwischen der Homographie und der Fundamental-Matrix stellt sich nun die Frage, ob man bei bekannter Epipolargeometrie die Homographie koplanarer Punkte auch auf andere Weise berechnen kann. Im Folgenden wird die Kenntnis der Fundamental-Matrix vorausgesetzt.

Aufgrund der besonderen Struktur einer antisymmetrischen Matrix ist die Summe zweier antisymmetrischer Matrizen mindestens eine symmetrische Matrix. Da $\mathbf{H}^T\mathbf{F}$ eine antisymmetrische Matrix ist, ergeben sich aus Gl. (6.23) sechs homogene Gleichungen zur Berechnung der unbekannten Parameter der Homographie $\mathbf{H}$.

$$\mathbf{F}^T\mathbf{H} + \mathbf{H}^T\mathbf{F} = \mathbf{0} \tag{6.23}$$

Da die Gl. (6.23) nur projektive Größen enthält, die bis auf einen Skalierungsfaktor definiert sind, verbleiben nur fünf linear unabhängige Gleichungen. Es fehlen noch drei weitere Gleichungen, um die acht unabhängigen Parameter der Homographie-Matrix berechnen zu können. Für zwei korrespondierende Punkte in Ansicht 1 und Ansicht 2 ergeben sich aufgrund der Epipolargeometrie folgende Vektoren: $\tilde{\mathbf{m}}_2, \mathbf{F}\tilde{\mathbf{m}}_1, \mathbf{H}\tilde{\mathbf{m}}_1$. Das Spatprodukt dieser Vektoren lautet:

$$(\tilde{\mathbf{m}}_2, \mathbf{F}\tilde{\mathbf{m}}_1, \mathbf{H}\tilde{\mathbf{m}}_1) = \tilde{\mathbf{m}}_2 \cdot (\mathbf{F}\tilde{\mathbf{m}}_1 \times \mathbf{H}\tilde{\mathbf{m}}_1) = \tilde{\mathbf{m}}_2 \cdot (\mathbf{F}\tilde{\mathbf{m}}_1 \times \tilde{\mathbf{m}}_2) = 0 \tag{6.24}$$

Dieses Spatprodukt verschwindet, da zwei der drei Vektoren gleich sind und demnach das aufgespannte Parallelepiped kein Volumen hat. Damit steht eine skalare Gleichung für eine Punktkorrespondenz zur Verfügung, welche die Homographie und die Fundamental-Matrix enthält. Mit drei verschiedenen nicht-kollinearen Punktkorrespondenzen erhält man schließlich die verbleibenden drei Gleichungen zur Berechnung der acht freien Parameter der Homographie $\mathbf{H}$. Für die Punktkorrespondenzen $\mathbf{m}_{1i}$, $\mathbf{m}_{2i}$, (i=1,2,3) muss gelten, dass sie nicht kollinear sind.

$$\begin{aligned}
&\mathbf{F}^T\mathbf{H} + \mathbf{H}^T\mathbf{F} = \mathbf{0}, \\
&(\tilde{\mathbf{m}}_{21}, \mathbf{F}\tilde{\mathbf{m}}_{11}, \mathbf{H}\tilde{\mathbf{m}}_{11}) = 0, \\
&(\tilde{\mathbf{m}}_{22}, \mathbf{F}\tilde{\mathbf{m}}_{12}, \mathbf{H}\tilde{\mathbf{m}}_{12}) = 0, \\
&(\tilde{\mathbf{m}}_{23}, \mathbf{F}\tilde{\mathbf{m}}_{13}, \mathbf{H}\tilde{\mathbf{m}}_{13}) = 0.
\end{aligned} \tag{6.25}$$

Im Unterschied zu den Verfahren aus Kapitel 2 „*Grundlagen der projektiven Geometrie*" sind bei Kenntnis der Fundamental-Matrix nur drei Punktkorrespondenzen notwendig. Dieses Verfahren kann sehr anschaulich interpretiert werden. Da drei Punkte im Raum eine Ebene aufspannen, muss es nach den vorangegangenen Betrachtungen eine Homographie für die korrespondierenden Punkte in den beiden Stereoansichten geben, In dem Verfahren werden genau diese drei Punktkorrespondenzen benötigt und es ergibt sich die gesuchte Homographie.

6.4.3 Berechnung der Fundamental-Matrix

Es konnte im vorangegangenen Abschnitt gezeigt werden, dass die Kenntnis der Fundamental-Matrix bei der Berechnung der Homographie ausgenützt werden kann. Nun soll der umgekehrte Weg gegangen werden und eine bekannte Homographie-Matrix zur Berechnung der Fundamental-Matrix herangezogen werden.

Entsprechend den Ausführungen in Abschnitt 6.4 kann die Fundamental-Matrix **F** aus einer beliebigen Homographie und dem Epipol in Ansicht 1 berechnet werden.

$$\mathbf{F} = [\tilde{\mathbf{e}}_2]_\times \cdot \mathbf{H} \tag{6.26}$$

Die Homographie lässt sich entsprechend Kapitel 2 „*Grundlagen der projektiven Geometrie*" aus vier Punktkorrespondenzen bestimmen. Es verbleibt also noch die Bestimmung des Epipols in Ansicht 2. Die Epipolargeometrie besagt nun, dass sich alle Epipolarlinien in einer Ansicht in dem entsprechenden Epipol dieser Ansicht schneiden. Somit ist die Bestimmung von zwei Epipolarlinien notwendig. Zu diesem Zweck wird das Konzept der virtuellen Parallaxe eingesetzt (Hartley u. Zisserman 2004). Aus der Berechnung der Homographie mittels vier Punktkorrespondenzen liegt bereits eine Ebene im Raum vor, die sich in beiden Ansichten abbildet. Es wird nun eine weitere Punktkorrespondenz ($\mathbf{m}_{15}$, $\mathbf{m}_{25}$) für einen 3-D-Punkt M_5 ermittelt, der außerhalb der von den vier Punkten M_1-M_4 aufgespannten Ebene π liegt (siehe Abb. 6.4). Mit der bereits bestimmten Homographie kann dann die Abbildung des 3-D-Punktes M'_5 in die Bildebene 2 transformiert werden.

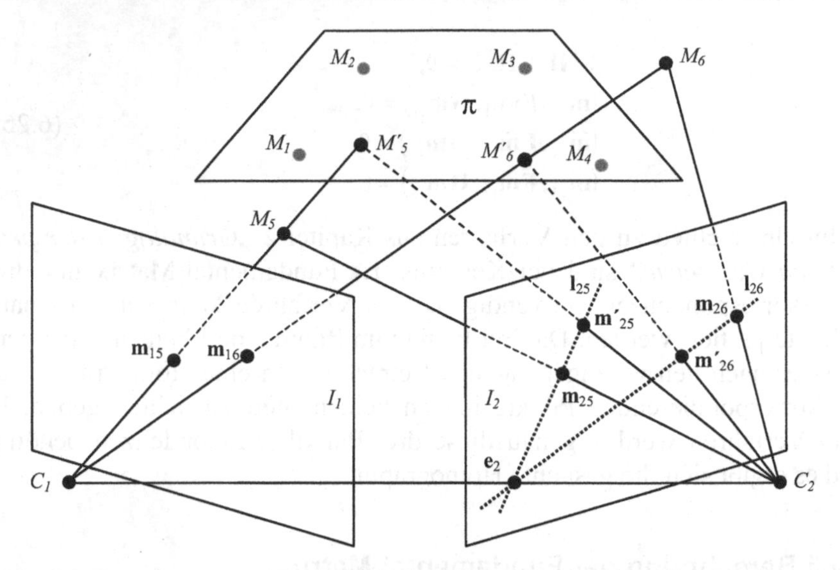

Abb. 6.4. Berechnung von **F** mit Hilfe des Konzeptes der virtuellen Parallaxe

$$\tilde{\mathbf{m}}'_{25} = \mathbf{H} \cdot \tilde{\mathbf{m}}_{15} \tag{6.27}$$

Da sich die Homographie jedoch auf die Ebene π bezieht, entspricht die Abbildung $\tilde{\mathbf{m}}'_{25}$ der Projektion des Punktes M'_5 auf dem optischen Strahl $C_1 \rightarrow M_5$, der auf der Ebene π liegt. Diese Projektion wird als *virtuelle Parallaxe* bezeichnet. Da die Projektion des optischen Strahles der Epipolarlinie entspricht, kann diese durch die zwei Abbildungen $\tilde{\mathbf{m}}_{25}$ und $\tilde{\mathbf{m}}'_{25}$ über das Vektorprodukt berechnet werden.

$$\mathbf{l}_{25} = \tilde{\mathbf{m}}_{25} \times \tilde{\mathbf{m}}'_{25} \tag{6.28}$$

Um eine zweite Epipolarlinie für die Berechnung des Epipols zu erhalten, wird das Prinzip der virtuellen Parallaxe auf einen weiteren 3-D-Punkt M_6 außerhalb der Ebene π und die entsprechende Punktkorrespondenz ($\mathbf{m}_{16}$, $\mathbf{m}_{26}$) angewendet. Daraus lässt sich schließlich der Epipol in Ansicht 2 unter Verwendung Anwendung des Vektorproduktes auf Linien berechnen. Somit liegen die notwendigen Größen zur Berechnung der Fundamental-Matrix vor.

$$\mathbf{l}_{26} = \tilde{\mathbf{m}}_{26} \times \tilde{\mathbf{m}}'_{26} \tag{6.29}$$

$$\mathbf{e}_2 = \mathbf{l}_{25} \times \mathbf{l}_{26} \tag{6.30}$$

Das Prinzip der virtuellen Parallaxe kann an folgenden Bildbeispielen anschaulich illustriert werden. In den in Abb. 6.5 dargestellten Stereobildern wurde für die markierte Ebene im Raum die Homographie $\mathbf{H}_\pi$ aus Punktkorrespondenzen berechnet. Damit existiert für alle Bildpunkte auf dieser Ebene ein eindeutiger Zusammenhang zwischen Ansicht 1 und Ansicht 2. Alle anderen Bildpunkte liegen nicht auf dieser Ebene im Raum und werden bei Anwendung der Homographie $\mathbf{H}_\pi$ an andere Positionen transformiert. In Abb. 6.6 ist eine Überlagerung der ursprünglichen Ansicht 2 (rechtes Bild in Abb. 6.5) und der mit der Homographie $\mathbf{H}_\pi$ transformierten Ansicht 1 dargestellt. Die Bildpunkte auf der Ebene werden korrekt transformiert, während alle anderen Bildpunkte an einer anderen Position landen.

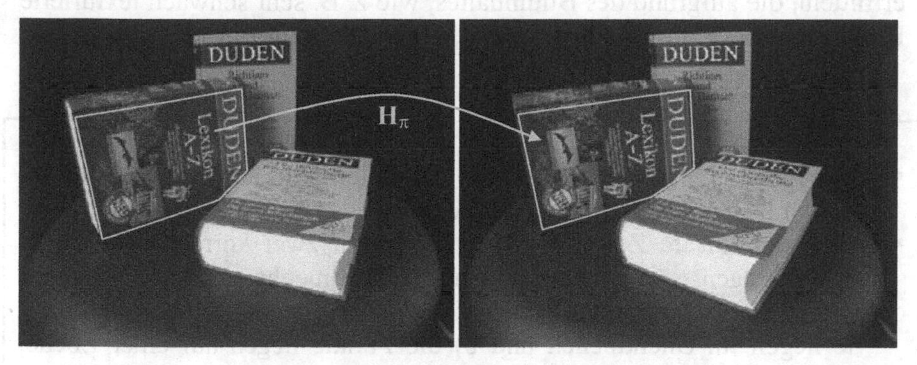

Abb. 6.5. Illustration der virtuellen Parallaxe: Linkes und rechtes Stereobild mit eingezeichneter Ebene, für welche die Homographie $\mathbf{H}_\pi$ berechnet wurde.

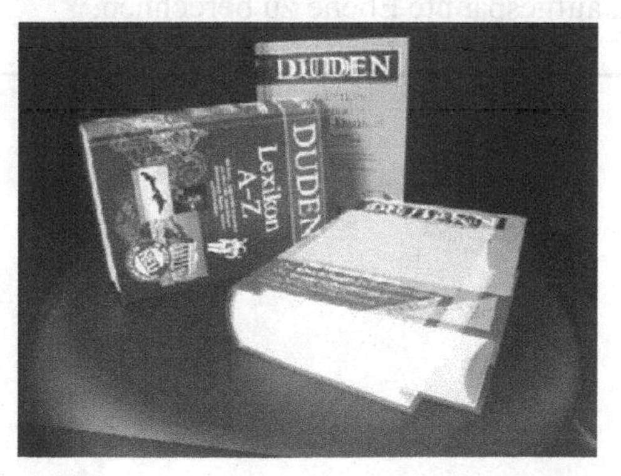

Abb. 6.6. Überlagerung der Ansicht 2 mit der transformierten Ansicht 1

6.5 Zusammenfassung

In diesem Kapitel konnte gezeigt werden, dass die Homographie zwischen zwei Ansichten eine Vielzahl von interessanten Zusammenhängen aufweist. So kann die Homographie-Transformation bei der Erzeugung von virtuellen achsparallelen Stereosystemen eingesetzt werden. Diese sog. Rektifikation wird ausführlich im nächsten Kapitel behandelt. Ein weiteres Anwendungsgebiet ist die Tiefenanalyse einer Szene. So ist es bei einer Zerlegung der Szene in unterschiedliche Ebenen ausreichend, die entsprechenden Homographien zu berechnen. Die Korrespondenz der anderen Bildpunkte auf den Ebenen ist dann automatisch durch die jeweilige Homographie hergestellt. Damit ist es möglich, Punktkorrespondenzen zu ermitteln, die aufgrund des Bildinhaltes, wie z. B. sehr schwach texturierte Bereiche durch Korrespondenzanalyse nicht eindeutig zu bestimmen sind.

- Die Homographie zwischen zwei Ansichten wird aus der verallgemeinerten Disparitätsgleichung abgeleitet.
- Der nichtlineare Zusammenhang zwischen zwei korrespondierenden Abbildungen geht in einen linearen Zusammenhang über, wenn gilt: a) Die optischen Zentren beider Kameras sind identisch oder die Punkte liegen im Unendlichen und b) die Punkte liegen auf einer Ebene, welche nicht die Epipolarebene ist.
- Bei Kenntnis der Fundamental-Matrix reichen drei Punktkorrespondenzen aus, um die Homographie-Matrix bezogen auf die, von den drei Punkten, aufgespannte Ebene zu berechnen.

7 Die Rektifikation

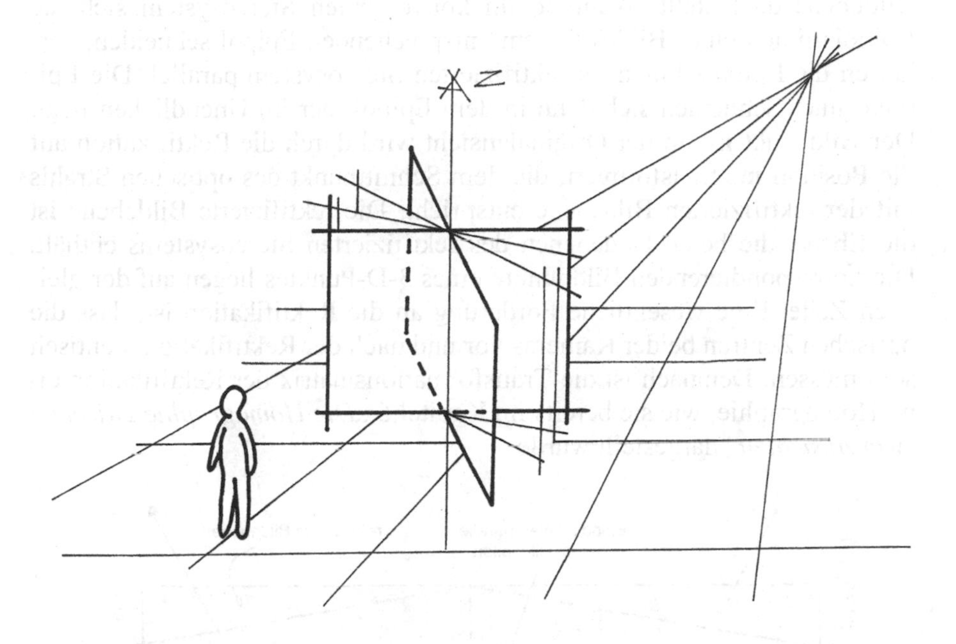

7.1 Einleitung

Im Kapitel 8 „*Die Stereoanalyse*“ werden verschiedene Verfahren zur Korrespondenzanalyse von Stereobildern vorgestellt, die auf einer achsparallelen Stereogeometrie beruhen. Da i. A. Stereokamerasysteme entweder absichtlich konvergent aufgebaut sind oder nur annäherungsweise parallel ausgerichtet werden können, stellt sich die Frage, wie ein beliebiges Stereokamerasystem durch eine virtuelle Drehung der Kameras in ein achsparalleles Kamerasystem überführt werden kann. Das ist das Ziel der Rektifikation, die durch eine lineare Transformation Ansichten eines achsparallelen Stereosystems erzeugt, dessen Epipolarlinien alle horizontal sind und für korrespondierende Punkte auf der gleichen Bildzeile liegen.

Durch die Rektifikation können zum Einen die perspektivischen Verzerrungen zwischen den beiden Annsichten minimiert werden, zum Anderen ermöglichen die horizontalen Epipolarlinien wesentlich einfachere Verarbeitungsstrukturen und damit eine effizientere und schnellere Korrespondenzanalyse. Aus diesen Gründen findet sich die Rektifikation als Vorverarbeitungsschritt in vielen Stereoanalyseverfahren und erlangt damit eine besondere Bedeutung.

In Abb. 7.1 sind ein konvergentes Stereosystem und die rektifizierte Bildebene dargestellt. Während im konvergenten Stereosystem sich die Epipolarlinien eines Bildes in dem entsprechenden Epipol schneiden, verlaufen die Epipolarlinien im rektifizierten Stereosystem parallel. Die Epipolarlinien schneiden sich dann in dem Epipol, der im Unendlichen liegt. Der Bildpunkt $\mathbf{m}_{io}$ in der Originalansicht wird durch die Rektifikation auf die Position $\mathbf{m}_{ir}$ transformiert, die dem Schnittpunkt des optischen Strahls mit der rektifizierten Bildebene entspricht. Die rektifizierte Bildebene ist die Ebene, die beide Bildebenen des rektifizierten Stereosystems enthält. Die korrespondierenden Bildpunkte eines 3-D-Punktes liegen auf der gleichen Zeile. Eine wesentliche Forderung an die Rektifikation ist, dass die optischen Zentren beider Kameras vor und nach der Rektifikation identisch sein müssen. Demnach ist die Transformationsmatrix der Rektifikation eine Homographie, wie sie bereits im Kapitel 6 „*Die Homographie zwischen zwei Ansichten*" dargestellt wurde.

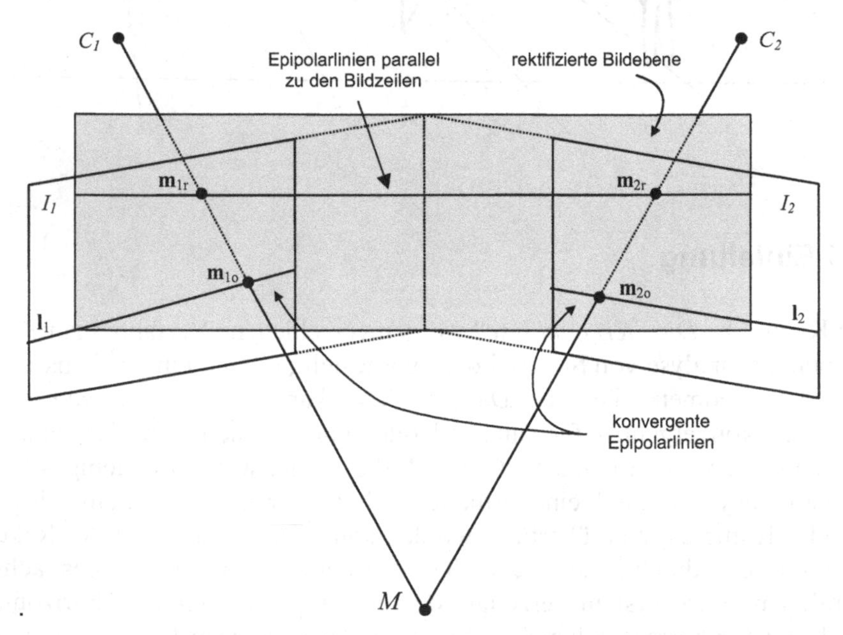

Abb. 7.1. Konvergente und rektifizierte Ansichten

Die Rektifikation ist also eine lineare Transformation von Bildpunkten des Originalbildes in Bildpunkte des rektifizierten Bildes, wobei an die Position korrespondierender Bildpunkte die zusätzliche Forderung gestellt wird, dass diese auf einer Zeile liegen und die Epipolarlinien horizontal verlaufen. Ohne jegliche Einschränkung können alle folgenden Betrachtungen auch auf vertikale parallele Epipolarlinien und Punktkorrespondenzen mit gleicher vertikaler Komponente übertragen werden, falls dies für einen entsprechenden Stereokameraaufbau sinnvoller ist.

Für die Rektifikation ergeben sich zwei Verarbeitungsschritte. Zuerst muss die Transformationsvorschrift bestimmt werden, welche die Bildpunkte der Originalansicht in die rektifizierte Ansicht überführt. Abhängig von der Kenntnis über die Stereogeometrie kann man die Verfahren zur Bestimmung der Transformationsvorschrift in eine Rektifikation für den kalibrierten und für den unkalibrierten Fall unterscheiden. Während im kalibrierten Fall von bekannten intrinsischen und extrinsischen Kameraparametern ausgegangen wird, liegen im unkalibrierten Fall nur Punktkorrespondenzen zwischen den beiden Stereoansichten vor. In Abschnitt 7.3 werden entsprechende Verfahren vorgestellt. Da man i. A. von einem festen Kameraaufbau ausgehen kann, ist die Berechnung der Transformationsvorschrift nur einmal durchzuführen. Basierend auf dieser Transformationsvorschrift ist dann eine Bildtransformation auf das linke und rechte Stereobild anzuwenden. Bei der Verarbeitung von Videosignalen muss dieser Verareitungsschritt für jedes Stereobildpaar neu durchgeführt werden. Verschiedene Verfahren werden in Abschnitt 7.4 dargestellt.

7.2 Geometrische Beziehungen

Zuerst muss der Zusammenhang zwischen der Projektion eines 3-D-Punktes M_w im Raum auf die ursprüngliche und die rektifizierte Bildebene einer Kamera hergestellt werden. Die allgemeine Projektionsgleichung in homogenen Koordinaten lautet:

$$\lambda \tilde{\mathbf{m}} = \mathbf{P} \tilde{M}_w, \qquad \tilde{\mathbf{m}} = \begin{pmatrix} U \\ V \\ S \end{pmatrix}, \qquad \mathbf{m} = \begin{pmatrix} U/S \\ V/S \end{pmatrix} \text{ mit } S \neq 0 \tag{7.1}$$

Für die weitere Herleitung wird die Projektionsmatrix in folgender Form geschrieben, wobei die ersten drei Spalten durch die Zeilenvektoren $\mathbf{q}_i^T$ dargestellt werden:

$$\mathbf{P} = \begin{pmatrix} \mathbf{q}_1^T & q_{14} \\ \mathbf{q}_2^T & q_{24} \\ \mathbf{q}_3^T & q_{34} \end{pmatrix} = \left(\mathbf{Q} \middle| \overline{\mathbf{q}}\right) \tag{7.2}$$

Bezugnehmend auf die Betrachtungen in Kapitel 3 „*Das Kameramodell*" gilt für das optische Zentrum C:

$$\mathbf{P}\begin{pmatrix}C & 1\end{pmatrix}^T = \mathbf{0} \quad \text{und} \quad C = -\mathbf{Q}^{-1}\overline{\mathbf{q}} \tag{7.3}$$

Die Matrix $\mathbf{P}_r$ sei eine Projektionsmatrix, die eine der beiden Ansichten rektifiziert. Für jeden 3-D-Punkt gilt folgende Projektionsgleichung in die Originalansicht und die rektifizierte Ansicht:

$$\begin{aligned} \lambda_o \widetilde{\mathbf{m}}_o &= \mathbf{P}_o \widetilde{M}_w \\ \lambda_r \widetilde{\mathbf{m}}_r &= \mathbf{P}_r \widetilde{M}_w \end{aligned} \tag{7.4}$$

Die Gleichung für den optischen Strahl bezüglich $\mathbf{m}_o$ lautet:

$$M_w = C_o + \lambda_o \mathbf{Q}_o^{-1} \widetilde{\mathbf{m}}_o \tag{7.5}$$

Damit gilt für die Abbildung in der rektifizierten Ansicht folgender Zusammenhang:

$$\begin{aligned} \widetilde{\mathbf{m}}_r &= \mathbf{P}_r \begin{pmatrix} C_o + \lambda_o \mathbf{Q}_o^{-1}\widetilde{\mathbf{m}}_o \\ 1 \end{pmatrix} = \mathbf{P}_r \begin{pmatrix} C_o \\ 1 \end{pmatrix} + \mathbf{P}_r \begin{pmatrix} \lambda_o \mathbf{Q}_o^{-1}\widetilde{\mathbf{m}}_o \\ 0 \end{pmatrix} = \\ &= \mathbf{P}_r \begin{pmatrix} C_r \\ 1 \end{pmatrix} + \mathbf{Q}_r \mathbf{Q}_o^{-1} \widetilde{\mathbf{m}}_o \end{aligned} \tag{7.6}$$

Eine wesentliche Voraussetzung für die Rektifikation ist, dass das optische Zentrum der Kamera nicht verändert ($C_o = C_r$) wird. Da die Projektion des optischen Zentrums den Nullvektor ergibt, verschwindet der erste Summand auf der rechten Seite. Die Beziehung zwischen den Abbildungen in der ursprünglichen und der rektifizierten Ansicht wird in der projektiven Ebene hergestellt, daher kann der Skalierungsfaktor λ_o vernachlässigt werden. Man erhält schließlich folgende Beziehung zwischen einem Bildpunkt in der Originalansicht und der rektifizierten Ansicht:

$$\widetilde{\mathbf{m}}_r = \mathbf{Q}_r \mathbf{Q}_o^{-1} \widetilde{\mathbf{m}}_o \tag{7.7}$$

Damit ergibt sich folgende Homographie-Matrix zwischen der ursprünglichen und der rektifizierten Ansicht:

$$\widetilde{\mathbf{m}}_r = \mathbf{H}\widetilde{\mathbf{m}}_o \quad \text{mit} \quad \mathbf{H} = \mathbf{Q}_r \mathbf{Q}_o^{-1} \tag{7.8}$$

7.3 Bestimmung der Transformationsvorschrift

Bei der Berechnung der Transformationsmatrizen kann man abhängig von der Kenntnis über die Kamerageometrie zwei Fälle unterscheiden, den kalibrierten und den unkalibrierten Fall. Im kalibrierten Fall sind die perspektivischen Projektionsmatrizen bekannt. Basierend auf diesen ist dann eine Berechnung der rektifizierenden Homographie-Matrizen möglich, die das konvergente Kamerasystem in ein achsparalleles Kamerasystem überführen. Im unkalibrierten Fall liegt die projektive Stereogeometrie vor, d. h. die Fundamental-Matrix existiert. In den folgenden Abschnitten werden nun jeweils für den kalibrierten und den unkalibrierten Fall ein Verfahren vorgestellt.

7.3.1 Kalibrierter Fall

Betrachtet man die Beziehung in Gl. (7.8) zwischen einem Bildpunkt in der ursprünglichen und in der rektifizierten Ansicht, so sind neun Parameter der Matrix **H** zu berechnen. Da diese Matrix eine Homographie darstellt, ist sie nur bis auf einen Skalierungsfaktor definiert und die Anzahl freier Parameter reduziert sich auf acht. Aufgrund entsprechender Bedingungen, die aus der Geometrie des rektifizierten Kamerasystems resultieren, lassen sich genügend Bedingungen finden, welche zu einer eindeutigen Lösung der rektifizierenden Projektionsmatrizen führen. Das hier dargestellte Verfahren wurde von (Fusiello et al. 1997) vorgestellt und liefert bei bekannten Projektionsmatrizen ein eindeutiges Ergebnis durch Lösung eines linearen homogenen Gleichungssystems, welches die triviale Lösung ausschließt.

Die gesuchten rektifizierenden Projektionsmatrizen für die Kameras 1 und 2 werden wie folgt definiert:

$$\mathbf{P}_{r1} = \left(\begin{array}{c|c} \mathbf{a}_1^T & a_{14} \\ \mathbf{a}_2^T & a_{24} \\ \mathbf{a}_3^T & a_{34} \end{array}\right), \qquad \mathbf{P}_{r2} = \left(\begin{array}{c|c} \mathbf{b}_1^T & b_{14} \\ \mathbf{b}_2^T & b_{24} \\ \mathbf{b}_3^T & b_{34} \end{array}\right) \tag{7.9}$$

Nun werden die Verhältnisse, die für Kamera 1 und 2 zwischen den originalen und den rektifizierten Ansichten, als auch zwischen den beiden rektifizierten Ansichten existieren, zur Formulierung genügender Bedingungen herangezogen.

Skalierungsfaktor. Die Projektionsmatrizen sind bis auf einen Skalierungsfaktor definiert, demnach könnte eine Komponente der Matrix auf einen beliebigen Wert gesetzt werden. Dies würde jedoch dazu führen, dass die intrinsischen Kameraparameter von der Wahl des Weltkoordinatensystems abhängen. Deshalb wird folgende Bedingung eingeführt:

$$\|\mathbf{a}_3\| = 1, \qquad \|\mathbf{b}_3\| = 1 \tag{7.10}$$

Lage des optischen Zentrums. Die Lage der optischen Zentren muss vor und nach der Rektifikation jeweils für Kamera 1 und 2 identisch sein.

$$\mathbf{P}_{r1}\begin{pmatrix} C_1 \\ 1 \end{pmatrix} = \mathbf{0}, \qquad \mathbf{P}_{r2}\begin{pmatrix} C_2 \\ 1 \end{pmatrix} = \mathbf{0} \tag{7.11}$$

Dies führt zu sechs linearen Gleichungen:

$$\begin{aligned} \mathbf{a}_1^T C_1 + a_{14} &= 0 & \qquad \mathbf{b}_1^T C_2 + b_{14} &= 0 \\ \mathbf{a}_2^T C_1 + a_{24} &= 0 & \text{und} \qquad \mathbf{b}_2^T C_2 + b_{24} &= 0 \\ \mathbf{a}_3^T C_1 + a_{34} &= 0 & \qquad \mathbf{b}_3^T C_2 + b_{34} &= 0 \end{aligned} \tag{7.12}$$

Gemeinsame fokale Ebene. Beide rektifizierten Ansichten müssen die gleiche fokale Ebene aufweisen. Dies bedeutet, dass die gemeinsame fokale Ebene in Richtung der Basislinie, also der Verbindung zwischen beiden Kameras, ausgerichtet ist.

$$\mathbf{a}_3 = \mathbf{b}_3, \qquad a_{34} = b_{34} \tag{7.13}$$

Ausrichtung der Epipolarlinien. Die vertikale (bzw. horizontale) Koordinate der Projektion eines 3-D-Punktes auf die rektifizierte Bildebene muss für beide Kameras gleich sein. Bei der Entscheidung für eine horizontale oder vertikale Ausrichtung der Epipolarlinien wird man sich an der Ausrichtung der Kameras orientieren.

$$\frac{\mathbf{a}_2^T M_w + a_{24}}{\mathbf{a}_3^T M_w + a_{34}} = \frac{\mathbf{b}_2^T M_w + b_{24}}{\mathbf{b}_3^T M_w + b_{34}} \tag{7.14}$$

Unter Verwendung der Bedingung aus Gl. (7.13) erhält man

$$\mathbf{a}_2 = \mathbf{b}_2, \qquad a_{24} = b_{24} \tag{7.15}$$

Die bisher definierten Bedingungen genügen im Allgemeinen, um zu einer Lösung für die Rektifikation zu gelangen. Die Lösung ist jedoch nicht eindeutig, da die Orientierung der rektifizierten Bildebene und die intrinsischen Parameter noch frei wählbar sind. Aus diesem Grunde werden noch zusätzliche Bedingungen definiert.

Orientierung der rektifizierten Bildebene. Diese rektifizierte Bildebene wird so gewählt, dass sie parallel zur Schnittgeraden der fokalen Ebenen der beiden Originalansichten ist.

$$\mathbf{a}_2^T(\mathbf{f}_1 \times \mathbf{f}_2) = 0 \tag{7.16}$$

$\mathbf{f}_1$ und $\mathbf{f}_2$ sind jeweils die dritte Zeile von $\mathbf{Q}_{o1}$ und $\mathbf{Q}_{o2}$. Die duale Gleichung $\mathbf{b}_2^T(\mathbf{f}_1 \times \mathbf{f}_2) = 0$ ist redundant aufgrund der Identität $\mathbf{a}_2 = \mathbf{b}_2$ (siehe Gl. (7.15)).

Orthogonalität der rektifizierten Ansichten. Die Schnittgeraden der retinalen Ebene mit den Ebenen $\mathbf{a}_1^T M_w + a_{14} = 0$ und $\mathbf{a}_1^T M_w + a_{14} = 0$ korrespondieren mit den x- und y-Achsen. Da das Referenzkoordinatensystem orthogonal ist, müssen die Ebenen ebenfalls senkrecht zueinander sein. Damit folgt:

$$\mathbf{a}_1^T \mathbf{a}_2 = 0, \qquad \mathbf{b}_1^T \mathbf{a}_2 = 0 \tag{7.17}$$

Kamerahauptpunkt. Ist eine 3×4-Matrix mit vollem Rang gegeben, so lautet der Kamerahauptpunkt (u_0, v_0) :

$$u_0 = \mathbf{a}_1^T \mathbf{a}_3, \qquad v_0 = \mathbf{a}_2^T \mathbf{a}_3 \tag{7.18}$$

Die beiden Kamerahauptpunkte werden nun zu (0,0) gesetzt und mit Gl. (7.15) erhält man folgende Bedingungen:

$$\begin{aligned} \mathbf{a}_1^T \mathbf{a}_3 &= 0 \\ \mathbf{a}_2^T \mathbf{a}_3 &= 0 \\ \mathbf{b}_1^T \mathbf{a}_3 &= 0 \end{aligned} \tag{7.19}$$

Brennweite in Pixel. Die horizontale und vertikale fokale Länge in Pixel ist definiert über

$$a_u = \|\mathbf{a}_1 \times \mathbf{a}_3\|, \qquad a_v = \|\mathbf{a}_2 \times \mathbf{a}_3\| \tag{7.20}$$

Setzt man diese Werte nun gleich den Werten aus einer der beiden Originalansichten, so erhält man:

$$\begin{aligned} \|\mathbf{a}_1 \times \mathbf{a}_3\|^2 &= a_u^2 \\ \|\mathbf{a}_2 \times \mathbf{a}_3\|^2 &= a_v^2 \\ \|\mathbf{b}_1 \times \mathbf{a}_3\|^2 &= a_u^2 \end{aligned} \tag{7.21}$$

Mittels der Beziehung für Vektorprodukte $\|\mathbf{x}\times\mathbf{y}\|^2 = \|\mathbf{x}\|^2\|\mathbf{y}\|^2 - \left(\mathbf{x}^T\mathbf{y}\right)^2$ und Gl. (7.19) kann diese Bedingung auch auf folgende Weise umgeschrieben werden.

$$\begin{aligned} \|\mathbf{a}_1\|^2\|\mathbf{a}_3\|^2 &= a_u^2 \\ \|\mathbf{a}_2\|^2\|\mathbf{a}_3\|^2 &= a_v^2 \\ \|\mathbf{b}_1\|^2\|\mathbf{a}_3\|^2 &= a_u^2 \end{aligned} \tag{7.22}$$

Alle genannten Bedingungen werden nun in den folgenden vier Gleichungssystemen zusammengefasst:

$$\begin{array}{cccc} \mathbf{a}_3^T C_1 + a_{34} = 0 & \mathbf{a}_2^T C_1 + a_{24} = 0 & \mathbf{a}_1^T C_1 + a_{14} = 0 & \mathbf{b}_1^T C_2 = -b_{14} \\ \mathbf{a}_3^T C_2 + a_{34} = 0 & \mathbf{a}_2^T C_2 + a_{24} = 0 & \mathbf{a}_1^T \mathbf{a}_2 = 0 & \mathbf{b}_1^T \mathbf{a}_2 = 0 \\ \mathbf{a}_3^T(\mathbf{f}_1 \times \mathbf{f}_2) & \mathbf{a}_2^T \mathbf{a}_3 = 0 & \mathbf{a}_1^T \mathbf{a}_3 = 0 & \mathbf{b}_1^T \mathbf{a}_3 = 0 \\ \|\mathbf{a}_3\| = 1 & \|\mathbf{a}_2\| = a_v & \|\mathbf{a}_1\| = a_u & \|\mathbf{b}_1\| = a_u \end{array} \tag{7.23}$$

Jedes der o. a. Gleichungssysteme ist ein lineares homogenes Gleichungssystem mit einer quadratischen Nebenbedingung gemäß

$$\mathbf{A}\mathbf{x} = 0 \quad \text{mit} \quad \|\mathbf{x}'\| = k \tag{7.24}$$

Die vier Gleichungssysteme werden nacheinander gelöst, wobei jedes als verallgemeinertes Eigenwertproblem betrachtet werden kann. Damit stehen nun die beiden rektifizierenden Projektionsmatrizen $\mathbf{P}_{r1}$, $\mathbf{P}_{r2}$ zur Verfügung. Mit diesen beiden Matrizen kann nun die Transformation der Originalbilder in rektifizierte Stereoansichten durchgeführt werden. Interessant an diesem Verfahren ist außerdem, dass die 3-D-Rekonstruktion direkt aus den Punktkorrespondenzen der rektifizierten Ansichten erfolgen kann, da nicht nur die Homographie-Transformationen für die rektifizierten Ansichten, sondern auch die perspektivischen Projektionsmatrizen der rektifizierten Kameras zur Verfügung stehen.

7.3.2 Unkalibrierter Fall

Im unkalibrierten Fall geht man davon aus, dass keinerlei Kenntnis über die intrinsischen und extrinsischen Parameter des Stereosystems existiert. Allerdings liegen hinreichend genaue Punktkorrespondenzen zwischen beiden Ansichten vor. Es soll gelten:

$$\tilde{\mathbf{m}}_{1i} \rightarrow \tilde{\mathbf{m}}_{2i} \tag{7.25}$$

Basierend auf diesen Punktkorrespondenzen kann dann entsprechend den Ausführungen in Kapitel 5 „*Die Schätzung der projektiven Stereogeometrie*“ die Fundamental-Matrix berechnet werden.

7.3.2.1 Projektive Rektifikation bei bekannter Fundamental-Matrix

Im Folgenden wird nun ein Verfahren zur Bestimmung der rektifizierenden Homographie-Matrizen unter Kenntnis der Fundamental-Matrix vorgestellt (Hartley 1999). Ziel dieses Verfahrens ist es, ausgehend von einer bekannten Fundamental-Matrix **F** die Homographien $\mathbf{H}_1$ und $\mathbf{H}_2$ zu bestimmen, welche die Originalansichten in rektifizierte Ansichten überführen. Entsprechend den Betrachtungen zur Geometrie achsparalleler Stereosysteme in Kapitel 4 „*Die Epipolargeometrie*“ liegen die Epipole beider Kameras im Unendlichen. Demzufolge sind die Epipolarlinien alle parallel ausgerichtet.

$$\tilde{\mathbf{e}}_1 = \tilde{\mathbf{e}}_2 = (1,0,0)^T \tag{7.26}$$

Es wird nun zuerst die Homographie $\mathbf{H}_2$ für die zweite Ansicht bestimmt, indem man sich bei der Wahl der Homographie-Transformation auf eine näherungsweise starre Transformation für einen ausgewählten Punkt beschränkt. Sie lautet:

$$\mathbf{H}_2 = \mathbf{GRT} \tag{7.27}$$

Dabei entspricht die Matrix **T** einer Verschiebung des Punktes in den Ursprung. Die Matrix **R** dreht den als bekannt vorausgesetzten Epipol auf die Position $(f, 0, 1)^T$ auf der horizontalen Achse. Die Transformationsmatrix **G** schließlich überführt den Epipol auf eine Position im Unendlichen und verhält sich wie eine Einheitstransformation für Punkte um den Bildkoordinatenursprung. Dieser wird vorzugsweise in die Bildmitte gelegt.

$$\mathbf{G} = \begin{bmatrix} 1 & 0 & 0 \\ 0 & 1 & 0 \\ -1/f & 0 & 1 \end{bmatrix} \tag{7.28}$$

Damit ergibt sich der transformierte Epipol $\tilde{\mathbf{e}}_1 = (f,0,0)^T$. Jeder andere Bildpunkt $(u,v,1)$ wird mit dieser Transformation in einen Punkt $(\hat{u},\hat{v},1)^T = (u,v,1-u/f)^T$ überführt.

Eine wesentliche Forderung an ein rektifiziertes Stereosystem ist, dass die beiden rektifizierten Bildebenen in einer gemeinsamen fokalen Ebene liegen. Daraus folgt, dass die korrespondierenden Epipolarlinien der rektifizierten Ansichten identisch sein müssen. Entsprechend der Homographie-Transformation für Linien ergibt sich folgende Beziehung für die korrespondierenden Epipolarlinien:

$$\mathbf{H}_1^{-T}\tilde{\mathbf{l}}_1 = \mathbf{H}_2^{-T}\tilde{\mathbf{l}}_2 \tag{7.29}$$

Jedes Paar von Transformationen, das diese Bedingung erfüllt, nennt man ein zusammengehöriges Paar von Transformationen (engl. *matched pair of transformations*).

Nachdem nun die Homographie-Matrix der zweiten Ansicht festgelegt wurde, muss die Homographie-Matrix der ersten Ansicht $\mathbf{H}_1$ bestimmt werden. Um die Ähnlichkeit der ursprünglichen und der rektifizierten Ansicht zu gewährleisten, soll der mittlere quadratische Abstand der transformierten Bildpunktpositionen korrespondierender Bildpunkte möglichst gering sein. Es ergibt sich folgendes Optimierungskriterium:

$$\sum_i d\left(\mathbf{H}_1\tilde{\mathbf{m}}_{1i,r}, \mathbf{H}_2\tilde{\mathbf{m}}_{2i,r}\right) \tag{7.30}$$

Die projektive Transformation $\mathbf{H}_1$ ist nur dann eine zugehörige Transformation zu $\mathbf{H}_2$, wenn für $\mathbf{H}_1$ gilt:

$$\mathbf{H}_1 = \left(\mathbf{I} + \mathbf{H}_2\tilde{\mathbf{e}}_2\mathbf{a}^T\right)\mathbf{H}_2\mathbf{M} = \left(\mathbf{I} + \mathbf{H}_2\tilde{\mathbf{e}}_2\mathbf{a}^T\right)\mathbf{H}_0 \tag{7.31}$$

Dabei ist die Matrix $\mathbf{M}$ eine beliebige nicht-singuläre 3×3-Matrix, die sich aus der Faktorisierung der Fundamental-Matrix ergibt. Sie kann aus drei Punktkorrespondenzen analytisch berechnet werden (siehe Abschnitt 6.4.2).

$$\mathbf{F} = [\mathbf{e}_2]_\times \mathbf{M} \tag{7.32}$$

Ein detaillierte Herleitung der Gl. (7.31) ist in (Hartley 1999) zu finden. Da der Epipol in Ansicht 2 im Unendlichen liegen muss, resultiert daraus die Identität

$$\mathbf{I} + \mathbf{H}_2\tilde{\mathbf{e}}_2\mathbf{a}^T = \mathbf{I} + (1,0,0)^T\mathbf{a}^T \tag{7.33}$$

die folgende Form haben muss:

$$\mathbf{H}_A = \begin{pmatrix} a & b & c \\ 0 & 1 & 0 \\ 0 & 0 & 1 \end{pmatrix} \tag{7.34}$$

Damit ist $\mathbf{H}_1$ die zugehörige Transformation zu $\mathbf{H}_2$, wenn $\mathbf{H}_1 = \mathbf{H}_A\,\mathbf{H}_0$ und $\mathbf{H}_0 = \mathbf{H}_2\,\mathbf{M}$ ist. $\mathbf{H}_A$ stellt dabei eine affine Transformation dar. Die entsprechenden korrespondierenden Bildpunkte in den rektifizierten Ansichten ergeben sich zu

$$\tilde{\mathbf{m}}_{1i,r} = \mathbf{H}_0 \tilde{\mathbf{m}}_{1i} \quad \text{und} \quad \tilde{\mathbf{m}}_{2i,r} = \mathbf{H}_2 \tilde{\mathbf{m}}_{2i} . \tag{7.35}$$

Mit der Bedingung für den Epipol in Ansicht 2 kann das Optimierungsproblem aus Gl. (7.30) auf die Matrix $\mathbf{H}_A$ übertragen werden:

$$\sum_i d\left(\mathbf{H}_A \tilde{\mathbf{m}}_{1i,r}, \mathbf{H}_2 \tilde{\mathbf{m}}_{2i,r}\right) \tag{7.36}$$

Daraus ergibt sich schließlich folgender Ausdruck, der zu minimieren ist:

$$\sum_i d\left(a\,u_{1i,r} + b\,v_{1i,r} + c\,u_{2i}\right)^2 + \left(v_{1i,r} + v_{2i,r}\right)^2 \tag{7.37}$$

Da die vertikale Komponente konstant ist, kann diese vernachlässigt werden, und es verbleibt

$$\sum_i d\left(a\,u_{1i,r} + b\,v_{1i,r} + c\,u_{2i}\right)^{2^2} . \tag{7.38}$$

Liegt nun die Matrix $\mathbf{M}$ aus der Faktorisierung der Fundamental-Matrix vor und wurde die Homographie-Transformation $\mathbf{H}_2$ entsprechend Gl. (7.27) bestimmt, so ergibt sich aus dem Optimierungskriterium in Gl. (7.38) ein einfaches lineares Minimierungsproblem nach dem kleinsten quadratischen Fehler. Dazu können lineare Verfahren, wie sie im Anhang D.2 und D.3 dargestellt sind, verwendet werden. Somit erhält man die gesuchten Parameter a, b und c der Matrix $\mathbf{H}_A$ und es kann die gesuchte Transformation $\mathbf{H}_2$ bestimmt werden.

Das Verfahren lässt sich also wie folgt zusammenfassen:

1. Zunächst müssen hinreichend genaue Punktkorrespondenzen zwischen den beiden Originalansichten bestimmt werden.
2. Basierend auf diesen Punktkorrespondenzen ist dann die Fundamental-Matrix zu schätzen (siehe Kapitel 5 „*Die Schätzung der projektiven Stereogeometrie*").
3. Es folgt die Bestimmung der Homographie-Matrix $\mathbf{H}_2$, so dass der Epipol in der zweiten Ansicht in einen Punkt im Unendlichen transformiert wird.
4. Schließlich wird die projektive Transformation $\mathbf{H}_1$ bestimmt, die den mittleren quadratischen Abstand minimiert:

$$\sum_i d\left(\mathbf{H}_1 \tilde{\mathbf{m}}_{1i,r}, \mathbf{H}_2 \tilde{\mathbf{m}}_{2i,r}\right) \tag{7.39}$$

Damit stehen die beiden Homographie-Matrizen zur Verfügung, mit welchen dann die Bildtransformation der beiden Originalansichten in die rektifizierten Ansichten durchgeführt werden kann.

7.3.2.2 Projektive Rektifikation nur aus Punktkorrespondenzen

Das nun folgende Verfahren geht einen Schritt weiter und benötigt keine explizite Berechnung der Fundamental-Matrix (Isgro u. Trucco 1999). Für ein korrespondierendes Paar von Bildpunkten muss nach Anwendung der Rektifikation die Epipolarbedingung weiterhin gelten, wobei die bekannte Fundamental-Matrix für ein rektifiziertes Kamerasystem verwendet wird:

$$\mathbf{F}_r = \begin{bmatrix} 0 & 0 & 0 \\ 0 & 0 & -1 \\ 0 & 1 & 0 \end{bmatrix} \tag{7.40}$$

$$(\mathbf{H}_2 \tilde{\mathbf{m}}_2)^T \mathbf{F}_r (\mathbf{H}_1 \tilde{\mathbf{m}}_1) = 0 \tag{7.41}$$

Auch in diesem Verfahren wird für die Matrix $\mathbf{H}_2$ die Faktorisierung entsprechend Gl. (7.27) eingesetzt. Nun kann die Schätzung der Homographie-Matrix $\mathbf{H}_1$ unter Verwendung der Epipolargleichung für die rektifizierten Ansichten (Gl. (7.41)) vorgenommen werden. Basierend auf den N existierenden Punktkorrespondenzen formuliert man folgendes Optimierungskriterium.

$$F(\mathbf{H}_1, \mathbf{H}_2) = \sum_{i=1}^{N} \left((\mathbf{H}_2 \tilde{\mathbf{m}}_{2i})^T \mathbf{F}_r (\mathbf{H}_1 \tilde{\mathbf{m}}_{1i}) \right)^2 \tag{7.42}$$

Die rektifizierende Fundamental-Matrix enthält in der ersten Zeile den Nullvektor. Deshalb werden in Gl. (7.42) nur die zweite und dritte Zeile der Homographie-Matrizen berücksichtigt. Es könnten nun drei beliebige reelle Zahlen gefunden werden, um eine Matrix $\mathbf{H}_1$ mit vollem Rang zu ermitteln. Um die Stereoanalyse zwischen den rektifizierenden Ansichten jedoch so günstig wie möglich zu gestalten, ist eine sorgfältige Wahl der ersten Zeile der Matrix $\mathbf{H}_1$ notwendig. Anderenfalls ergeben sich zu starke Verzerrungen bei der Rektifikation und die beiden rektifizierten Ansichten sehen zu verschieden aus. Eine zusätzliche Bedingung ist notwendig, hinsichtlich der ersten Zeile von Matrix $\mathbf{H}_1$. Sie lautet wie folgt:

$$\sum_{i=1}^{N} \left((\mathbf{H}_1 \tilde{\mathbf{m}}_{1i})_u - (\mathbf{H}_2 \tilde{\mathbf{m}}_{2i})_u \right)^2 \tag{7.43}$$

und bedeutet, dass die horizontalen Komponenten der korrespondierenden Bildpunkte in den rektifizierten Ansichten möglichst gleich sind. Unter Verwendung bereits bekannter linearer Optimierungsverfahren im Sinne des kleinsten Fehlerquadrates kann so die fehlende Homographie-Matrix $\mathbf{H}_1$ berechnet werden. Mit den beiden nun bekannten Homographie-Matrizen können die Epipole in den Originalansichten bestimmt werden:

$$\mathbf{e}_i = \mathbf{H}_i^{-1}(1,0,0)^T \tag{7.44}$$

Weiterhin lässt sich damit die Fundamental-Matrix zwischen den Originalansichten aus der Fundamental-Matrix des rektifizierten Kamerasystems berechnen:

$$\mathbf{F} = \mathbf{H}_1^{\ T}\mathbf{F}_r\mathbf{H}_2 \tag{7.45}$$

Mit dieser Vorgehensweise können also aus N Punktkorrespondenzen die rektifizierenden Homographie-Matrizen und die Epipolargeometrie zwischen den Originalansichten bestimmt werden.

7.4 Transformation der Originalbilder

Nachdem nun die rektifizierenden Homographie-Matrizen vorliegen, müssen die entsprechenden Pixelpositionen transformiert und dann für diese Positionen die entsprechenden Grau- bzw. Farbwerte bestimmt werden.

In Gl. (7.46) ist die Transformation von Originalbildkoordinaten in die Koordinaten der rektifizierten Ansicht gegeben:

$$\tilde{\mathbf{m}}_{ri} = \mathbf{Q}_{ri}\mathbf{Q}_{oi}^{-1}\tilde{\mathbf{m}}_{oi} = \mathbf{H}_i\tilde{\mathbf{m}}_{oi} \quad \text{mit} \quad \mathbf{H}_i = \mathbf{Q}_{ri}\mathbf{Q}_{oi}^{-1} \quad \text{und } i = 1,2 \tag{7.46}$$

Da jedoch die Grauwerte für das Raster der rektifizierten Ansicht notwendig sind, wird die inverse Transformation $\mathbf{H}_1^{-1}$ und $\mathbf{H}_2^{-1}$ von diskreten Pixelpositionen im rektifizierten Bild auf Positionen im Originalbild vorgenommen.

$$\tilde{\mathbf{m}}_{oi} = \mathbf{H}_i^{-1}\tilde{\mathbf{m}}_{ri} \tag{7.47}$$

Dieses Verfahren nennt man Rückwärts-Transformation (engl. *backward-mapping*), da aus dem Zielbild zurück in das Originalbild transformiert wird.

7.4.1 Verschiebung und Skalierung

Bevor auf die eigentliche Bildtransformation eingegangen wird, müssen die rektifizierenden Transformationen hinsichtlich des aktiven Bildbereiches des rektifizierten Bildes untersucht und gegebenenfalls korrigiert werden. Je nach Lage und Orientierung der Bildebenen der beiden Originalansichten kann es z. B. zu einer Verschiebung und Größenänderung kommen. Wie in Abb. 7.2, der Aufsicht auf ein konvergentes Stereokamerasystem zu sehen ist, kann der aktive Bildbereich der rektifizierten Kamera verschoben sein gegenüber der realen Kamera.

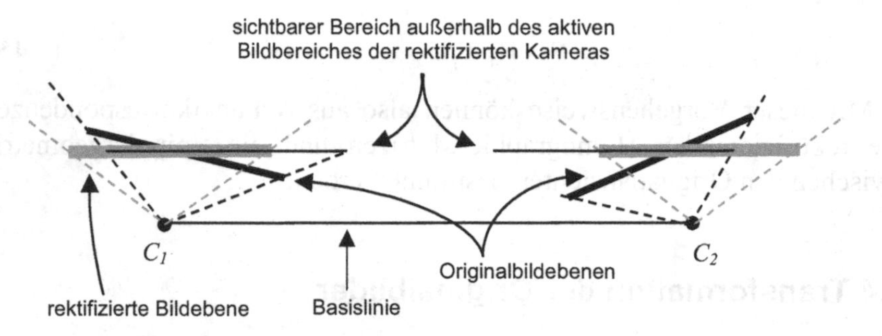

Abb. 7.2. Aufsicht auf ein Stereokamerasystem mit Sichtbereich außerhalb der rektifizierten Kamera

Um diese Verschiebung aus den aktiven Bildbereich der rektifizierten Kamera zu kompensieren, müssen die Eckkoordinaten der Originalbilder transformiert werden. Die horizontale Verschiebung kann bei horizontalen Epipolarlinien in beiden rektifizierten Ansichten unabhängig erfolgen. Die vertikale Verschiebung muss jedoch gleich sein, um zu gewährleisten, dass die Epipolarlinien in beiden Ansichten die gleiche v-Koordinate aufweisen (siehe Abb. 7.3).

Wurden die beiden Originalbilder bezüglich ihrer vertikalen Orientierung rektifiziert, dann liegen vertikale Epipolarlinien vor. Die vertikale Verschiebung in den aktiven Bereich kann dann in beiden rektifizierten Ansichten unabhängig erfolgen, während die horizontale Verschiebung in beiden Ansichten gleich sein muss.

Die Verschiebungsmatrizen berechnen sich wie folgt:

$$\mathbf{T}_1 = \begin{pmatrix} 1 & 0 & -u_{\min,1} \\ 0 & 1 & -\min(v_{\min,1}, v_{\min,2}) \\ 0 & 0 & 1 \end{pmatrix} \text{ und } \mathbf{T}_1 = \begin{pmatrix} 1 & 0 & -u_{\min,2} \\ 0 & 1 & -\min(v_{\min,1}, v_{\min,2}) \\ 0 & 0 & 1 \end{pmatrix} \quad (7.48)$$

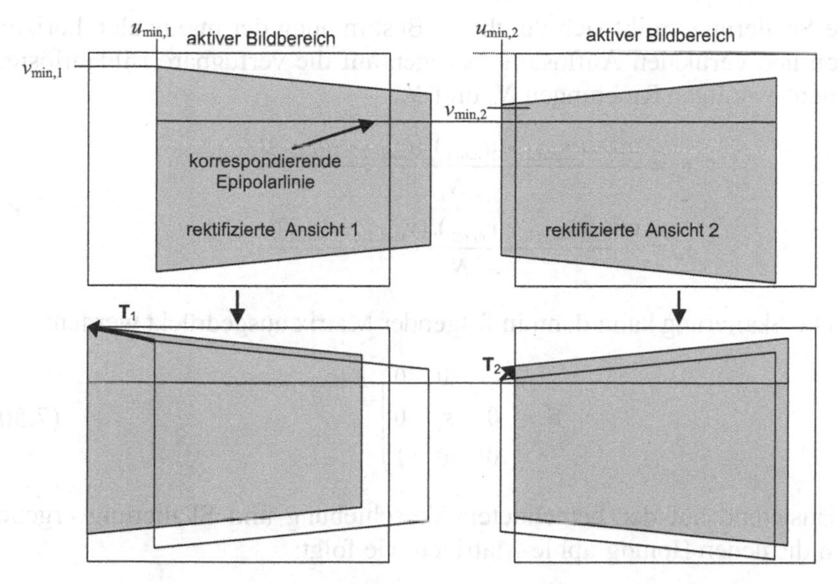

Abb. 7.3. Verschiebung der rektifizierten Ansichten in den gültigen Bildbereich

Weiterhin besteht die Möglichkeit, dass durch die virtuelle Drehung der Kameras beide Ansichten in Bildbereiche außerhalb des aktiven Bereiches transformiert werden (siehe Abb. 7.4).

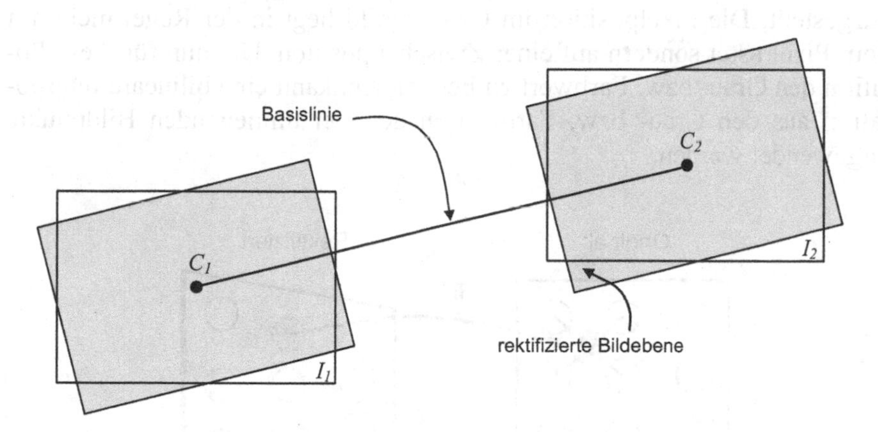

Abb. 7.4. Rektifikation außerhalb des aktiven Bildbereiches

Auch in Abb. 7.2 ist der aktive Bildbereich nicht vollständig ausgenutzt. Deshalb ist eine gleiche Skalierung beider Bilder sinnvoll, um den Bildbereich der rektifizierten Ansichten an den aktiven Bildbereich anzupassen.

Die Skalierung ergibt sich durch die Bestimmung der maximalen horizontalen und vertikalen Auflösung bezogen auf die verfügbare Bildauflösung in den jeweiligen Richtungen N_u und N_v:

$$s_u = \frac{\max\left((u_{\max,1} - u_{\min,1}), (u_{\max,2} - u_{\min,2})\right)}{N_u},$$
$$s_v = \frac{\max\left((v_{\max,1} - v_{\min,1}), (v_{\max,2} - v_{\min,2})\right)}{N_v} \tag{7.49}$$

Die Skalierung kann dann in folgender Matrix ausgedrückt werden:

$$\mathbf{S} = \begin{pmatrix} s_u & 0 & 0 \\ 0 & s_v & 0 \\ 0 & 0 & 1 \end{pmatrix} \tag{7.50}$$

Basierend auf der berechneten Verschiebung und Skalierung ergeben sich die neuen Homographie-Matrizen wie folgt:

$$\mathbf{H}_{i,neu} = \mathbf{S}\mathbf{T}_i\mathbf{H}_i \tag{7.51}$$

7.4.2 Rückwärts-Transformation

In Abb. 7.5 ist die Rückwärts-Transformation (engl. *backward-mapping*) dargestellt. Die Pixelposition im Originalbild liegt in der Regel nicht auf dem Pixelraster sondern auf einer Zwischenposition. Um nun für diese Position den Grau- bzw. Farbwert zu bestimmen, kann eine bilineare Interpolation aus den Grau- bzw. Farbwerten der vier umliegenden Bildpunkte angewendet werden.

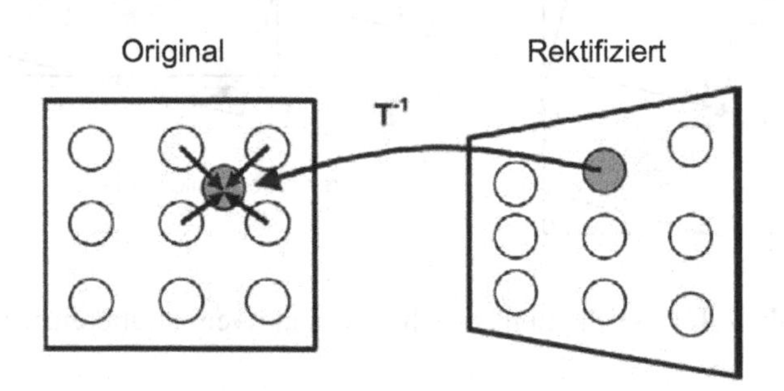

Abb. 7.5. Rückwärts-Transformation mit bilinearer Interpolation

7.4.2.1 Bilineare Interpolation

Die bilineare Interpolation ermöglicht die abstandsabhängige Berechnung von Grauwerten an Zwischenpixelpositionen. Sie wird in den verschiedensten Bereichen eingesetzt:

a) Berechnung von Bildern höherer Auflösung
b) der Formatkonversion von Halbbildformaten des Zeilensprungverfahrens (*interlaced*) zu progressiven Bildformaten
c) Bewegungsschätzung mit Subpixel-Genauigkeit

Für die Bestimmung des Grauwertes von Punkt P an der Zwischenpixelposition werden zwei Hilfspunkte P_{12} und P_{34} definiert (siehe Abb. 7.6). Die Hilfspunkte können auch in horizontaler Richtung gewählt werden. Dabei ändern sich die folgenden Gleichungen entsprechend.

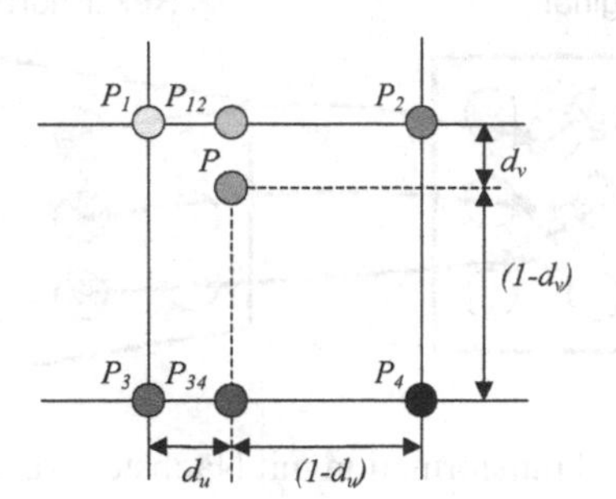

Abb. 7.6. Bilineare Interpolation

Der Grauwert I für den Punkt P ergibt sich dann nach folgender Gewichtung der Grauwerte der beiden Hilfspunkte.

$$I = d_v \cdot I_{34} + (1 - d_v) \cdot I_{12} \tag{7.52}$$

Der Rasterabstand beträgt Eins. Die fehlenden Grauwerte der Hilfspunkte werden durch horizontale lineare Interpolation berechnet.

$$I_{12} = d_u \cdot I_2 + (1 - d_u) \cdot I_1 \tag{7.53}$$

$$I_{34} = d_u \cdot I_4 + (1 - d_u) \cdot I_3 \tag{7.54}$$

Durch Einsetzen von Gl. (7.53) und Gl. (7.54) in Gl. (7.52) erhält man dann

$$I = I_1 + d_u \cdot (I_2 - I_1) + d_v \cdot (I_3 - I_1) + d_u \cdot d_v \cdot (I_4 - I_3 - I_2 + I_1) \tag{7.55}$$

7.4.3 Vorwärts-Transformation

Besonders in Anwendungen, die nur bestimmte Bildbereiche betrachten, kann der Rechenaufwand erheblich reduziert werden, wenn man nur die interessierenden Bildpunkte in das rektifizierte Bild transformiert. Ein Beispiel dafür ist eine Videokonferenz, in der nur das Bild des Teilnehmers als Videoobjekt weiterverarbeitet wird. Dazu ist jedoch eine Vorwärts-Transformation (engl. *forward-mapping*) notwendig. Durch die Verwendung einer einfacheren Interpolationsvorschrift ist eine eindeutige Zuordnung zwischen Bildpunkten im ursprünglichen und rektifizierten Bild möglich, die Interpolation nullter Ordnung oder auch Nächster-Nachbar-Interpolation. Dabei wird zunächst durch eine Rückwärts-Transformation dem gesuchten Bildpunkt im rektifizierten Bild der Grauwert des am nächsten liegenden Pixel im Originalbild zugewiesen (siehe Abb. 7.7).

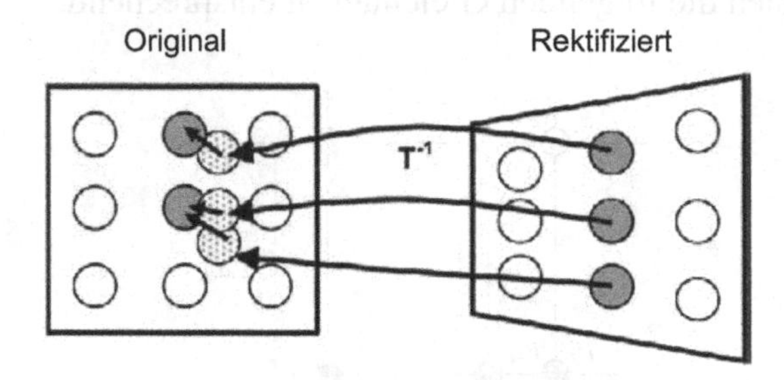

Abb. 7.7. Rückwärts-Transformation mit Nächster-Nachbar-Interpolation

Durch die einmalige Berechnung der Transformationsvorschrift ist der Zusammenhang zwischen Pixelpositionen im rektifizierten Bild und den nächsten Bildpunktpositionen im Originalbild festgelegt und es kann direkt aus dem Originalbild der Grauwert in die Zielposition kopiert werden (siehe Abb. 7.8).

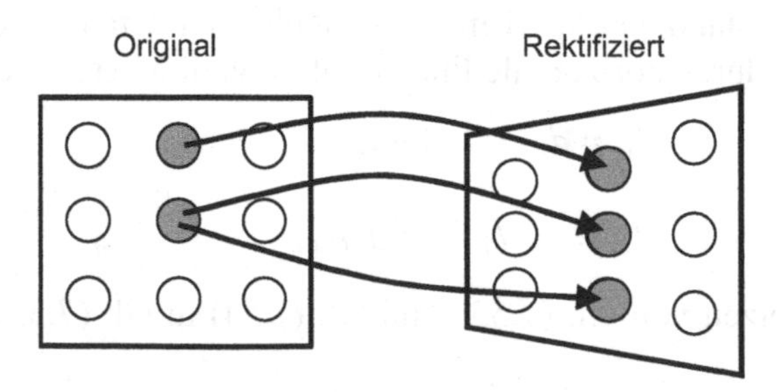

Abb. 7.8. Vorwärts-Transformation bei Nächster-Nachbar-Interpolation

Die Zuordnung für die Vorwärts-Transformation wird einmalig berechnet und in einer Tabelle (engl. *look-up table*) abgelegt. Besonders in Echtzeit-Anwendungen ist dieses Verfahren sehr effizient, da die Rektifikation eine pixel-basierte Transformation ist und entsprechend viele Speicherzugriffe erfolgen.

In den folgenden Abb. 7.9 und Abb. 7.10 sind die Originalansichten eines konvergenten Stereokamerasystems und die rektifizierten Ansichten gezeigt. In den Originalansichten sind einige Epipolarlinien eingezeichnet und es zeigt sich, dass die Epipolarlinien in jeweils einer Ansicht konvergent aufeinander zu laufen und sich in dem entsprechenden Epipol schneiden. Nach der Rektifikation erhält man die Ansichten eines achsparallelen Kamerasystems, dessen Epipolarlinien alle parallel ausgerichtet sind. An den Bildrändern ist die Trapezverzerrung zu erkennen, die durch die Homographie-Transformation verursacht wird.

Abb. 7.9. Originalansichten mit konvergenten Epipolarlinien

Abb. 7.10. Rektifizierte Ansichten mit horizontalen Epipolarlinien

7.5 Zusammenfassung

In diesem Kapitel wurde ein wichtiges Verfahren zur Generierung von virtuellen achsparallelen Stereosystemen vorgestellt. Achsparallele Kamerasysteme ermöglichen eine wesentlich einfachere Stereobildanalyse, da korrespondierende Bildpunkte auf der gleichen Zeile im anderen Bild liegen müssen. Abhängig von der Kenntnis über die Geometrie des ursprünglichen Stereokamerasystems wurden verschiedene Verfahren vorgestellt, um die notwendigen Homographie-Matrizen für die Rektifikation zu berechnen.

Bei der Transformation der Originalansichten in die rektifizierten Ansichten wurden eine Reihe von praktischen Gesichtspunkten dargestellt, die für eine optimale und effiziente Umsetzung notwendig sind.

- Die Rektifikation entspricht einer Drehung beider Bildebenen, so dass sich für das neue Kamerasystem die Eigenschaften eines achsparallelen Stereosystems ergeben.
- Dies drückt sich im Wesentlichen durch parallele Epipolarlinien und durch korrespondierende Bildpunkte mit gleichen vertikalen Koordinaten aus.
- Die Rektifikation unterteilt sich in eine Bestimmung der Homographie-Matrizen und in die anschließende Homographie-Transformation der beiden Stereoansichten.
- Die Bestimmung der Homographie-Matrizen muss bei einem festen Kameraaufbau nur einmal durchgeführt werden. Man unterteilt diese in den kalibrierten Fall, in dem Projektionsmatrizen der beiden Kameras vorliegen, und den unkalibrierten Fall, der mindestens eine genügende Anzahl von Punktkorrespondenzen zwischen beiden Ansichten erfordert.
- Die Homographie-Transformation muss für jedes Stereobildpaar neu berechnet werden. Sie ist eine pixel-basierte Transformation und deshalb besonders rechenaufwendig.
- Unterschiedliche Interpolationsansätze ermöglichen eine Vorwärts- oder Rückwärts-Transformation, welche sich durch den notwendigen Rechenaufwand unterscheiden.

8 Stereoanalyse

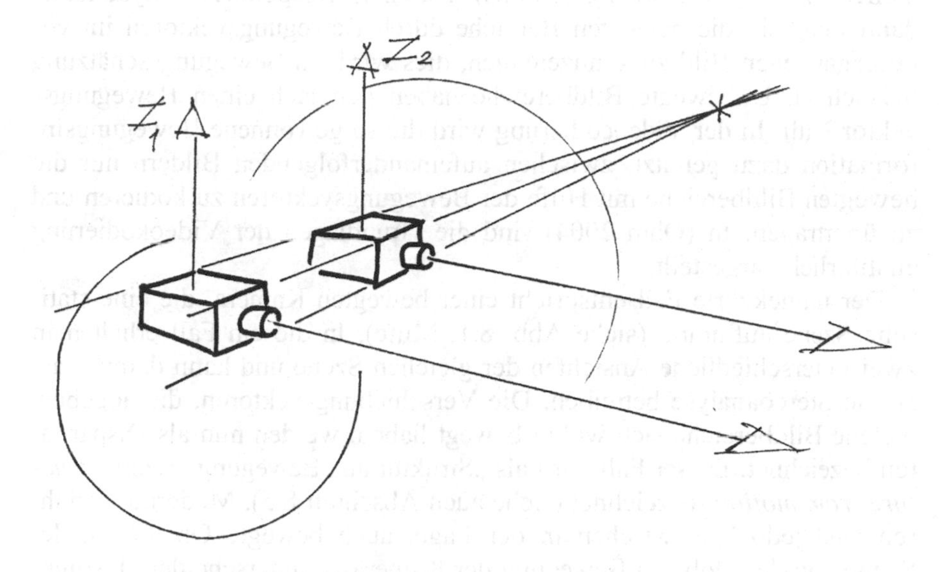

8.1 Einleitung

Als Stereoanalyse bezeichnet man die Analyse von zwei Ansichten eines Stereokamerasystems. Die Zielsetzung besteht darin, korrespondierende Bildpunkte oder Bildmerkmale in beiden Ansichten zu finden, die Abbildungen des gleichen 3-D-Punktes sind. Es handelt sich um ein klassisches Aufgabenfeld in der digitalen Bildanalyse, die Korrespondenzanalyse. Bildpunktkorrespondenzen können jedoch nicht nur zwischen Stereoansichten ermittelt werden, sondern auch in einer Reihe anderer Aufgabenstellungen und Bildanalysesystemen. Die Korrespondenzanalyse hat ganz allgemein die Zielsetzung ähnliche Bildmerkmale in zwei unterschiedlichen Bildern zu finden. Abhängig von der Art, wie die Bilder aufgenommen werden, kann man die Korrespondenzanalyse auf folgende Weise klassifizieren.

8.1.1 Klassifikation von Systemen mit zwei Ansichten

Historisch gesehen ist die *Bewegungsschätzung* (engl. *motion estimation*) das ursprüngliche Anwendungsgebiet der Korrespondenzanalyse. Sie ist im Rahmen der Entwicklung von Videocodierverfahren zur Datenkompression entstanden. Wird mit einer feststehenden Kamera eine Szene aufgenommen, so erhält man zu aufeinanderfolgenden Zeitpunkten unterschiedliche Bilder in Abhängigkeit von der Bewegung in der aufgenommenen Szene (siehe Abb. 8.1, links). Durch Korrespondenzanalyse ist es dann möglich, die bewegten Bereiche durch Bewegungsvektoren im vorangegangenen Bild zu kennzeichnen, dies wird als Bewegungsschätzung bezeichnet. Unbewegte Bildbereiche haben demnach einen Bewegungsvektor Null. In der Videocodierung wird die so gewonnene Bewegungsinformation dazu genutzt, zwischen aufeinanderfolgenden Bildern nur die bewegten Bildbereiche mit Hilfe der Bewegungsvektoren zu kodieren und zu übertragen. In (Ohm 2004) sind die Grundlagen der Videokodierung ausführlich dargestellt.

Der umgekehrte Fall entspricht einer bewegten Kamera, die eine statische Szene aufnimmt (siehe Abb. 8.1, Mitte). In diesem Fall erhält man zwei unterschiedliche Ansichten der gleichen Szene und kann damit klassische Stereoanalyse betreiben. Die Verschiebungsvektoren, die angeben, welche Bildbereiche sich wohin bewegt haben, werden nun als Disparitäten bezeichnet. Dieser Fall wird als „Struktur aus Bewegung" (engl. *structure from motion*) bezeichnet (siehe auch Abschnitt 8.5). Moderne Verfahren sind jedoch inzwischen in der Lage, auch bewegte Objekte in der Szene von der globalen Bewegung der Kamera zu unterscheiden. Insofern ist die Bedingung einer statischen Szene nicht unbedingt erforderlich.

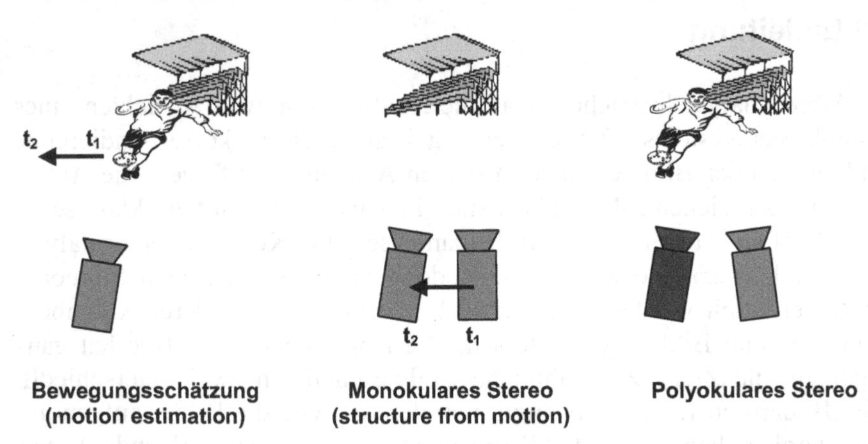

Abb. 8.1. Klassifikation von Systemen mit zwei Ansichten

Der klassische Stereoansatz verfolgt die Aufnahme einer bewegten Szene mit einem Stereokamerasystem und wird polyokulares Stereo genannt (siehe Abb. 8.1, rechts). Damit können zu einem Zeitpunkt zwei unterschiedliche Perspektiven der Szene aufgenommen werden. Dieser Ansatz erfordert zwar eine zusätzliche Kamera, aufgrund der festen Geometrie zwischen den Kameras ist jedoch eine robustere Tiefenanalyse möglich. Alle weiteren Betrachtungen in diesem Abschnitt gehen von einem Stereokamerasystem aus.

Bevor auf verschiedene Verfahren der Korrespondenzanalyse eingegangen wird, erfolgt im nächsten Abschnitt zuerst eine Darstellung der Probleme, die sich bei der Korrespondenzanalyse ergeben. Daran schließt sich eine weitere wichtige Unterscheidung von Stereokamerasystemen hinsichtlich des Abstandes zwischen den Kameras an.

8.1.2 Probleme bei der Korrespondenzanalyse

Die Probleme bei der Korrespondenzanalyse können in zwei Klassen unterteilt werden. Zum Einen gibt es Bereiche, in welchen eine Korrespondenz grundsätzlich nicht existiert. Aufgrund der unterschiedlichen Perspektive haben beide Kameras verschiedene Sichtbereiche, in welchen im jeweils anderen Bild kein entsprechendes Bildmerkmal gefunden werden kann (siehe Abb. 8.2). Außerdem existieren aufgrund der Tiefenstruktur einer Szene verdeckte Bereiche auf, die nur von einer Kamera gesehen werden. Zum Anderen können bestimmte Bildmuster zu Schwierigkeiten

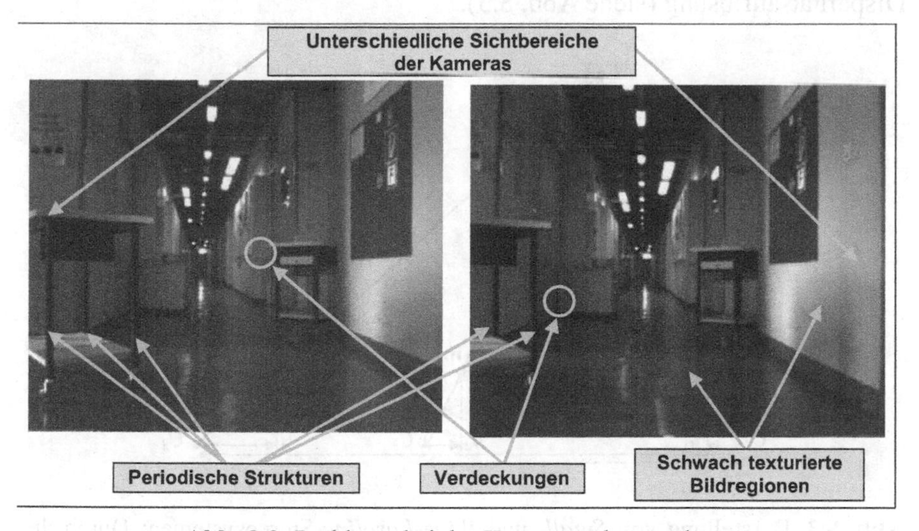

Abb. 8.2. Probleme bei der Korrespondenzanalyse

bei der Korrespondenzanalyse führen. So treten in der Regel Probleme bei periodischen Strukturen aber auch in schwach texturierten Bildregionen, d. h. homogenen Bildbereichen auf. In folgendem Stereobildpaar sind Beispiele für die verschiedenen Problemfälle anschaulich dargestellt.

8.1.3 Zusammenhang zwischen Basislänge und Tiefe der Szene

Eine weitere wichtige Unterscheidung betrifft den Abstand der Kameras in einem Stereosystem. Abhängig von dem Verhältnis der Basislänge zur Tiefe der Szene werden Stereokameraanordnungen in Systeme mit kleiner Basislinie (engl. *small baseline stereo*) und großer Basislinie (engl. *wide baseline stereo*) unterteilt. Es ist offensichtlich, dass bei geringem Abstand der Kameras der perspektivische Unterschied zwischen beiden Ansichten kleiner ist und demzufolge die Ähnlichkeiten größer sind. Die Korrespondenzanalyse gestaltet sich bei einer solchen Anordnung einfacher. Aufgrund des geringen perspektivischen Unterschiedes ist jedoch der Disparitätsbereich bezüglich der Tiefe in der Szene gering, d. h. die Disparitätsauflösung ist verringert. Wird nun der Abstand vergrößert, so erhöht sich auch der perspektivische Unterschied zwischen beiden Ansichten und führt damit zu einer negativen Beeinflussung der Korrespondenzanalyse. Des Weiteren treten zunehmend Verdeckungen auf, die zu den bereits dargestellten Problemen bei der Korrespondenzanalyse führen. Allerdings erhöht sich bei größerer Basislänge der Disparitätsbereich und damit die Disparitätsauflösung (siehe Abb. 8.3).

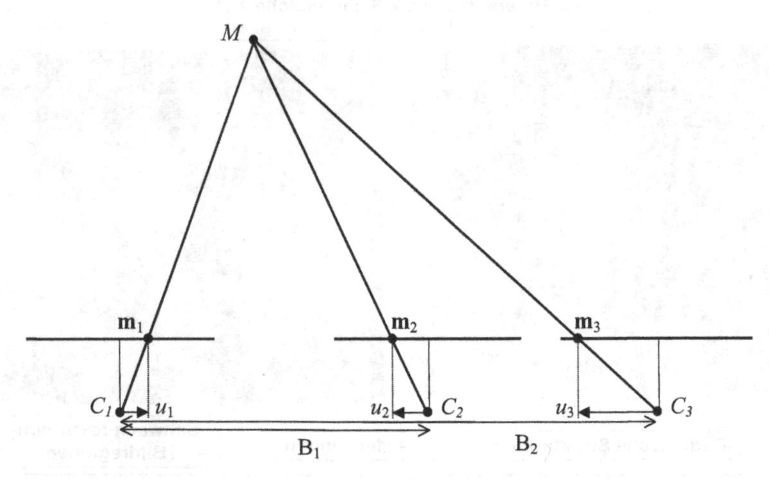

Abb. 8.3. Darstellung von *Small-* und *Wide-Baseline*-Stereosystemen: Durch die Vergrößerung der Basislänge ergibt sich ein größerer Disparitätsbereich.

Um mit beiden Kameras den gleichen Bereich der Szene zu erfassen, müssen die Kameras in der Regel auch zueinander gedreht werden. Eine optimale Kameraanordnung bezüglich der Länge der Kamerabasis gibt es deshalb in diesem Sinne nicht, denn sie hängt maßgeblich von der Tiefenstruktur innerhalb der Szene sowie der Aufgabenstellung ab.

8.1.4 Einteilung der Verfahren

Ziel der Korrespondenzanalyse ist eine robuste, fehlerfreie und eindeutige Zuordnung zwischen Bildmerkmalen im linken und rechten Stereobild. In der Literatur werden zwei Gruppen unterschieden, die pixelbasierten Verfahren und die merkmalsbasierten Verfahren.

Die pixelbasierten Verfahren vergleichen Ähnlichkeiten auf Bildpunktebene. Da einzelne Bildpunkte jedoch nur in ihrer Intensität und Farbe unterschieden werden können, betrachtet man Blöcke um diese Bildpunkte. Es werden also Bildstrukturen zwischen Blöcken im linken und rechten Bild verglichen. Deshalb wird dieses Verfahren auch Block-Matching (engl. *matching* = Anpassung) genannt.

Die merkmalsbasierten Verfahren vergleichen Bildmerkmale, die zuerst in einer Vorverarbeitungsstufe bestimmt werden müssen. Dies können z. B. Kantenpunkte oder andere Punktmerkmale, Linien, Konturen oder sogar abstrakte Objekte sein. Durch diese vorgeschaltete Bildanalyse entsteht zwar ein zusätzlicher Aufwand, bei der folgenden Korrespondenzanalyse können jedoch komplexere Merkmale einander leichter zugeordnet werden. In Abb. 8.4 sind verschiedene Bildmerkmale mit ansteigender Komplexität angegeben. Die Anzahl der Bildmerkmale, die möglichen Zuordnungen und die Mehrdeutigkeit steigt in Richtung einfacherer Bildmerkmale. Auf der anderen Seite steigt der Detektionsaufwand zur Bestimmung der Bildmerkmale und damit gleichzeitig der Informationsgehalt in Richtung komplexer Bildmerkmale.

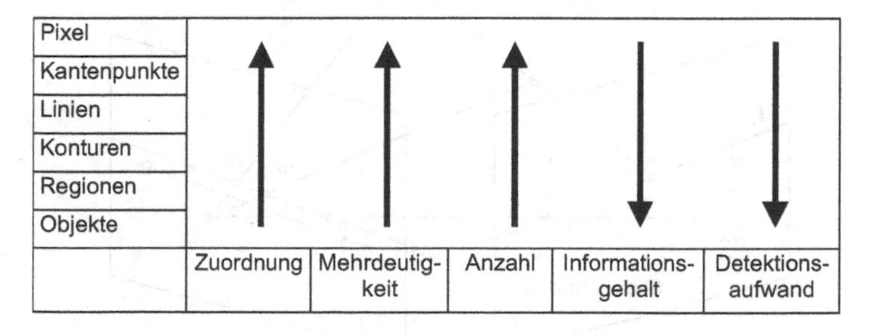

Abb. 8.4. Eigenschaften verschiedener Bildmerkmale hinsichtlich ihrer Bedeutung in der Korrespondenzanalyse

Welche Bildmerkmale für die Korrespondenzanalyse sinnvoll sind, hängt im wesentlichen von der Anwendung ab. Sind Disparitäten für jeden Bildpunkt gefordert, so wird man einen Block-Matching-Ansatz wählen. Ist jedoch nur die grobe Tiefenstruktur erforderlich, so können komplexere Bildmerkmale, die entsprechend seltener vorkommen, verwendet werden. Damit im Zusammenhang steht natürlich auch der Rechenaufwand, der einerseits bei der Bestimmung komplexer Bildmerkmale erforderlich ist, aber andererseits durch eine schnelle und sichere Zuordnung unter Umständen wieder ausgeglichen werden kann.

8.2 Ähnlichkeitsbedingungen in der Stereoanalyse

Aufgrund des Aufbaus eines Stereokamerasystems können verschiedene Ähnlichkeitsbedingungen formuliert werden, die den Verarbeitungsprozess innerhalb der Korrespondenzanalyse wesentliche vereinfachen und zuverlässigere Ergebnisse liefern.

Epipolarbedingung

Die Epipolarbedingung (engl. *epipolar constraint*) besagt, dass der korrespondierende Punkt einer Abbildung eines 3-D-Punktes in der linken Kamera nur auf der entsprechenden Epipolarlinie in der rechten Kamera liegen kann und umgekehrt. Dieser Zusammenhang ist durch die Epipolargleichung gegeben:

$$\tilde{\mathbf{m}}_2^T \mathbf{F} \tilde{\mathbf{m}}_1 = \tilde{\mathbf{m}}_2^T \tilde{\mathbf{l}}_2 = 0 \tag{8.1}$$

Damit kann die Suche nach korrespondierenden Bildpunkten auf eine Dimension entlang der Epipolarlinie reduziert werden (Abb. 8.5).

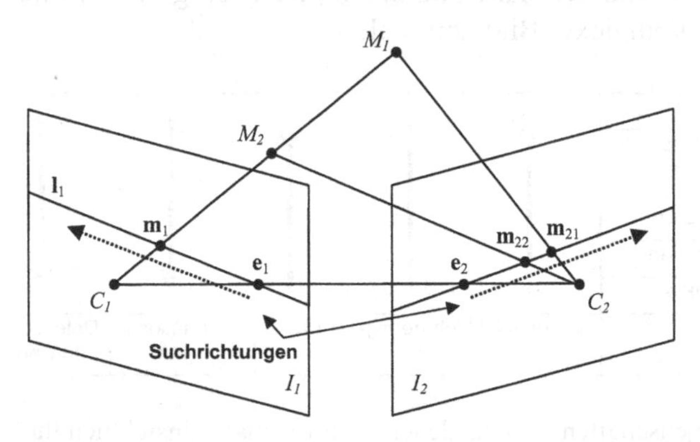

Abb. 8.5. Anschauliche Darstellung der Epipolarbedingung

Weiterhin kann, ausgehend vom Epipol, die Suche in eine Richtung eingeschränkt werden, da der Epipol die Abbildung des optischen Zentrums der jeweils anderen Kamera ist und 3-D-Punkte nur vor dem optischen Zentrum in Blickrichtung der Kamera liegen können.

Beschränkter Disparitätsbereich

Je nach Einsatzgebiet kann man von einem begrenzten Tiefenbereich der Szene ausgehen. Aufgrund der reziproken Beziehung zwischen Tiefe und Disparität lässt sich somit auch der Disparitätsbereich einschränken, wenn man hinreichend Kenntnis über den Tiefenbereich hat. Damit muss bei einer Korrespondenzanalyse nur in dem entsprechenden Intervall nach korrespondierenden Merkmalen gesucht werden. Dies führt zu einer schnelleren Analyse und erlaubt eine robustere Zuordnung, da weniger mögliche Kandidaten in Frage kommen. In der folgenden Abb. 8.6 ist für einen achsparallelen Stereoaufbau dieser Zusammenhang anschaulich dargestellt.

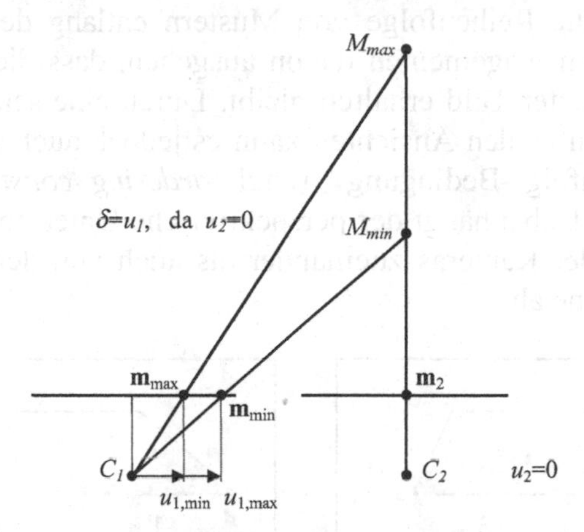

Abb. 8.6. Minimale und maximale Tiefe vs. maximale und minimale Disparität

Diese Zusammenhänge können direkt auf den konvergenten Fall übertragen werden, allerdings verschiebt sich der Disparitätsbereich. Die Größe des Bereiches bleibt jedoch konstant, da dieser von der Tiefe der Szene bestimmt wird.

Eindeutigkeitsbedingung

Die Projektion eines 3-D-Punktes kann nur zu jeweils einer Abbildung in linker und rechter Kamera führen. Mit der Eindeutigkeitsbedingung (engl. *uniqueness constraint*) kann die Mehrdeutigkeit von Punktkorrespondenzen überprüft werden. Durch Verdeckungen ist jedoch ein 3-D-Punkt u. U. nur in einer Kamera sichtbar. In diesem Fall existiert keine Korrespondenz.

Glattheitsbedingung

Die Glattheitsbedingung (engl. *smootheness constraint*) geht davon aus, dass sich die Tiefe von 3-D-Punkten auf Objekten nur kontinuierlich ändert. Deshalb kann angenommen werden, dass sich die Disparität örtlich benachbarter 2-D-Punkte im Kamerabild nur innerhalb einer vorgegebenen Toleranz ändert. Diese Bedingung ist jedoch in den Bereichen nicht erfüllt, wo sich verschiedene Objekte in unterschiedlicher Tiefe verdecken. Dort liegen dann sog. Tiefensprünge vor, die sich in den Stereoansichten in Diskontinuitäten bzw. Sprüngen in der Disparität auswirken.

Reihenfolge-Bedingung

Betrachtet man die Reihenfolge von Mustern entlang der Epipolarlinie, dann kann man im Allgemeinen davon ausgehen, dass diese Reihenfolge im linken und rechten Bild erhalten bleibt. Durch eine sehr unterschiedliche Perspektive in beiden Ansichten kann es jedoch auch zu einer Verletzung der Reihenfolge-Bedingung (engl. *ordering constraint*) kommen (siehe Abb. 8.7). Dabei hängt der perspektivische Unterschied sowohl von der Anordnung der Kameras zueinander als auch von der Tiefenstruktur innerhalb der Szene ab.

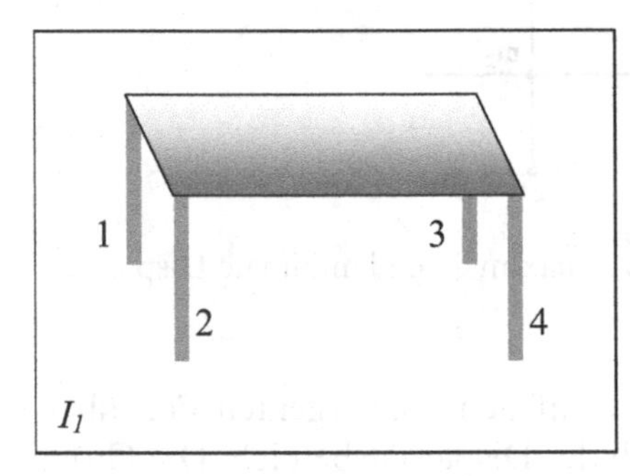

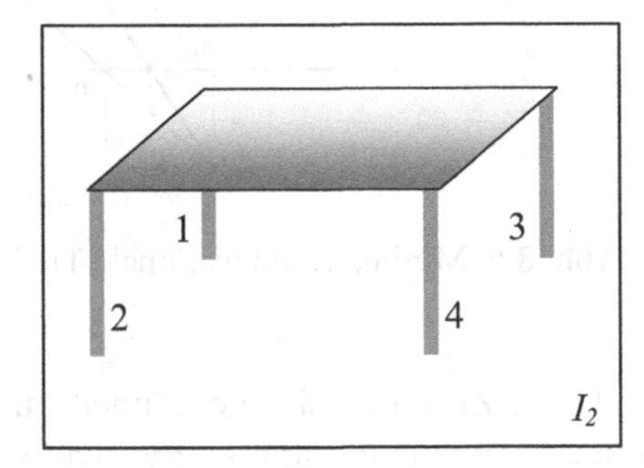

Abb. 8.7. Anschauliche Darstellung einer sehr unterschiedlichen Perspektive, die zu einer Verletzung der Reihenfolge-Bedingung führt. Die Tischbeine haben in der rechten Ansicht nicht mehr die gleiche Reihenfolge wie in der linken Ansicht.

Der Konsistenztest

Bei der Korrespondenzanalyse in Stereobildern geht man im ersten Schritt von Merkmalen in der linken Ansicht aus und sucht mögliche Korrespondenzen in der rechten Ansicht. Hier können schon eine Reihe von Bedingungen, wie z. B. die Epipolarbedingung, abgeprüft werden und gegebenenfalls falsche Zuordnungen ausgeschlossen werden. Wurde für alle Merkmale in der linken Ansicht eine Zuordnung $m_i \rightarrow n_j$ gefunden, so muss auch die umgekehrte Zuordnung alle verwendeten Ähnlichkeitsbedingungen erfüllen. Dieser Konsistenztest (engl. *consistency check*) setzt demnach voraus, dass die Korrespondenzanalyse in beiden Richtungen, also von der linken Ansicht zur rechten Ansicht (L→R) und von der rechten Ansicht in die linke Ansicht (R→L) durchgeführt wurde. Im nächsten Abschnitt zu pixelbasierten Verfahren wird ein anschauliches Beispiel gegeben.

8.3 Pixelbasierte Verfahren

Das einfachste Bildmerkmal zur Korrespondenzanalyse ist ein Bildpunkt, der sich i. A. durch seine Intensität und bei Farbbildern zusätzlich durch seine Farbwerte auszeichnet. Wesentlich aussagekräftiger ist jedoch die Bildstruktur in der Umgebung dieses Bildpunktes, deshalb wird nicht der einzelne Bildpunkt, sondern ein Fenster um diesen Bildpunkt herum, ein sog. Block, bei der Korrespondenzanalyse betrachtet. Diese Vorgehensweise wird Block-Matching genannt. Da der einzelne Bildpunkt das häufigste Bildmerkmal in einem Bild ist (siehe Abb. 8.4), kann ein dichtes Feld von Disparitäten berechnet werden. Bei komplexeren Bildmerkmalen die wesentlich seltener im Bild auftreten, ist die Anzahl der möglichen zu bestimmenden Disparitäten deutlich geringer.

Die Vorgehensweise für das Block-Matching ist dabei wie folgt. Für jede Position (u_1,v_1) in Ansicht 1 wird ein Referenzblock der Größe (m,n) um den Aufpunkt gewählt und mit entsprechenden Musterblöcken in Ansicht 2 an um die Position (k,l) verschobenen Positionen verglichen. Damit ist die Ähnlichkeit zwischen zwei Blöcken gleicher Größe zu bestimmen. Unter Verwendung eines noch zu definierenden Ähnlichkeitsmaßes kann dann die Bildpunktposition ermittelt werden, die für den gewählten Referenzblock in Ansicht 1 den ähnlichsten Musterblock in Ansicht 2 angibt. Die Verschiebung bezeichnet man dann als Disparität $\delta(u,v)$. Bei einer achsparallelen Stereogeometrie enthält die Disparität nur eine Komponente, im allgemeinen Fall hat die Disparität eine horizontale und vertikale

Komponente. Wurden für alle Bildpunkte in einer Ansicht die Disparitäten berechnet, so wird das Ergebnis der gesamten Ansicht als Disparitätskarte oder Disparitätsfeld bezeichnet. In der folgenden Abb. 8.8 ist ein Referenzblock und ein, um die Disparität $\delta(u,v)$, verschobener Musterblock dargestellt.

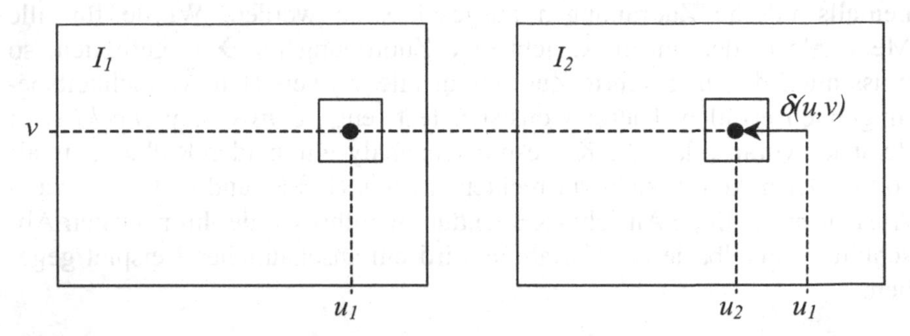

Abb. 8.8. Fenster in Bild 1 und Bild 2 zur Bestimmung der Ähnlichkeit von Bildpunkten

8.3.1 Parametrische Ähnlichkeitsmaße für das Block-Matching

Zur Berechnung der Ähnlichkeit von zwei Bildblöcken kann die allgemeine Normdefinition herangezogen werden, wobei der Index p die entsprechende Norm bezeichnet.

$$l_p = \left[\left(\sum_m \sum_n \left| f_1(u+m, v+n) - f_2(u+\delta(u,v)+m, v+n) \right| \right)^p \right]^{1/p} \tag{8.2}$$

Mittlerer absoluter Fehler

Setzt man $p = 1$ so ergibt sich die l_1-Norm, die auch als mittlerer absoluter Fehler (engl. *sum of absolute differences (SAD)*) bezeichnet wird. Mit dieser Norm berechnet man die absolute Differenz zwischen zwei Blöcken, wobei die Ähnlichkeit dort am größten ist, wo die Differenz minimal wird.

$$\delta_{opt}(u,v) = \underset{\delta(u,v)}{\arg\min} \frac{1}{|\Lambda|} \sum_m \sum_n \left| f_1(u+m, v+n) - f_2(u+\delta(u,v)+m, v+n) \right| \tag{8.3}$$

Mittlerer quadratischer Fehler

Sehr häufig wird der mittlere quadratische Fehler (engl. *sum of squared differences (SSD)*) als Abstandsmaß gewählt, der sich entsprechend der Normdefinition für $p = 2$ ergibt. Die Vergrößerung der Norm führt zu einem höheren Exponenten in der Normdefinition aus Gl. (8.2), der wiederum zu einer stärkeren Gewichtung von größeren Fehler führt.

$$\delta_{opt}(u,v) = \arg\min_{\delta(u,v)} \frac{1}{|\Lambda|} \sum_m \sum_n [f_1(u+m,v+n) - f_2(u+\delta(u,v)+m,v+n)]^2 \tag{8.4}$$

Mit dem mittleren quadratischen Fehler wird die Energie der Bilddifferenz minimiert. Multipliziert man Gl. (8.4) aus, so ergibt sich folgender Term:

$$\delta_{opt}(u,v) = \arg\min_{\delta(u,v)} \frac{1}{|\Lambda|} \sum_m \sum_n [f_1(u+m,v+n)]^2 + \sum_m \sum_n [f_2(u+\delta(u,v)+m,v+n)]^2 \\ -2\sum_m \sum_n [f_1(u+m,v+n) \cdot f_2(u+\delta(u,v)+m,v+n)] \tag{8.5}$$

Die beiden ersten Summanden stellen jeweils die Energie des Referenz- und des Musterblockes dar und sind konstant. Der dritte Term beschreibt die Korrelation, also die Ähnlichkeit zwischen dem Referenz- und dem Musterblock. Somit wird der quadratische Fehler minimal, wo die Ähnlichkeit am größten ist. Die ausführliche Schreibweise des quadratischen Fehlers zeigt jedoch, dass der Fehler auch von der Energie der beiden Blöcke abhängt.

Normierte Kreuzkorrelation

Um diese Abhängigkeit von der Energie des Muster- und des Referenzblockes zu vermeiden, kann die normierte Kreuzkorrelation verwendet werden. Da im Nenner des Ähnlichkeitsmaßes auf die Energie der beiden Bildblöcke normiert wird, erfolgt nur ein Vergleich der relativen Unterschiede zwischen den beiden Blöcken. Das Abstandsmaß liefert dort das Optimum, wo die Ähnlichkeit am größten ist.

$$\delta_{opt}(u,v) = \arg\max_{\delta(u,v)} \frac{\sum_m \sum_n f_1(u+m,v+n) \cdot f_2(u+\delta(u,v)+m,v+n)}{\sqrt{\sum_m \sum_n (f_1(u+m,v+n))^2 \cdot \sum_m \sum_n (f_2(u+\delta(u,v)+m,v+n))^2}} \tag{8.6}$$

Mittelwertbefreiung

Durch unterschiedliche Blenden der beiden Kameras eines Stereosystems können Unterschiede in der mittleren Helligkeit auftreten. Dies führt zu einem Offset im Ähnlichkeitsmaß, der zu Mehrdeutigkeiten bei der Korrespondenzanalyse führen kann. Um diesen Offset zu vermeiden, kann eine Mittelwertbefreiung innerhalb des Muster- und Referenzblockes durchgeführt werden. Für die SAD würde sich das modifizierte Ähnlichkeitsmaß wie folgt darstellen.

$$\delta_{opt}(u,v) = \arg\min_{\delta(u,v)} \frac{1}{|\Lambda|} \sum_m \sum_n \left| \left(f_1(u+m,v+n) - \bar{f}_1\right) - \left(f_2(u+\delta(u,v)+m,v+n) - \bar{f}_2\right) \right|$$

$$\text{mit} \quad \bar{f}_1 = \frac{1}{|\Lambda|} \sum_m \sum_n f_1(u+m,v+n) \quad \text{und} \quad \bar{f}_2 = \frac{1}{|\Lambda|} \sum_m \sum_n f_2(u+\delta(u,v)+m,v+n) \tag{8.7}$$

Untersuchungen haben gezeigt, dass diese Mittelwertbefreiung zu einer Erhöhung der Anzahl der zuverlässigen Korrespondenzen führt. Allerdings muss für den betrachteten Muster- und Referenzblock zuerst der Mittelwert berechnet werden (Banks 1998).

In Abb. 8.9 sind eine linke und rechte Stereoansicht dargestellt. Die entsprechenden Intensitätsprofile für die markierte Zeile sind in Abb. 8.10 angegeben. Es ist deutlich eine Korrelation zwischen beiden Kurven zu erkennen. Hierbei ist jedoch zu berücksichtigen, dass es sich um ein eindimensionales Signal handelt, während bei der tatsächlichen Korrespondenzanalyse zweidimensionale Muster miteinander verglichen werden. Für den markierten Bildpunkt in der betrachteten Zeile im linken Bild wurde dann die Ähnlichkeitsfunktion für das SSD- und Kreuzkorrelationskriterium berechnet.

Abb. 8.9. Linkes und rechtes Stereobild

Der Kurvenverlauf ist in Abb. 8.11 dargestellt, wobei zur besseren Visualisierung die Werte auf die jeweiligen Minima und Maxima umskaliert wurden. Man kann in der Ähnlichkeitsfunktion deutlich ein Minimum für das SSD-Kriterium und ein Maximum für das Kreuzkorrelationskriterium an dem Disparitätswert erkennen, welcher der tatsächlich korrespondierenden Bildpunktposition in der rechten Ansicht entspricht.

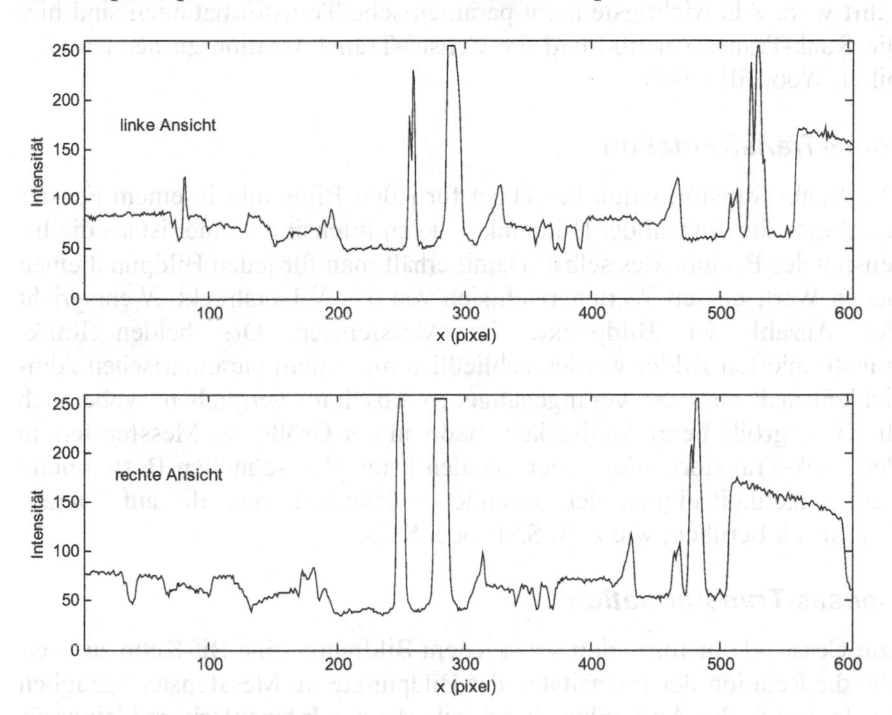

Abb. 8.10. Intensitätsprofile für die markierten Zeilen aus Abb. 8.9

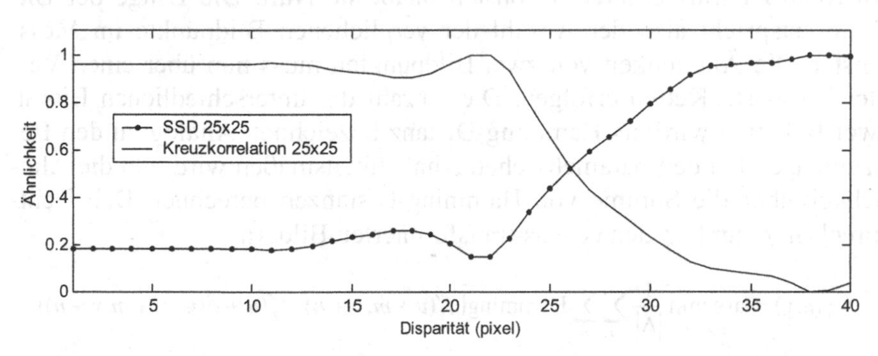

Abb. 8.11. Ähnlichkeit für verschiedene Disparitäten und Kriterien

8.3.2 Nicht-parametrische Ähnlichkeitsmaße

Bei einem Vergleich von Bildpunkten in zwei Blöcken können nicht nur die Intensitäten selbst verwendet werden, sondern auch die relative Anordnung der Bildpunktintensitäten zueinander. Dies bedeutet, dass vor einem Vergleich zuerst eine sog. nicht-parametrische Transformation durchgeführt wird. Als wichtigste nicht-parametrische Transformationen sind hier die Rank-Transformation und die Census-Transformation zu nennen (Zabih u. Woodfill 1994).

Rank-Transformation

Die Rank-Transformation berechnet für jeden Bildpunkt in einem Fenster um diesen die Anzahl der Bildpunkte, deren Intensität kleiner ist als die Intensität des Bildpunktes selbst. Damit erhält man für jeden Bildpunkt einen neuen Wert, dessen Wertebereich sich von 0 – N-1 erstreckt. N entspricht der Anzahl der Bildpunkte im Messfenster. Die beiden Rank-transformierten Bilder werden schließlich mit einem parametrischen Ähnlichkeitsmaß aus dem vorangegangenen Abschnitt verglichen, wobei sich die Blockgröße beim Ähnlichkeitsmaß von der Größe des Messfensters in der Rank-Transformation unterscheiden kann. Zur schnellen Bestimmung der Ähnlichkeit eignen sich besonders solche Kriterien, die auf Integer-Arithmetik beruhen, wie z. B. SAD oder SSD.

Census-Transformation

Die Census-Transformation weist jedem Bildpunkt eine Bit-Kette zu, welche die Relation der Intensitäten der Bildpunkte im Messfenster bezüglich der Intensität des Aufpunktes beschreibt. Ist der Intensitätswert kleiner als die Intensität des Aufpunktes, so wird die entsprechende Position in der Bit-Kette zu Eins gesetzt, ansonsten bleibt sie Null. Die Länge der Bit-Kette entspricht also der Anzahl der verglichenen Bildpunkte im Messfenster. Die Ähnlichkeit von zwei Bildpunkten muss nun über einen Vergleich von Bit-Ketten erfolgen. Die Anzahl der unterschiedlichen Bits in zwei Bitketten wird als Hamming-Distanz bezeichnet. Analog zu den Betrachtungen bei den parametrischen Ähnlichkeitsmaßen wird nun die Ähnlichkeit über die Summe von Hamming-Distanzen berechnet. Dabei entsprechen f_1' und f_2' den census-transformierten Bildern.

$$\delta_{opt}(u,v) = \arg\min_{\delta(u,v)} \frac{1}{|\Lambda|} \sum_m \sum_n \text{Hamming}\big(f_1'(u+m, v+n), f_2'(u+\delta(u,v)+m, v+n)\big) \tag{8.8}$$

8.3.3 Lokale Disparität versus lokale Intensität

Ein zentrales Problem bei der Korrespondenzanalyse mittels Block-Matching ist die geeignete Wahl der Fenstergröße. Um eine zuverlässige Bestimmung der Disparität zu erreichen, ist eine große Intensitätsvariation und damit ein genügend großes Fenster notwendig. Auf der anderen Seite kann dieses große Fenster Regionen erfassen, in welchen die Tiefe der Szenenpunkte variiert. Durch unterschiedliche perspektivische Verzerrungen kann dies zu Ähnlichkeitsmaxima oder -minima führen, die keiner korrekten Korrespondenz zwischen linkem und rechtem Stereobild entsprechen. Wird das Fenster klein gewählt, so kann der Einfluss durch perspektivische Verzerrungen vermindert werden, allerdings reduziert sich damit auch die Intensitätsvariation und es verschlechtert sich die Disparitätsbestimmung. Damit liegt ein sich gegenseitig beeinflussender Zusammenhang zwischen der Genauigkeit der Disparitätsbestimmung und der Korrektheit der Zuordnung zweier Bildpunkte vor. Für die Fenstergröße bedeutet dies eine Abhängigkeit von der lokalen Intensität und der lokalen Disparität. In Abb. 8.12 sind Bildausschnitte der Stereoansichten aus Abb. 8.9 mit markierten korrespondierenden Bildpunkten gezeigt. Für die betrachtete Zeile ist in Abb. 8.13 die Ähnlichkeitsfunktion für das SSD-Kriterium für eine Fenstergröße 5×5 und 25×25 dargestellt.

Abb. 8.12. Bildausschnitte einer ausgewählten Bildzeile für die Originalbilder aus Abb. 8.9

Es ist deutlich zu sehen, dass eine Lokalisierung für den angegebenen Bildpunkt in der linken Ansicht bei einer Fenstergröße von 5×5 nicht möglich ist. Sowohl bei der tatsächlichen Disparität von 24 als auch bei einem Disparitätswert von 49 ergibt sich ein deutliches Minimum. Wählt man jedoch eine Fenstergröße von 25×25 Pixel, so stellt man fest, dass die tatsächliche Korrespondenz in einem Bereich zwischen 20 und 40 Pixel liegen muss. Allerdings ist der Kurvenverlauf derart flach, dass eine pixelgenaue Selektierung nicht möglich ist.

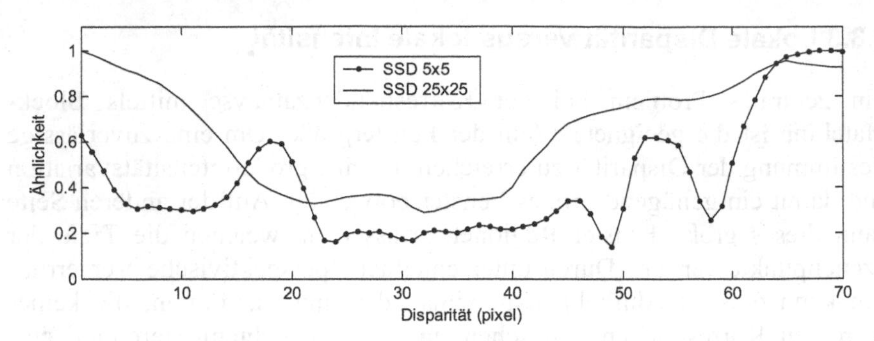

Abb. 8.13. Ähnlichkeitsverlauf für Fenstergrößen 5×5 und 25×25 bei Verwendung des SSD-Kriteriums

Man kann also folgern, dass sich bei einem größeren Fenster die Zuverlässigkeit der Korrespondenzanalyse erhöht. Je kleiner das Messfenster wird, desto besser ist dagegen die Lokalisierung. Dieses Grundproblem der maximalen Intensitätsvariation in einem Messfenster bei möglichst genauer Lokalisierung der Disparitäten wird auf unterschiedlichste Weise in der Literatur behandelt. Folgende Ansätze berücksichtigen diesen Zusammenhang, um zu einer pixelbasierten Disparitätskarte zu gelangen.

8.3.4 Block-Matching-Verfahren

8.3.4.1 Block-Matching mit Auflösungspyramide

Grundlage ist die Verwendung einer Auflösungspyramide des Stereobildpaares (Anandan 1989). Eine Auflösungspyramide besteht aus Bildern verschiedener Auflösung, die durch Unterabtastung gewonnen werden. Um sog. Alias-Effekte zu vermeiden, werden die Originalbilder vor der Unterabtastung mit einem Tiefpass gefiltert. Einige Grundlagen zu den gebräuchlichsten Filtertypen der digitalen Bildverarbeitung sind im Anhang E zu finden. Des Weiteren sei auf eine umfangreiche Literatur zu diesem Thema verwiesen (Petrou u. Bosdogianni 1999, Pratt 2001, Jähne 2002).

Ausgehend von der geringsten Auflösung wird mit einem festen Suchbereich die Korrespondenz zwischen Bildpunkten im linken und rechten Bild hergestellt (siehe Abb. 8.14). Das Ergebnis wird dann bei der nächsthöheren Auflösung als Startwert verwendet, wobei der weiterhin feste Suchbereich sich im Verhältnis zur Bildgröße reduziert. Dies führt zu einer genaueren Disparitätsbestimmung, wobei sich jedoch auch Fehler aus den vorangegangenen Stufen fortpflanzen können.

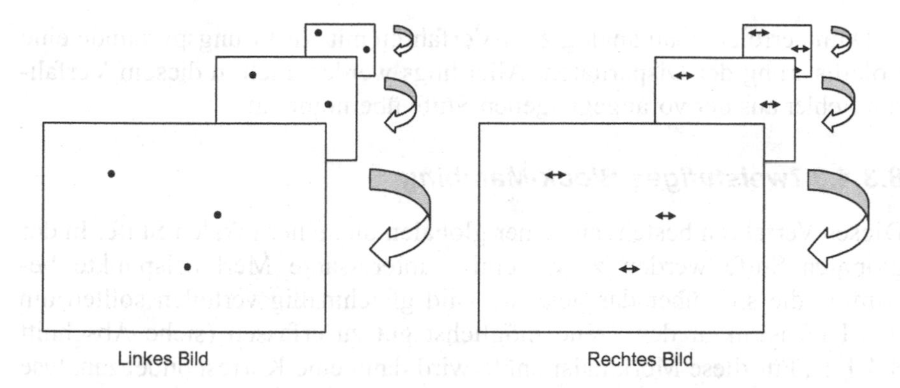

Abb. 8.14. Block-Matching mit Auflösungspyramide

Während durch die Bearbeitung von Bildern unterschiedlicher Auflösung cinc schnellere Korrespondenz herzustellen ist, muss in diesem Verfahren zusätzlicher Aufwand bei der Erstellung der Auflösungspyramide erbracht werden.

8.3.4.2 Block-Matching – Fine-to-Fine

In diesem Verfahren wird auf der vollen Bildgröße die Korrespondenzsuche durchgeführt, wobei in verschiedenen Iterationsstufen der Suchbereich und die Fenstergröße reduziert werden (siehe Abb. 8.15).

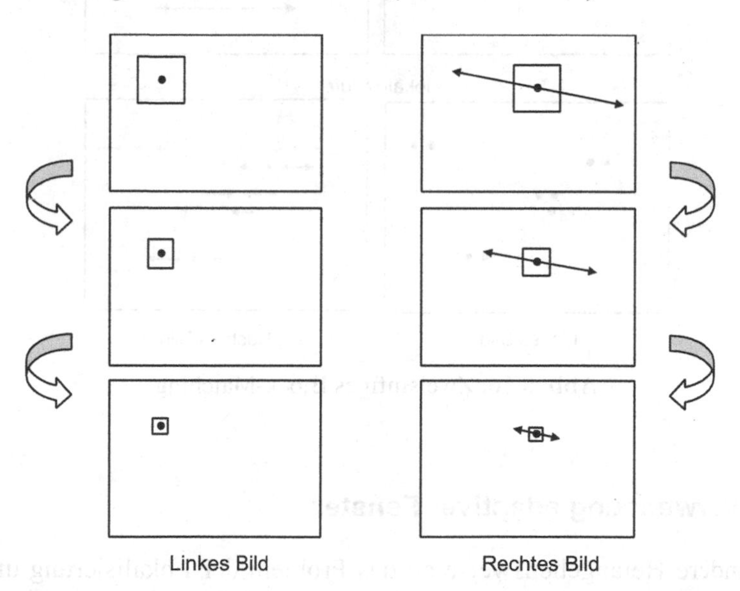

Abb. 8.15. Fine-to-Fine-Methode

Damit erreicht man analog zum Verfahren mit Auflösungspyramide eine Lokalisierung der Disparitäten. Allerdings werden auch in diesem Verfahren Fehler aus der vorangegangenen Stufe übernommen.

8.3.4.3 Zweistufiges Block-Matching

Dieses Verfahren besteht aus einer globalen und einer lokalen Stufe. In der globalen Stufe werden zuerst einige interessante Merkmalspunkte bestimmt, die sich über das gesamte Bild gleichmäßig verteilen sollten um die Tiefenstruktur der Szene möglichst gut zu erfassen (siehe Abschnitt 8.4.1.1). Für diese Merkmalspunkte wird dann eine Korrespondenzanalyse durchgeführt, wobei ein großer Suchbereich und ein großes Fenster verwendet werden. In der lokalen Stufe wird dann das Ergebnis der globalen Stufe als Ausgangspunkt genommen und die Korrespondenz für jeden Bildpunkt bestimmt (siehe Abb. 8.16). Die Fenstergröße und der Suchbereich werden reduziert, da die Disparitäten der globalen Stufe als Kandidaten verwendet werden können (Ohm et al. 1998).

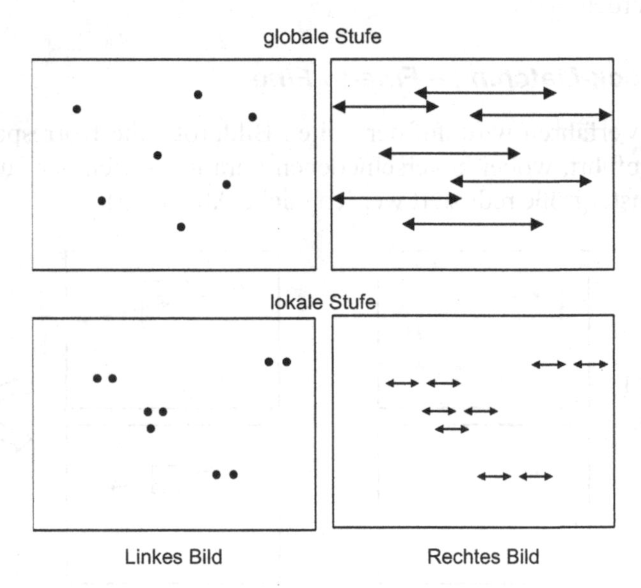

Abb. 8.16. Zweistufiges Block-Matching

8.3.5 Verwendung adaptiver Fenster

Eine andere Herangehensweise an das Problem der Lokalisierung und Intensitätsvariation ist die geeignete Anpassung der Messfenster an den Bildinhalt. In (Kanade u. Okutomi 1994) wurde erstmals ein Konzept zu adaptiven Fenstern vorgestellt. Die Idee dabei ist, für jeden Bildpunkt ein geeignetes Fenster hinsichtlich seiner Größe und Form zu finden. Dabei sollte die Intensitätsvariation möglichst groß sein, ohne jedoch Disparitätssprünge zu enthalten. Während die Intensitätsvariation in einem Messfenster einfach berechnet werden kann, stellt es sich mit Disparitätssprüngen komplizierter dar, da diese ja erst das Ergebnis der Korrespondenzanalyse sind. Durch die Einführung eines statistischen Modells für die Disparität wird in einem iterativen Prozess das Messfenster variiert, bis sich eine sichere Korrespondenz ergibt.

Ein Verfahren mit geringerem Aufwand stellt der Vorschlag von (Bobick u. Intille 1999) dar. Für jeden Bildpunkt werden neun Fenster mit unterschiedlichem Aufpunkt überprüft. Dabei wird angenommen, dass dasjenige Fenster zu einem Optimum im Ähnlichkeitsmaß führt, das eine Bildregion mit annähernd konstanter Tiefe, also keine Disparitätssprünge, aufweist. In Abb. 8.17 sind beide Verfahren schematisch dargestellt, wobei die Flächen mit unterschiedlicher Helligkeit Regionen mit unterschiedlichen Tiefen darstellen.

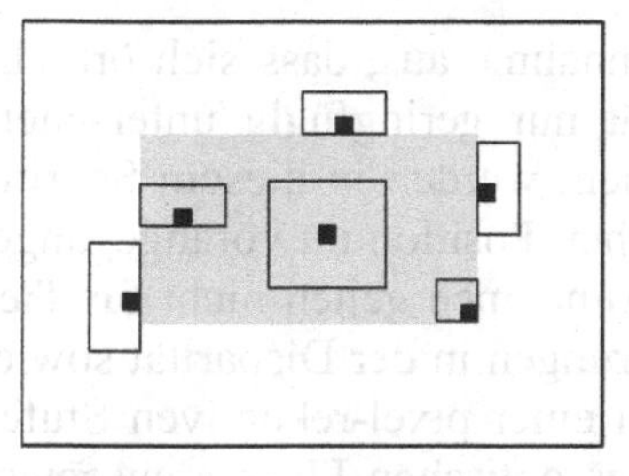

Adaptive Fenster

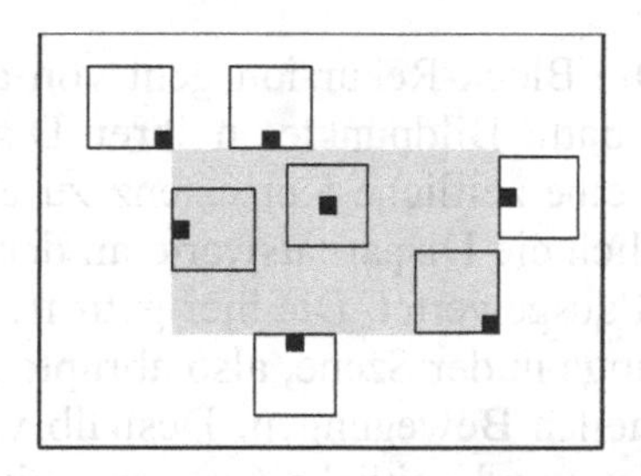

Asymmetrische Fenster

Abb. 8.17. Strategie adaptiver Fenster: Variable Größe und Form nach (Kanade u. Okutomi 1994) (links), konstante Fenstergröße mit unterschiedlichem Aufpunkt nach (Bobick u. Intille 1999) (rechts)

8.3.6 Hybrid-rekursives Matching

Während in den bisher beschriebenen Verfahren in einem Bereich entlang der Epipolarlinie nach korrespondierenden Bildpunkten gesucht wurde, verfolgt das nun vorgestellte Verfahren einen anderen Ansatz. Eine effiziente Auswahl von wenigen Kandidaten soll die Anzahl der Blockvergleiche wesentlich reduzieren. Die wesentliche Idee ist, eine block-rekursive Disparitätsschätzung und eine pixel-rekursive Schätzung des optischen

Flusses in einem gemeinsamen Schema zu vereinen, dem sog. hybrid-rekursiven Matching (HRM) (Atzpadin 2004). In Abb. 8.18 ist das Blockdiagramm dargestellt.

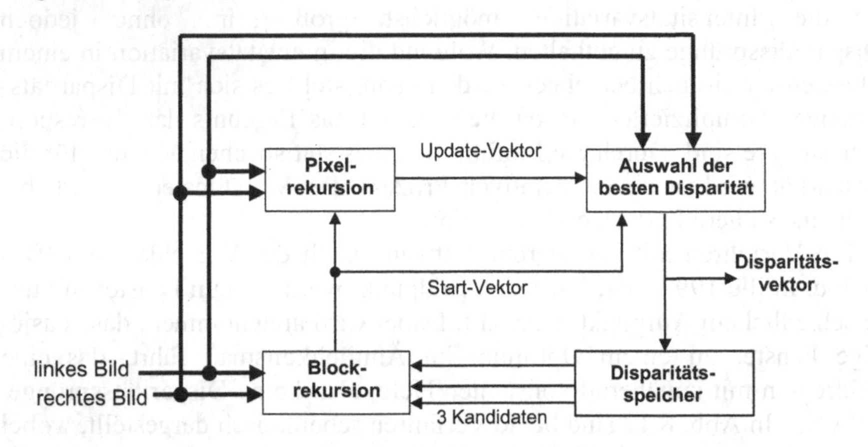

Abb. 8.18. Blockdiagramm des hybrid-rekursiven Matching-Verfahrens

Die Block-Rekursion geht von der Annahme aus, dass sich örtlich benachbarte Bildpunkte in ihrer Disparität nur geringfügig unterscheiden. Um eine zeitliche Konsistenz zu erreichen, werden in diesem Schritt zusätzlich die Disparitätswerte an der gleichen Position im vorangegangenen Bild ausgewertet. Die hier getroffenen Annahmen gelten nicht für Tiefensprünge in der Szene, also abrupte Änderungen in der Disparität sowie bei schnellen Bewegungen. Deshalb wird in einer pixel-rekursiven Stufe der örtliche und zeitliche Gradient mittels des optischen Flusses ausgewertet, um solche Disparitätsänderungen zu detektieren Die Vorgehensweise in diesem hybrid-rekursiven Verfahren geschieht in folgenden Schritten:

1. Drei Kandidaten werden für die aktuelle Blockposition in der Block-Rekursion ausgewertet.
2. Der beste Kandidat wird als Startvektor der Pixel-Rekursion übergeben und es wird ein Update-Vektor berechnet.
3. Der resultierende Update-Vektor wird nochmals mit dem Start-Vektor verglichen und der Beste von beiden schließlich ausgewählt.

Aufgrund der hybrid-rekursiven Struktur und der Verwendung einiger weniger Kandidaten ergibt sich eine dramatische Beschleunigung im gesamten Analyseprozess im Vergleich zu klassischen Stereoanalyseverfahren. So kann eine dichte Disparitätskarte für Videosequenzen in TV-

Auflösung auf einem Standard-PC in Echtzeit, d. h. für 25 Bilder/s berechnet werden. Die Auswahl von örtlichen und zeitlichen Kandidaten sowie die Pixel-Rekursion liefern dennoch örtlich und zeitlich konsistente Disparitätskarten. Diese Konsistenz spielt besonders in der Videoverarbeitung eine wichtige Rolle, da die visuelle Wahrnehmung des Menschen besonders empfindlich auf zeitliche Fehler reagiert.

3.3.6.1 Die Block-Rekursion

In der Block-Rekursion werden nur drei Kandidaten getestet. Dies sind zunächst zwei örtliche Kandidaten, ein horizontaler Kandidat links oder rechts von der aktuellen Blockposition und ein vertikaler Kandidat ober- oder unterhalb. Außerdem wird ein zeitlicher Kandidat an der gleichen Position aus dem vorangegangenen Bild ausgewertet. Da als örtliche Kandidaten nur bereits berechnete Disparitätsvektoren verwendet werden können, muss besonderes Augenmerk auf die Verarbeitungsrichtung gelegt werden. Um keine Richtung in irgendeiner Weise zu bevorzugen, wird eine Mehrfach-Mäander-Verarbeitung vorgenommen, die gewährleistet, dass die örtlichen Kandidaten möglichst isotrop, d. h. richtungsunabhängig ausgewählt werden. Die Verarbeitung wechselt von Bild zu Bild und zwischen aufeinander folgenden Zeilen (siehe Abb. 8.19).

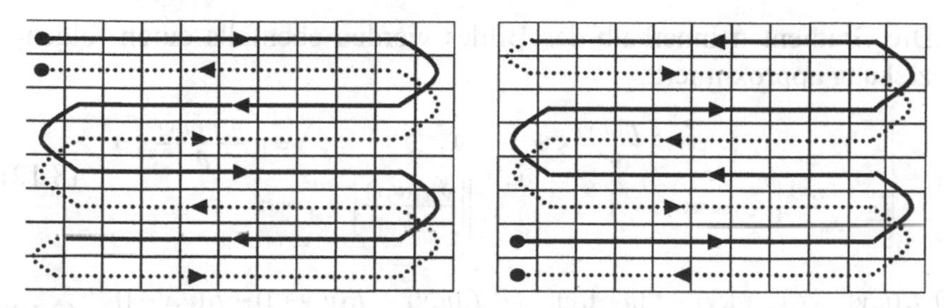

Abb. 8.19. Mehrfach-Mäander-Schema für geradzahlige (links) und ungeradzahlige Bilder (rechts)

Basierend auf diesen Kandidaten wird dann über die Differenz verschobene Blöcke (DBD = *displaced block difference*) die Ähnlichkeit berechnet. Als Kriterium wird hier der mittlere absolute Fehler verwendet (SAD), da dieser auf modernen Prozessoren sehr effizient mittels SIMD-Instruktionen (engl. *single instruction multiple data*) implementiert werden kann.

$$DBD(\mathbf{d}) = \sum_{x=0}^{M} \sum_{y=0}^{N} \left| f_1(u,v) - f_2(u+d_u, v+d_v) \right| \qquad (8.9)$$

Besonders bei Änderungen in der Szene ist es notwendig, diese blockrekursive Struktur aufzubrechen. Deshalb wird der beste Kandidat einer pixel-rekursiven Disparitätsanalyse übergeben, die wie folgt arbeitet.

3.3.6.2 Die Pixel-Rekursion

Die pixel-rekursive Disparitätsanalyse ist ein sehr einfaches Verfahren, das dichte Disparitätsfelder unter Verwendung des Prinzips des optischen Flusses berechnet. Auf der Basis von örtlichen Gradienten und dem Gradienten zwischen dem linken und rechten Stereobild wird ein Update-Vektor **d** berechnet. Der Gradient zwischen den Stereobildern wird über die Differenz verschobener Pixel (DPD = *displaced pixel difference*) ermittelt. Der neue Update-Vektor berechnet sich wie folgt:

$$\mathbf{d}(u,v) = \mathbf{d}_i - DPD(\mathbf{d}_i,u,v) \cdot \frac{\mathbf{grad}\ f_1(u,v)}{\|\mathbf{grad}\ f_1(u,v)\|^2} \quad \text{mit} \quad DPD(\mathbf{d}_i,u,v) = \left|f_1(u,v) - f_2(u+d_u, v+d_v)\right| \tag{8.10}$$

Um die Berechnung etwas zu vereinfachen, wird eine Approximation des optischen Flusses auf folgende Weise vorgenommen:

$$\mathbf{d}(u,v) = \mathbf{d}_i - DPD(\mathbf{d}_i,u,v) \cdot [g_u, g_v]^T \tag{8.11}$$

Die Gradienten innerhalb des Bildes werden ebenfalls durch folgende Beziehung approximiert:

$$g_u = \begin{cases} 0 & \text{, wenn } \frac{\delta f_1(u,v)}{\delta u} < \Theta \\ \left[\frac{\delta f_1(u,v)}{\delta u}\right]^{-1} & \text{, sonst} \end{cases}, \quad g_v = \begin{cases} 0 & \text{, wenn } \frac{\delta f_1(u,v)}{\delta v} < \Theta \\ \left[\frac{\delta f_1(u,v)}{\delta v}\right]^{-1} & \text{, sonst} \end{cases} \tag{8.12}$$

$$\frac{\partial f_1(u,v)}{\partial u} = \frac{f_1(u+1,v) - f_1(u-1,v)}{2}, \quad \frac{\partial f_1(u,v)}{\partial v} = \frac{f_1(u,v+1) - f_1(u,v-1)}{2} \tag{8.13}$$

Der verwendete Schwellwert Θ dient zur Eliminierung von sehr kleinen Gradienten und wird auf den Wert 2 oder 3 gesetzt. Damit wird die Empfindlichkeit gegenüber Rauschstörungen vermindert. Nun werden mehrere pixel-rekursive Prozesse in jeder ungeraden Zeile eines Blockes gestartet (siehe Abb. 8.20).

Bei der Berechnung des optischen Flusses werden gewöhnlich auf einen Pixel mehrere Iterationsstufen angewendet. In dieser Anwendung jedoch wird dieser Prozess nur einmal durchlaufen, um den Rechenaufwand zu begrenzen. Die erste Position des jeweiligen pixel-rekursiven Prozesses wird mit dem Startvektor aus der Block-Rekursion initialisiert. Danach

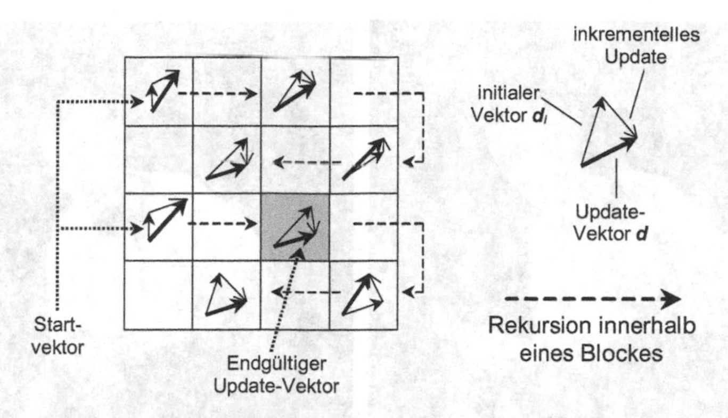

Abb. 8.20. Verarbeitung innerhalb der Pixel-Rekursion

wird basierend auf der vereinfachten Berechnung des optischen Flusses ein neuer Update Vektor berechnet. Dieser lokale Update-Vektor dient als initialer Vektor für die nächste Pixelposition. Nachdem alle Positionen abgearbeitet wurden, wählt das Verfahren denjenigen Update-Vektor aus, der die kleinste DPD geliefert hat. Dieser Update-Vektor wird schließlich mit dem Startvektor aus der Block-Rekursion verglichen. Ist die DBD des Update-Vektors geringer als die des Startvektors so wird dieser als neuer Disparitätsvektor gewählt, ansonsten wird der Startvektor aus der Block-Rekursion übernommen.

Die Pixel-Rekursion spielt eine wesentliche Rolle in Szenebereichen mit schnellen Bewegungen und an Tiefensprüngen. Hier können u. U. vollständig falsche Kandidaten aus der Block-Rekursion vorliegen. Auch bei Szenenwechseln bzw. bei Szenenbeginn ermöglicht die Pixel-Rekursion eine schnelle Anpassung an die neue Tiefenstruktur innerhalb der Szene. Im Gegensatz dazu dient die Block-Rekursion zur örtlichen und zeitlichen Stabilisierung der resultierenden Disparitätskarten.

In (Schreer et al. 2001b) konnte gezeigt werden, dass dieses Verfahren im Vergleich zu anderen effizienten Stereoanalyseverfahren um den Faktor 10 schneller ist, bei gleicher Qualität der Disparitätskarten. Die örtliche und zeitliche Konsistenz der Ergebnisse ist eine besondere Stärke dieses Algorithmus. In Abb. 8.21 sind die Originalansichten eines Stereobildpaares gezeigt. Die mit dem hybrid-rekursiven Matching (HRM) berechneten Disparitätskarten sind in Abb. 8.22 dargestellt. Die Tiefenstruktur der Szene wird sehr gut erfasst, allerdings sind auch noch eine Reihe von Artefakten zu erkennen, die in sehr homogenen Bildregionen z. B. an der Schulter oder im Bereich von Verdeckungen z. B. an den Händen auftreten. Deshalb ist als wesentlicher Nachverarbeitungsschritt ein sog. Konsistenztest zwischen den beiden Disparitätskarten erforderlich.

Abb. 8.21. Originalansichten eines Stereobildpaares (Quelle: IST-Projekt VIRTUE, IST-1999-10044, E.A. Hendriks, Technical University Delft, The Netherlands)

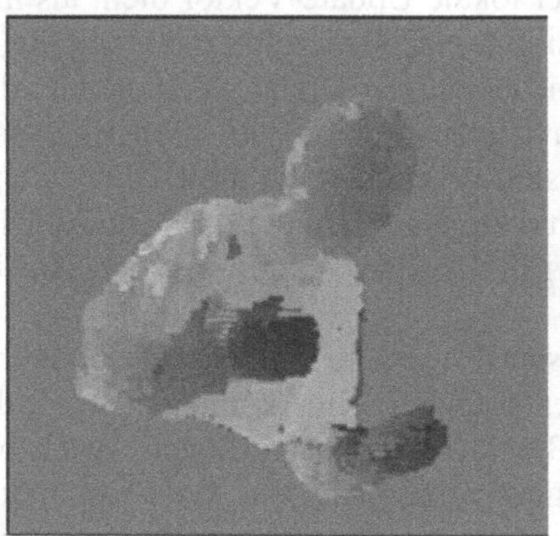
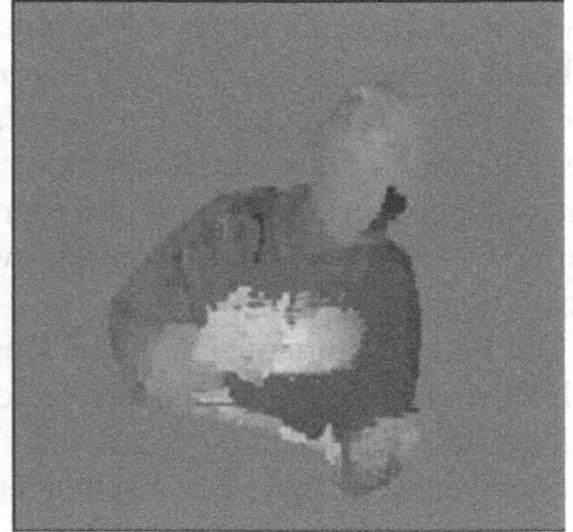

Abb. 8.22. Ergebnisse der Disparitätsanalyse mittels HRM-Algorithmus: (L→R)-Disparitätsvektoren (links) und (R→L)-Disparitätsvektoren (rechts)

8.3.7 Der Konsistenztest

Ein sehr wirksames Verfahren zur Überprüfung von korrespondierenden Disparitätsvektoren ist der Konsistenztest. Liegen die Disparitätskarten für Bildpunkte aus der linken in die rechte Ansicht (L→R) und für Bildpunkte aus der rechten Ansicht in die linke vor (R→L), so können die entsprechenden Disparitätsvektoren verglichen werden. Die Wahrscheinlichkeit, dass eine Korrespondenz richtig ist, wird für diejenigen Vektoren höher sein, die auf gleiche Pixelpositionen zeigen. Um Ungenauigkeiten in der

Berechnung zu berücksichtigen, wird eine Schwelle Δ eingeführt, unterhalb derer sich die Abweichung der beiden Disparitätsvektoren befinden muss (siehe Abb. 8.23).

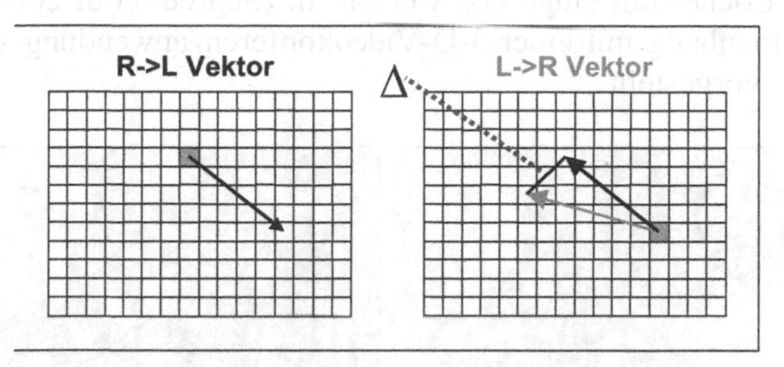

Abb. 8.23. Vergleich der (L→R)- und (R→L)-Disparitätsvektoren

Die Wirkungsweise des Konsistenztests kann anhand der Disparitätskarten in Abb. 8.24 veranschaulicht werden. Links ist die Disparitätskarte von linker zu rechter Ansicht und rechts die Disparitätskarte von rechter zu linker Ansicht zu sehen. Die schwarz markierten Bildpunkte sind zurückgewiesene Disparitäten, die einen festen Schwellwert überschritten haben. Demnach weist der Konsistenztest falsche Korrespondenzen besonders in verdeckten Bereichen zurück, wo objektiv keine Korrespondenzen berechnet werden können. Auch in homogenen Bildbereichen, z. B. an der Schulter, werden Disparitäten zurückgewiesen, da dort aufgrund der geringen Struktur Fehlkorrespondenzen geschätzt wurden.

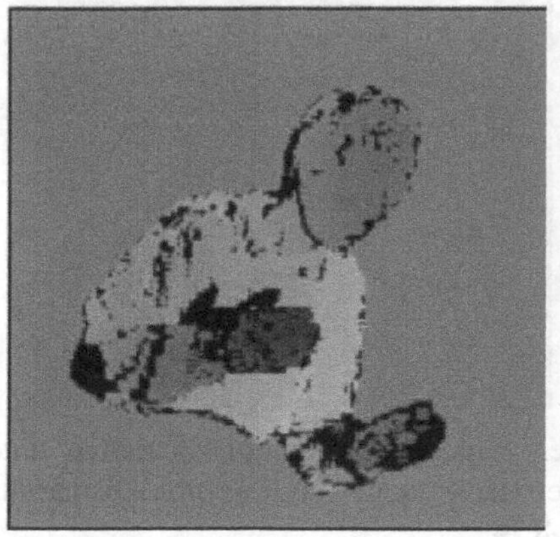

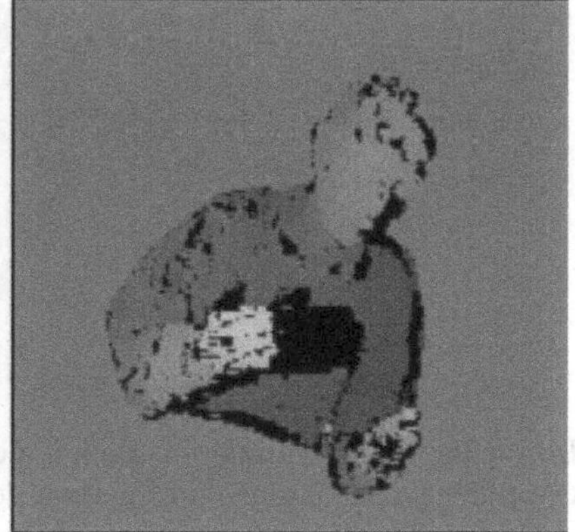

Abb. 8.24. Konsistenztest angewandt auf die Disparitätskarten (L→R) und (R→L) aus Abb. 8.22

Um trotzdem eine geschlossene dichte Disparitätskarte zu erhalten, sind nun geeignete Interpolations- oder Extrapolationsverfahren anzuwenden. Liegt zusätzlich Segmentierungsinformation vor, so kann diese beim Auffüllen der Löcher mit eingesetzt werden. In (Schreer et al 2001a) werden im Zusammenhang mit einer 3-D-Videokonferenzanwendung verschiedene Ansätze vorgestellt.

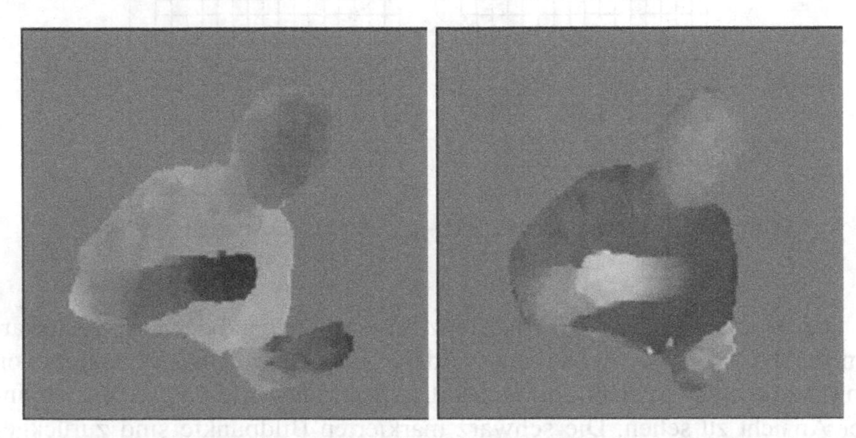

Abb. 8.25. Einfaches Füllen der zurückgewiesenen Disparitäten durch horizontale Interpolation angewandt auf die Disparitätskarten nach dem Konsistenztest aus Abb. 8.24

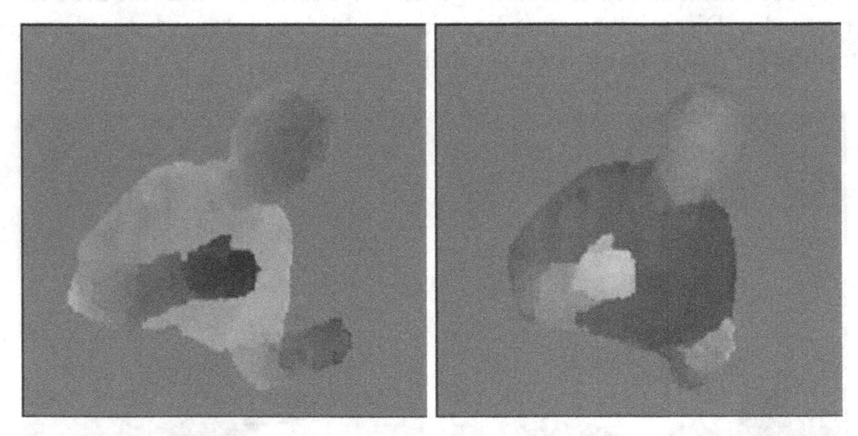

Abb. 8.26. Segmentbasiertes Füllen der zurückgewiesenen Disparitäten unter Verwendung von Segmentinformation der Hände angewandt auf die Disparitätskarten nach dem Konsistenztest aus Abb. 8.24

8.3.8 Dynamische Programmierung

Ein klassisches Verfahren, um das Zuordnungsproblem zwischen Bildmerkmalen im linken und rechten Stereobild zu lösen, ist die dynamische Programmierung. Diese bezeichnet nicht eine besondere Art der Entwicklung eines Computerprogramms, sondern vielmehr eine mathematische Herangehensweise, mittels definierter Regeln ein komplexes Zuordnungsproblem zu lösen. Besonders in der Bioinformatik wird diese Technik eingesetzt, um Proteine oder DNA-Sequenzen miteinander zu vergleichen. Die dynamische Programmierung wurde erstmals von dem amerikanischen Mathematiker Richard Bellmann vorgestellt (Bellmann 1957). Ziel dieses Verfahrens ist die Zerlegung eines komplexen Problems in weniger komplexe Teilprobleme. Auf das Problem der Korrespondenzanalyse angewendet bedeutet dies Folgendes. Zuerst wird das Ähnlichkeitsmaß für alle paarweisen Korrespondenzen zwischen den Bildpunkten auf korrespondierenden Zeilen in den beiden Stereoansichten berechnet. Dabei wird von einem eingeschränkten Disparitätsbereich ausgegangen. Anschließend erfolgt die Abarbeitung der Ähnlichkeitsfunktion und die Auswahl der tatsächlichen Korrespondenzen, indem der Pfad innerhalb der zweidimensionalen Ähnlichkeitsfunktion mit der größten Ähnlichkeit gesucht wird.

In Abb. 8.27 ist für die Intensitätsverläufe zweier korrespondierender Bildzeilen die Ähnlichkeitsmatrix angegeben, wobei als Ähnlichkeitskriterium die absolute Differenz gewählt wurde.

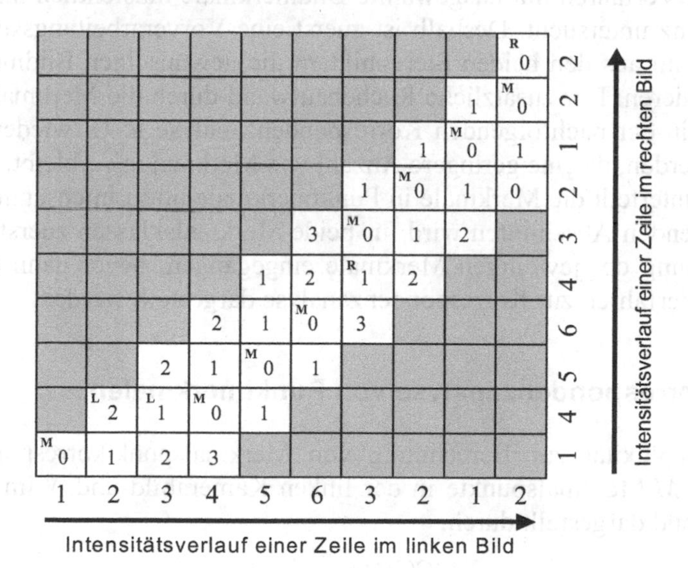

Abb. 8.27. Ähnlichkeitsmatrix bei der dynamischen Programmierung

Nachdem für jeden Bildpunkt in der linken Zeile die Ähnlichkeit zu Bildpunkten in der rechten Zeile berechnet wurde, geht man bei der dynamischen Programmierung schrittweise durch diese Ähnlichkeitsmatrix und sucht den optimalen Pfad unter der Annahme, dass die Teillösungen für jeden Bildpunkt in der linken Zeile optimal sind. Somit können die entsprechenden Zuweisungen bestimmt werden, welche mit **M** bezeichnet sind. Zuweisungen, die aufgrund von bestehenden Korrespondenzen in der anderen Zeile nicht mehr möglich sind, werden als Verdeckungen entweder von links (**L**) oder von rechts (**R**) markiert. Damit erhält man automatisch konsistente Korrespondenzen, da sowohl die Ähnlichkeit von links nach rechts als auch die Ähnlichkeit von rechts nach links analysiert wird. Eine mehrdeutige Zuweisung ist nicht möglich und damit enthält dieses Verfahren implizit die Eindeutigkeitsbedingung. Die Korrespondenzanalyse mittels dynamischer Programmierung liefert sehr robuste Ergebnisse, es ist jedoch aufgrund des hohen Rechenaufwandes durch die große Anzahl der Ähnlichkeitsberechnungen nur begrenzt und vor allem in Offline-Anwendungen einsetzbar.

8.4 Merkmalsbasierte Verfahren

Im Gegensatz zu den pixelbasierten Verfahren werden bei den merkmalsbasierten Verfahren nur ausgewählte Bildmerkmale hinsichtlich ihrer Korrespondenz untersucht. Deshalb ist zuerst eine Vorverarbeitungsstufe notwendig, um aus den beiden Stereobildern die gewünschten Bildmerkmale zu extrahieren. Der zusätzliche Rechenaufwand durch die Merkmalsanalyse kann in der nachfolgenden Korrespondenzanalyse u. U. wieder aufgehoben werden, da eine geringere Anzahl von Merkmalen verbleibt.

Man unterteilt die Merkmale in Punktmerkmale und Liniensegmente. In den folgenden Abschnitten wird für beide Merkmalsklassen zuerst auf die Bestimmung der jeweiligen Merkmale eingegangen, bevor dann entsprechende Verfahren zur Korrespondenzanalyse dargestellt werden.

8.4.1 Korrespondenzanalyse von Punktmerkmalen

Die Komplexität zur Berechnung von Merkmalspunktkorrespondenzen wird für M Merkmalspunkte in der linken Kamerabild und N im rechten Kamerabild dargestellt durch:

$$O(NM) \tag{8.14}$$

Führt man nun für eine derartige Komplexität umfangreiche Ähnlichkeitsberechnungen aus, so erhöht das die Verarbeitungszeit deutlich. Besonders in Echtzeit-Anwendungen ist eine effiziente Korrespondenzanalyse notwendig. Deshalb ist es erstrebenswert, die Anzahl der Merkmalspunkte auf eine angemessene Anzahl einzuschränken. Dies beschleunigt die Korrespondenzanalyse und führt zu einem robusteren Ergebnis mit einer geringeren Anzahl von Fehlzuweisungen. Diese Merkmalspunkte sollten besonders ausgezeichnete Punkte im Bild sein, die möglichst in jedem Stereobild gleichermaßen auftreten. Dazu eignen sich besonders Eckenpunkte, die sich durch eine Intensitätsänderung in zwei unterschiedlichen Richtungen auszeichnen. In der Literatur findet man auch Verfahren, die auf der Korrespondenzanalyse von Kantenpunkten basieren. Aufgrund der direkten Nachbarschaft von Kantenpunkten an Bildkanten führt dies jedoch sehr leicht zu Mehrdeutigkeiten.

8.4.1.1 Bestimmung von Punktmerkmalen

Ein klassischer Eckendetektor ist der sog. Moravec-Operator (Moravec 1980). Dieser Detektor analysiert die mittlere Änderung der Bildintensitäten um einen Bildpunkt. Sei *f(u,v)* das Intensitätsbild, so lautet das Ergebnis des Moravec-Detektors:

$$MO(u,v) = \frac{1}{8} \sum_{k=-1}^{1} \sum_{l=-1}^{1} \left| f(u+k, v+l) - f(u,v) \right| \tag{8.15}$$

Der Moravec-Operator liefert dort den größten Wert, wo die Änderung in mehreren Richtungen, also an Ecken, besonders groß ist. Durch eine Schwellwertbildung können so die Bildpunkte mit maximaler Änderung detektiert werden. Allerdings ist die Wahl des Schwellwertes besonders empfindlich hinsichtlich der Unterscheidung zwischen Kanten und Eckpunkten. An folgender Grafik in Abb. 8.28 ist dies anschaulich dargestellt.

Ecke

Original

0	0	0	0	0
0	0	0	0	0
0	0	1	1	1
0	0	1	1	1
0	0	1	1	1

8×Moravec

X	X	X	X	X
X	1	2	3	X
X	2	5	3	X
X	3	3	0	X
X	X	X	X	X

Kante

Original

0	0	1	1	1
0	0	1	1	1
0	0	1	1	1
0	0	1	1	1
0	0	1	1	1

8×Moravec

X	X	X	X	X
X	3	3	0	X
X	3	3	0	X
X	3	3	0	X
X	X	X	X	X

Abb. 8.28. Anwendung des Moravec-Operator auf eine Ecke und eine Kante

Ein weiterer, etwas robusterer, jedoch aufwändigerer Eckendetektor ist der Harris-Ecken-Detektor (Harris u. Stephens 1987). Es werden zuerst die Gradienten in horizontaler und vertikaler Richtung berechnet. Die diskrete Approximation des horizontalen und vertikalen Gradienten lautet:

$$\frac{df}{du} = f(u-1,v) - f(u+1,v), \quad \frac{df}{dv} = f(u,v-1) - f(u,v+1) \tag{8.16}$$

Um die Detektion unempfindlich gegenüber Rauschstörungen zu machen, werden die Quadrate der örtlichen Ableitungen einer Tiefpass-Filterung unterzogen. Das gefilterte Bild ergibt sich durch eine Faltung (⊗) mit der Gewichtsfunktion g und man erhält folgende Ergebnisse:

$$\begin{aligned} \left(\frac{\partial f}{\partial u}\right)^2 &= g \otimes \left(\frac{df}{du} \cdot \frac{df}{du}\right), \\ \left(\frac{\partial f}{\partial u}\right)^2 &= g \otimes \left(\frac{df}{dv} \cdot \frac{df}{dv}\right), \\ \left(\frac{\partial f}{\partial uv}\right)^2 &= g \otimes \left(\frac{df}{du} \cdot \frac{df}{dv}\right). \end{aligned} \tag{8.17}$$

Damit kann dann folgende Matrix aufgestellt werden:

$$\mathbf{M} = \begin{bmatrix} \left(\frac{\partial f}{\partial u}\right)^2 & \left(\frac{\partial f}{\partial uv}\right) \\ \left(\frac{\partial f}{\partial uv}\right) & \left(\frac{\partial f}{\partial v}\right)^2 \end{bmatrix} \tag{8.18}$$

Aus dieser Matrix lässt sich dann folgendes Kriterium für die Eckenerkennung ableiten. Die Determinante berechnet sich wie folgt:

$$\det \mathbf{M} = \left(\frac{\partial f}{\partial u}\right)^2 \left(\frac{\partial f}{\partial v}\right)^2 - \left(\frac{\partial f}{\partial uv}\right)^2 \tag{8.19}$$

Liegt nun eine große Änderung in horizontaler und vertikaler Richtung vor, so wird die Determinante einen von Null verschiedenen Wert annehmen. Um nun zwischen Kanten und Ecken zu unterscheiden, wird die Spur der Matrix, d. h. die Summe der Hauptdiagonalelemente herangezogen.

$$trace(\mathbf{M}) = \left(\frac{\partial f}{\partial u}\right)^2 + \left(\frac{\partial f}{\partial v}\right)^2 \tag{8.20}$$

Ist die Spur der Matrix groß, so liegt eine Intensitätsänderung in horizontaler und vertikaler Richtung vor. Bei Kanten hingegen verläuft die Intensitätsänderung vorzugsweise nur in einer Richtung. Damit lässt sich folgendes Auswahlkriterium für einen ausgezeichneten Eckpunkt definieren.

$$\mathbf{K} = \det \mathbf{M} - k\left(trace\mathbf{M}\right)^2 \tag{8.21}$$

k ist ein Gewichtungsfaktor und wird nach Harris zu 0.04 gewählt. In dem folgenden Bildbeispiel in Abb. 8.29 sind die ermittelten Eckenpunkte in einem Stereobildpaar eingezeichnet. Es ist zu sehen, dass eine Reihe von markanten Punkten in beiden Bildern auch korrespondierende Punkte sind.

Abb. 8.29. Punktmerkmale in einem Stereobildpaar, die mittels Harris-Ecken-Detektor bestimmt wurden.

8.4.1.2 Verfahren zur Korrespondenzanalyse von Punktmerkmalen

Liegen nun für das linke und rechte Stereobild interessante Punkte vor, so können diese hinsichtlich ihrer Korrespondenz überprüft werden. Entsprechend den Ähnlichkeitsbedingungen in Abschnitt 8.2 kann die Analyse durch Anwendung der Epipolarbedingung wesentlich vereinfacht werden. Im ersten Schritt werden für alle Punkte im linken Bild die Korrespondenzen hergestellt, die nur einen Merkmalspunkt auf der entsprechenden Epipolarlinie im rechten Bild aufweisen. Um die Zuverlässigkeit zu erhöhen, können zusätzlich die Bildstrukturen in einem Fenster um die beiden Punkte betrachtet werden. Nach diesem Verarbeitungsschritt verbleiben noch die Merkmalspunkte im linken Bild, die mehrere mögliche Kandidaten auf der Epipolarlinie im anderen Bild aufweisen. Auch hier kann durch Vergleich der Bildstrukturen u. U. eine weitere Auswahl getroffen werden. Zusätzlich können noch geometriebasierte Kriterien eingesetzt werden. So werden z. B. mehrere örtlich benachbarte markante Punkte im linken Bild auch eine ähnliche Anordnung im rechten Bild aufweisen. Außerdem kann die Glattheitsbedingung mit herangezogen werden, die besagt, dass örtlich benachbarte Bildpunkte nur eine geringe Disparitätsänderung aufweisen werden (Hu u. Ahuja 1994).

Bei bekannter Epipolargeometrie können so sehr robust korrespondierend Punkte bestimmt werden, die keine Mehrdeutigkeiten aufweisen. Abhängig von der Anzahl der resultierenden Punktkorrespondenzen erhält man eine grobe Beschreibung der Tiefenstruktur einer Szene.

8.4.2 Korrespondenzanalyse von Liniensegmenten

Im Gegensatz zu den Punktmerkmalen stellen die Liniensegmente ein komplexeres Merkmal dar. Die Anzahl der Liniensegmente in einem Bild wird geringer sein, wodurch sich die Korrespondenzanalyse vereinfacht und sich die Zuverlässigkeit in der Zuordnung erhöht. Allerdings ist der Aufwand zur Bestimmung von Liniensegmenten nicht unerheblich, wie in den folgenden Abschnitten erkennbar sein wird.

Das Ziel bei der Bestimmung von Liniensegmenten ist es, 3-D-Objektkanten im Bild zuverlässig und genau Liniensegmenten zuzuordnen. Dabei wird die Annahme getroffen, dass sich 3-D-Objektkanten durch starke Hell-Dunkel-Übergänge auszeichnen. Es ist jedoch zu beachten, dass dieses Bildmerkmal vorzugsweise in Innenräumen, bzw. in bebauter Umgebung anwendbar ist, während man in Szenen der freien Natur nur wenige Bildkanten vorfinden wird.

Die Vorgehensweise ist i. A. zweistufig. Zuerst werden mittels eines Kantenfilters die Kantenpunkte im Bild bestimmt. Anschließend erfolgt die Analyse der Kantenpunkte hinsichtlich gerader Liniensegmente.

8.4.2.1 Bestimmung von Kantenpunkten

Die Kantenpunktbestimmung erfolgt mit einem geeigneten Kantenfilter. Dabei sollte das resultierende Kantenpunktbild eine ein Pixel breite Kante aufweisen und möglichst unempfindlich gegenüber Rauschstörungen sein. Die Ableitungsfilter 1. Ordnung, die sog. Gradientenfilter, liefern ein Maximum an der Stelle, wo das Originalsignal die größte Intensitätsänderung zeigt. Abhängig von der Steigung des Hell-Dunkel-Überganges ist u. U. keine exakte Lokalisierung der Kantenmitte möglich. Deshalb werden häufig Ableitungsfilter 2. Ordnung verwendet, die einen Nulldurchgang an der Stelle liefern, wo die 1.Ableitung maximal ist, bzw. sich im Originalsignal die Mitte des Hell-Dunkel-Überganges befindet. In Abb. 8.30 sind für ein eindimensionales Signal die 1. und 2. Ableitung dargestellt. Um den Einfluss von Rauschstörungen zu vermindern, wird in der Regel zuerst eine Glättung mit einem Gauß-Filter vorgenommen.

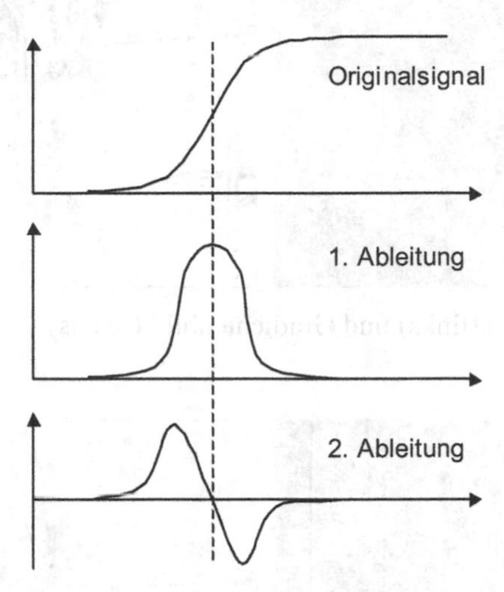

Abb. 8.30. Darstellung der 1. und 2. Ableitung eines eindimensionalen Signals

Das am weitesten verbreitete Verfahren ist der sog. Canny-Kantendetektor. Er wurde von John Canny in seiner Doktorarbeit 1983 vorgeschlagen und hat zum Ziel, robustes Verhalten gegenüber Störungen und eine hohe Kantenselektivität mit genauester Lokalisierung zu erreichen (Canny 1983), (Canny 1986). In den folgenden Bildbeispielen wird die Vorgehensweise anschaulich dargestellt. In Abb. 8.31 ist für ein Originalbild (links) das entsprechende Gradientenbild (rechts) zu sehen. An den Stellen im Originalbild, wo ein deutlicher Hell-Dunkel-Übergang erkennbar ist, weist das Gradientenbild ein Maximum auf. Die nochmalige Ableitung des Gradientenbildes, also die 2. Ableitung des Originalbildes liefert dann das Nulldurchgangsbild in Abb. 8.32 links. In diesem Bild sind die Maxima der ersten Ableitung genau Null und es kann ein Ein-Pixel-breiter Kantenpunkt ermittelt werden. In Abb. 8.32 rechts, ist dann das resultierende Kantenpunktbild zu sehen. Um den Kontrast an der Bildkante weiterverwenden zu können, wird an der Position des Kantenpunktes der Gradient an dieser Stelle eingetragen. Deshalb erscheinen kontrastreiche Kanten im Originalbild auch deutlicher im entsprechenden Kantenpunktbild. In der Sammlung von Matlab-Funktionen von P. Kovesi (Kovesi 2004) sind entsprechende Implementierungen verfügbar.

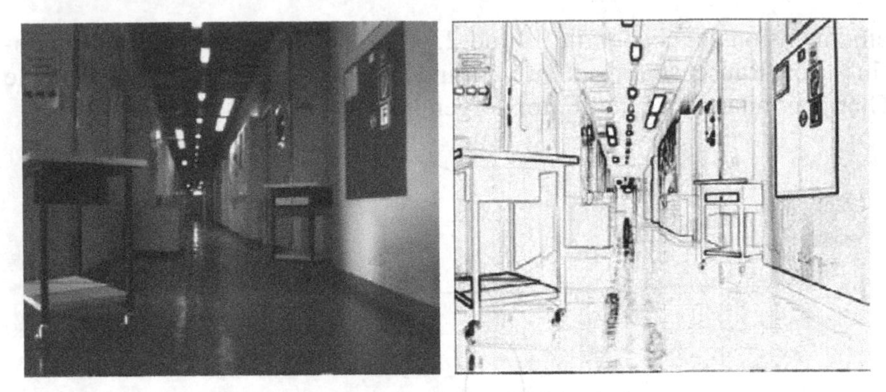

Abb. 8.31. Originalbild (links) und Gradientenbild (rechts)

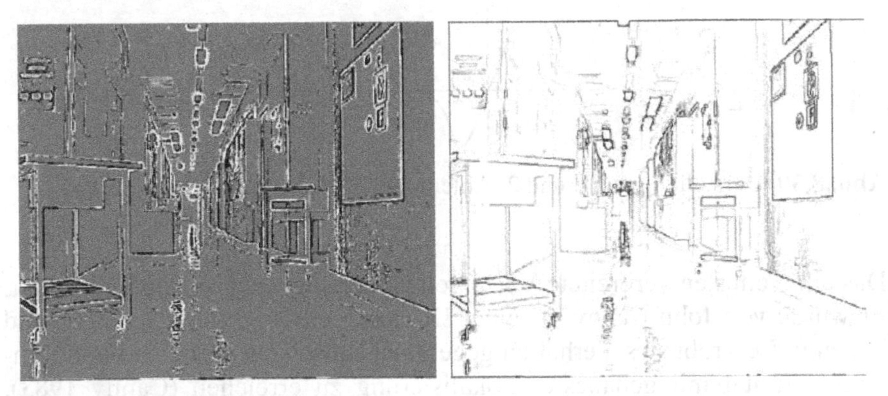

Abb. 8.32. Nulldurchgangsbild (links) und Kantenpunktbild (rechts)

8.4.2.2 Bestimmung von Liniensegmenten

Nachdem nun die Kantenpunkte vorliegen, müssen sie zu geraden Liniensegmenten zusammengefasst werden. Die in der Literatur angeführten Liniensegmentierungsverfahren können in zwei Gruppen eingeteilt werden. Es handelt sich zum einen um globale Segmentierungsverfahren, zu der die Hough-Transformation zählt (Hough 1962). Hier werden alle Punkte des Bildes mit Gl. (8.22) in einen neuen Parameterraum transformiert, um dann dort durch die auftretende Lokalisierung eine Extraktion der Segmente vorzunehmen.

$$r = x \cdot \cos(\varphi) + y \cdot \cos(\varphi) \qquad \text{oder} \qquad y = m \cdot x + c, \tag{8.22}$$

Der transformierte Parameterraum enthält je nach Darstellung der Geradengleichung in Polarkoordinaten oder kartesischen Koordinaten den Abstand r und die Orientierung φ oder die Steigung m und den Achsenabschnitt c als Parameter. Dieses Verfahren ist besonders geeignet für die Bestimmung von Liniensegmenten aus Punktwolken, benötigt aber erheblichen Rechenaufwand.

Liegen jedoch schon Kantenpunkte eines Bildes vor, so sind sequentielle Methoden wesentlich effizienter. In diesem Bereich sind Split-and-Merge-Techniken zu nennen, die nach einem gewählten Fehlerkriterium eine Kette von Punkten solange unterteilen (enlg. *split*) und gegebenenfalls wieder zusammenfassen (engl. *merge*), bis sich ein Minimum der Abweichungen aller Punkte von der geschätzten Gerade ergibt (Nelson 1994). Ein anderes Verfahren basiert auf der Verfolgung von Kantenpunkten und der Zusammenfassung zu Punktketten (Wall u. Danielson 1984). Ausgehend von einem Startpunkt werden weitere Kantenpunkte in einer Vorzugsrichtung gesucht. Dabei erfolgt laufend eine Überprüfung, ob diese Kantenpunkte mit möglichst geringem Fehler durch ein Liniensegment approximiert werden können. Sobald die gewählten Schwellwerte überschritten werden, bricht die Segmentbildung ab und es wird für die verbleibenden Kantenpunkte diese Prozedur wiederholt, solange nicht alle Kantenpunkte verarbeitet sind. In Abb. 8.33 sind ein Kantenpunktbild (links) und das entsprechende Segmentbild (rechts) dargestellt. Nur Kantenpunkte mit großem Gradienten (dunklere Bildpunkte) wurden zur Segmentbildung herangezogen. Um eine Übersegmentierung zu vermeiden, kann eine Mindestsegmentlänge vorgegeben werden. Damit wird verhindert, dass sehr kurze Kantenpunktfolgen, die keiner tatsächlichen 3-D-Kante entsprechen, zu Liniensegmenten zusammengefasst werden.

Abb. 8.33. Kantenpunktbild (links) und Segmentbild (rechts)

8.4.2.3 Intrinsische Eigenschaften

Liniensegmente sind im $\Re^2$ durch vier Parameter eindeutig definiert. Dabei kann die Beschreibung durch die Anfangs- und Endpunkte des Segmentes erfolgen (x_a, y_a, x_e, y_e) oder über den Mittelpunkt (x_m, y_m), die Länge **l** des Segmentes und die Orientierung α. Die Länge wird definiert als der euklidische Abstand zwischen Anfangs- und Endpunkt.

$$l_i = \sqrt{(x_a - x_e)^2 + (y_a - y_e)^2} \tag{8.23}$$

Die Orientierung kann auf folgende Weise definiert werden: Die absolute Orientierung α_{i0} ist der eingeschlossene Winkel zwischen einem Liniensegment s_{0j} und der Horizontalen im Bildkoordinatensystem im mathematisch positiven Sinne und liegt im Bereich von 0 bis 180 Grad. Die relative Orientierung α_{ij} ist der Winkel zwischen zwei Liniensegmenten s_i und s_j, wobei dies im Prinzip schon eine strukturelle Eigenschaft darstellt, da die Relation zwischen zwei benachbarten Segmenten beschrieben wird (siehe Abb. 8.34).

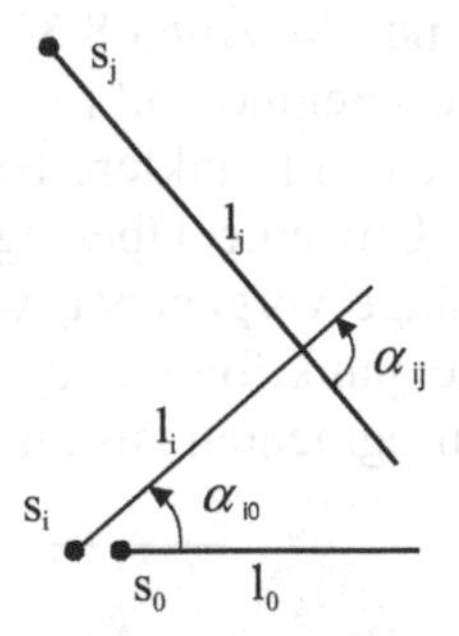

Abb. 8.34. Definition der absoluten und relativen Orientierung

Die beiden geometrischen Eigenschaften Länge und Orientierung sind bei korrespondierenden Segmenten in Stereoansichten nur mit genügender Toleranz als Ähnlichkeitsmerkmal zu verwenden. Durch die perspektivische Verzerrung können sich abhängig von der Szene bestimmte Bildkanten sehr unterschiedlich in beiden Ansichten repräsentieren. Besonders Kanten, die in die Tiefe des Raumes orientiert sind, unterliegen starken perspektivischen Verzerrungen. In Abb. 8.35 ist dieser Zusammenhang schematisch dargestellt. Der Einfluss der Perspektive führt damit zur sog. Blickwinkelabhängigkeit der geometrischen Eigenschaften von Liniensegmenten.

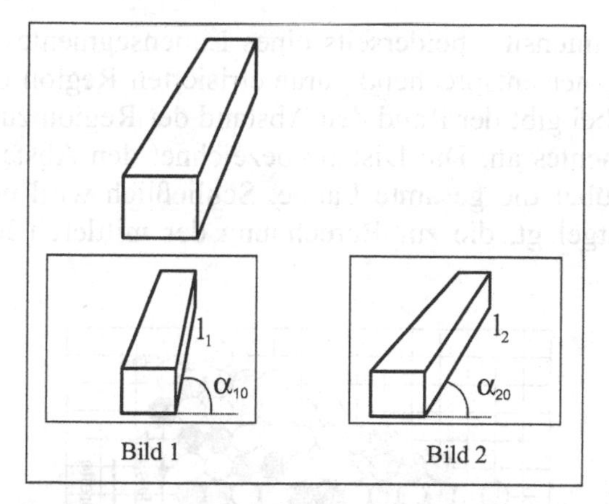

Abb. 8.35. Schematische Darstellung der perspektivischen Verzerrung in zwei achsparallelen Ansichten eines Objektes

8.4.2.3 Grauwerteigenschaften

Um diese Blickwinkelabhängigkeit zu vermeiden, können folgende auf den Intensitäten entlang einer Kante basierende Merkmale definiert werden (Schreer et al. 1997). Mit $I_{l/r/o/u}$ wird die mittlere Intensität links, rechts, ober- bzw. unterhalb des Segmentes, entsprechend Abb. 8.36, bezeichnet.

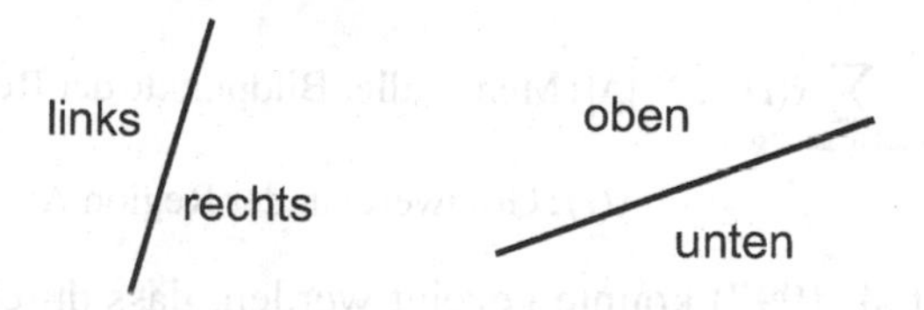

Abb. 8.36. Definition der Segmentseiten

Damit kann der Gradient wie folgt definiert werden:

$$Grad_{seg} = I_{l/o} - I_{r/u} \tag{8.24}$$

Die Richtung der Intensitätsänderung (DIR_{seg}) ergibt sich aus dem Vorzeichen des Gradienten und der mittlere Grauwert (MGW_{seg}) entlang der Kante wird durch den Mittelwert der Intensitäten beiderseits des Segmentes bestimmt:

$$DIR_{seg} = sign(Grad_{seg}) \tag{8.25}$$

$$MGW_{seg} = (I_{l/o} + I_{r/u})/2 \tag{8.26}$$

Die mittlere Intensität beiderseits eines Liniensegmentes wird über die Bildpunkte in einer entsprechend parametrisierten Region ermittelt (siehe Abb. 8.37). Dabei gibt der Rand den Abstand der Region zum Anfang und Ende des Segmentes an. Die Distanz bezeichnet den Abstand der Region vom Segment über die gesamte Länge. Schließlich wird noch die Breite der Region festgelegt, die zur Berechnung der mittleren Intensitäten betrachtet wird.

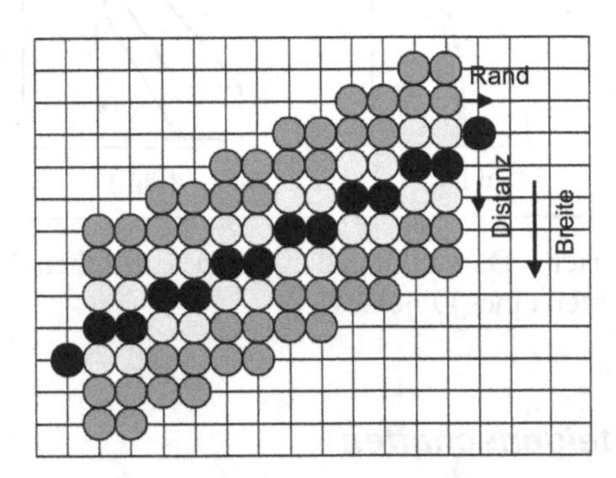

Abb. 8.37. Beispiel für Distanz = 1, Rand = 1, Breite = 3

Die mittlere Intensität an jeder Seite eines Liniensegmentes ergibt sich damit aus dem Mittelwert der Grauwerte der betrachteten Bildregion.

$$I_{l,o,r,u} = \frac{1}{|\Lambda|} \sum_{i \in \Lambda(\mathrm{Rand,Breite,Distanz})} x(i) \quad , \quad |\Lambda| : \text{Menge aller Bildpunkte der Region} \qquad x(i) : \text{Grauwert } i \text{ in der Region } \Lambda \tag{8.27}$$

In (Schreer et al. 1997) konnte gezeigt werden, dass durch Verwendung dieser zusätzlichen Grauwerteigenschaften nicht nur die Zuverlässigkeit in der Zuordnung steigt, sondern gleichzeitig auch der Rechenaufwand bei der Korrespondenzanalyse sinkt. Dies hängt damit zusammen, dass durch diese zusätzlichen Eigenschaften fehlerhafte Zuordnungen frühzeitig ausgeschlossen werden und damit die Anzahl der möglichen Zuordnungen reduziert wird. Ein Liniensegment-basiertes Stereoanalyseverfahren wird am Schluss dieses Abschnittes vorgestellt.

8.4.2.4 Strukturelle Eigenschaften

Zusätzlich zu den segmenteigenen Eigenschaften liegen strukturelle Beziehungen zwischen benachbarten Liniensegmenten vor, die bei der Zuordnung der Segmente zwischen linkem und rechtem Stereobild ausgenutzt werden können. In der Literatur werden folgende strukturelle Merkmale vorgeschlagen.

Für zwei Liniensegmente kann man den sog. L-Typ definieren, der durch den eingeschlossenen Winkel γ, den Strukturpunkt F_L und die Scheitelwinkelfläche S_L beschrieben wird. Die Scheitelwinkelfläche entspricht einer Kombination der Segmentlängen und des eingeschlossenen Winkels (siehe Abb. 8.38). Sie ist durch das aufgespannte Dreieck der beiden Geraden definiert. Der Strukturpunkt ergibt sich aus dem Schnittpunkt der beiden Segmente (Gu u. Wu 1990).

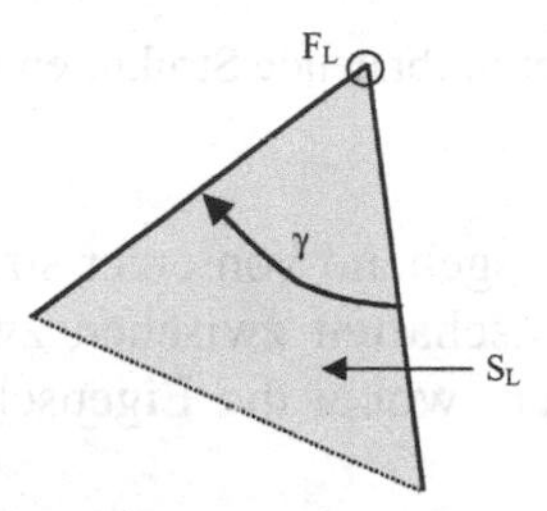

Abb. 8.38. Eigenschaften des L-Typs

Betrachtet man die Struktur von drei benachbarten Segmenten, so lassen sich folgende Strukturtypen definieren (siehe Abb. 8.39). Die Strukturen werden jeweils durch ihren Strukturpunkt F_A, F_Y und F_K beschrieben. Hier ergeben sich die Strukturpunkte durch die Mittelung der Schnittpunkte der drei Segmente. Der A-Typ weist im Unterschied zum Y-Typ zwei Winkel γ_1 und γ_2 kleiner als 90 Grad auf, während bei dem Y-Typ alle drei Winkel größer als 90 Grad sind. Der K-Typ zeichnet sich durch einen Schnittpunkt zweier Segmente zwischen den Endpunkten eines dritten Segmentes aus. Weiterhin kann ein X-Typ definiert werden, der die Kreuzung von zwei oder mehreren Liniensegmenten beschreibt.

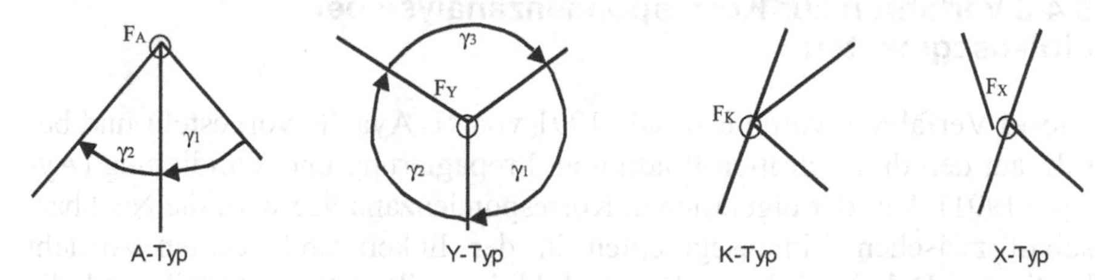

Abb. 8.39. Strukturtypen für drei und mehr benachbarte Segmente

Eine alternative Betrachtung struktureller Eigenschaften ist in Abb. 8.40 dargestellt (Horaud u. Skordas 1998). Dieser Ansatz enthält eine Strukturdefinition, die aus aufeinander aufbauenden Elementen mit zunehmender Komplexität besteht.

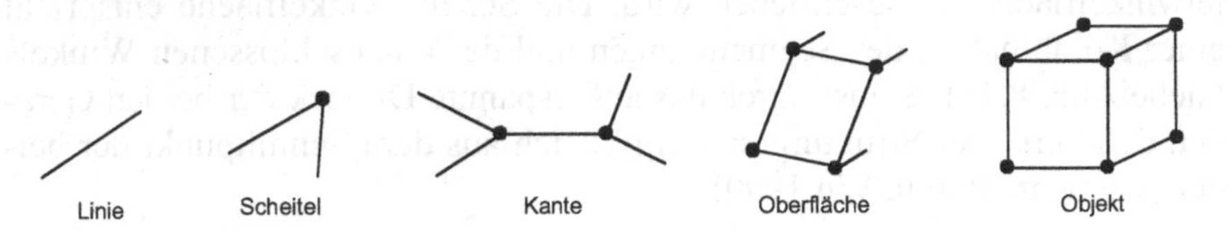

Abb. 8.40. Aufeinander aufbauende Strukturen von Liniensegmenten

Des Weiteren können ausgehend von einer strukturellen Analyse die in Abb. 8.41 gezeigten Eigenschaften zwischen zwei benachbarten Liniensegmenten ermittelt werden, wobei die Eigenschaft die Segmentnummer des Nachbarn enthält.

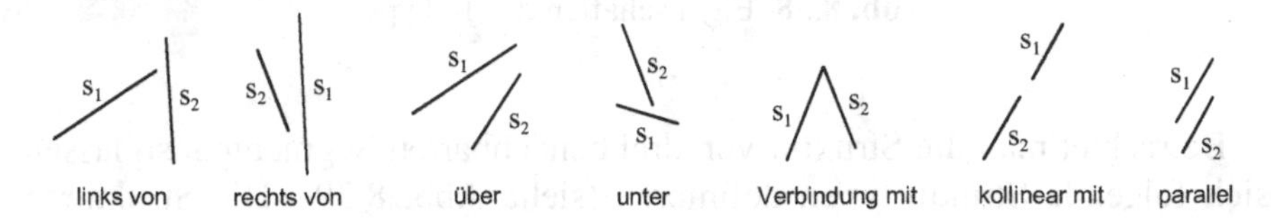

Abb. 8.41. Strukturelle Eigenschaften des Segmentes 1 bezüglich Segment 2

Diese verschiedenen strukturellen Eigenschaften von Liniensegmenten können dann zur Korrespondenzanalyse von Liniensegmenten verwendet werden.

8.4.3 Verfahren zur Korrespondenzanalyse bei Liniensegmenten

Dieses Verfahren wurde erstmals 1991 von N. Ayache vorgestellt und beruht auf den drei Schritten Prädiktion, Propagierung und Validierung (Ayache 1991). Vor der eigentlichen Korrespondenzanalyse wird die Nachbarschaft zwischen Liniensegmenten in der linken und rechten Ansicht bestimmt. Dabei wird das Kamerabild in Teilfenster unterteilt und die Nachbarschaft für alle Liniensegmente bestimmt, die in gleichen Teilfenstern liegen. Unterteilt man das Kamerabild in gleichgroße aneinandergrenzende Teilfenster, so kann es, wie in Abb. 8.42, links, zu sehen ist, zu Fehlern bei der Nachbarschaftsbestimmung kommen. Obwohl die Segmente 2 und 3 sehr dicht beieinander liegen, sind diese keine Nachbarn, da sie in keinem gemeinsamen Teilfenster liegen. Durch die Einführung von überlappenden Teilfenstern kann dieses Problem jedoch gelöst werden. In Abb. 8.42, rechts, ist die Anzahl der Fenster verdoppelt, jedoch um eine halbe Fensterbreite verschoben. Dadurch sind nun auch die beiden Segmente 2 und 3 benachbart, da sie sich beide in dem gestrichelten Teilfenster (6,4) befinden. Somit kann für alle Segmente in der linken und rechten Ansicht ein Nachbarschaftsgraph ermittelt werden, der die Grundlage für die weitere Verarbeitung ist. Für das Beispiel mit nicht überlappenden Fenstern erhält man folgende Nachbarschaftsgraphen:

$G_1 = \{1, 2, 4\}, G_2 = \{3\}, G_3 = \{5\}$

Die Segmente 3 und 5 sind aufgrund ihrer Lage isoliert. Als Länge eines Nachbarschaftsgraphen bezeichnet man die Anzahl der Segmente, die durch diese Nachbarschaftsdefinition miteinander verbunden sind. Für das Beispiel mit überlappenden Teilfenstern ergeben sich folgende Nachbarschaftsgraphen:

$G_1 = \{1, 2, 3, 4\}, G_2 = \{5\}$

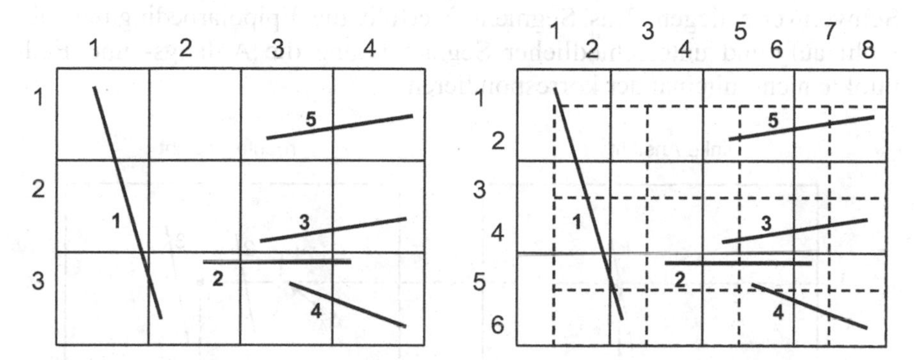

Abb. 8.42. Nachbarschaft mit nicht-überlappenden und überlappenden Fenstern

8.4.3.1 Prädiktion

In dieser ersten Phase der Korrespondenzanalyse werden für alle Segmente aus der linken Ansicht sog. potenzielle Zuordnungen zu Segmenten in der rechten Ansicht bestimmt. Da man eine Schätzung für mögliche Korrespondenzen vornimmt, wird diese Phase als Prädiktion bezeichnet. Dabei werden eine Reihe von Bedingungen überprüft, um zu entscheiden, ob ein Segment in der rechten Ansicht tatsächlich korrespondiert. Auch in diesem

Verfahren wird die Epipolarbedingung herangezogen. Da jedoch aufgrund von Ungenauigkeiten bei der Bestimmung der Liniensegmente die Anfangs- und Endpunkte nicht unbedingt die Abbildungen des gleichen 3-D-Punktes sind, muss hier eine andere Vorgehensweise gewählt werden. Dazu wird der Mittelpunkt des Segmentes in der linken Ansicht betrachtet und überprüft, ob ein Segment die zugehörige Epipolarlinie in der rechten Ansicht schneidet. Setzt man voraus, dass gewisse Kenntnis über den Tiefenbereich der Szene vorliegt, so kann der Disparitätsbereich auf der Epipolarlinie eingeschränkt werden. Durch einen Vergleich der Segmente hinsichtlich ihrer geometrischen Eigenschaften wie Länge, Orientierung und der Grauwerteigenschaften wie mittlerer Grauwert und mittlerer Gradient können weitere potenzielle Kandidaten ausgeschlossen werden. In Abb. 8.43 ist ein vereinfachtes Beispiel gegeben. Für das Segment in der rechten Ansicht wird für dessen Mittelpunkt auf der entsprechenden Epipolarlinie in der linken Ansicht im zulässigen Disparitätsbereich Δ_δ nach Segmenten gesucht, welche die Epipolarlinie schneiden. In diesem Fall ist die Epipolarlinie horizontal. Das Segment 3 ist kein möglicher Kandidat, da es rechts von der Mittelpunktskoordinate liegt. Das Segment 1 schneidet zwar die Epipolarlinie im gültigen Disparitätsbereich, es hat jedoch eine deutlich andere Orientierung und Länge, die außerhalb der festgelegten Schwellwerte liegen. Das Segment 2 erfüllt die Epipolarbedingung, obwohl aufgrund unterschiedlicher Segmentierung die Anfangs- und Endpunkte nicht miteinander korrespondieren.

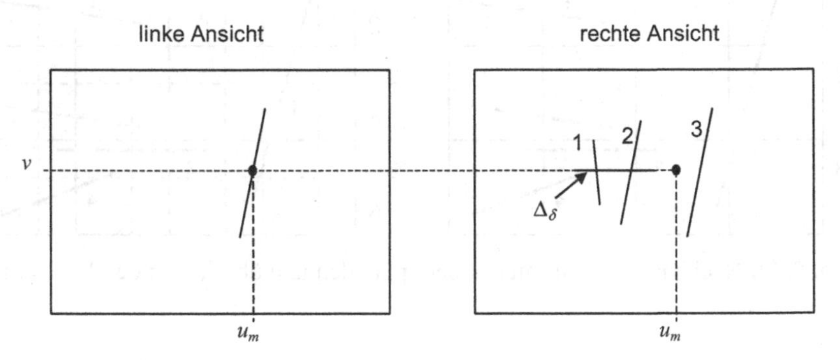

Abb. 8.43. Prädiktion von möglichen Kandidaten für ein Segment in der linken Ansicht

Nachdem dieser Prädiktionsschritt für alle Segmente im linken Bild durchgeführt wurde, erfolgt nun eine Propagierung von möglichen Hypothesen für korrespondierende Segmente unter Verwendung des Nachbarschaftsgraphen.

8.4.3.2 Propagierung

In dieser Phase werden Ergebnisse aus der Schätzung (Prädiktion) fortgepflanzt (propagiert). Zur Herstellung der globalen Konsistenz von Korrespondenzen wird nun die Nachbarschaft von Liniensegmenten innerhalb eines Bildes unter Verwendung der Nachbarschaftsgraphen mit einbezogen. Ausgehend von einer Prädiktion für ein Segment im linken Bild werden nun durch ein rekursives Verfahren die Nachbarschaftsgraphen beider Stereobilder abgearbeitet, wobei nun zusätzlich zu den Bedingungen der Prädiktionsphase eine wesentlich strengere Bedingung für die Disparität angewendet wird. Die wesentliche Annahme ist hierbei, dass 3-D-Kanten innerhalb eines räumlichen Bereiches eine ähnliche Raumtiefe besitzen und die entsprechende 2-D-Abbildung eine 2-D-Nachbarschaft aufweist. Dies entspricht der Kontinuitätsbedingung, wie sie in Abschnitt 8.2 definiert wurde.

In Abb. 8.44 ist der Ablauf der rekursiven Propagierungsprozedur dargestellt. Ausgehend von der Prädiktion des Segmentes 1 in der rechten Ansicht durch Segment 1 in der linken Ansicht ergibt sich eine geschätzte Anfangsdisparität δ_{pred}. Der Nachbarschaftsgraph in der rechten Ansicht liefert Segment 4 als benachbartes Segment. Für dieses Segment wird nun wieder in der linken Ansicht ein korrespondierendes Segment gesucht, das die geometrischen Bedingungen erfüllt. Für diese beiden Segmente ergibt sich eine neue Disparität δ_{akt}, die nun aber nur um ein festgelegtes ε von der vorher geschätzten Disparität abweichen darf (siehe Gl. (8.28)).

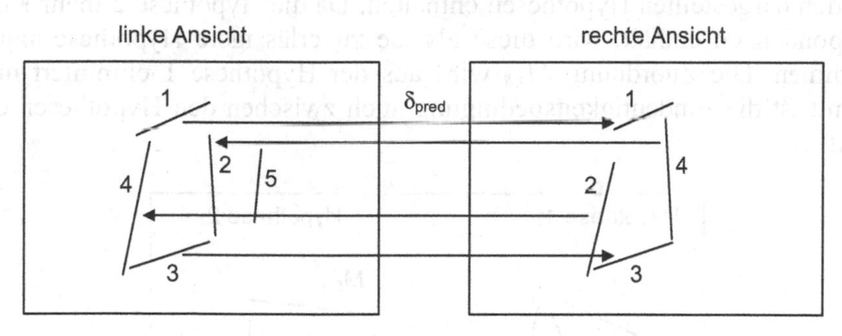

Abb. 8.44. Rekursive Propagierungsprozedur

$$\left|\delta_{pred} - \delta_{akt}\right| < \varepsilon, \tag{8.28}$$

Die Propagierungsphase liefert nun für alle in der Prädiktionsphase ermittelten Segmente in der linken Ansicht mehrere Hypothesen von korrespondierenden Liniensegmenten. Jede Hypothese beinhaltet um so mehr

Segmente, je länger der Nachbarschaftsgraph ist und damit 3-D-Kanten sich in der gleichen räumlichen Umgebung befinden. In der Propagierungsphase ist gewährleistet, dass ein Segment nur einmal innerhalb einer Hypothese auftreten kann. Das entspricht der Eindeutigkeitsbedingung, die besagt, dass die Abbildung eines 3-D-Punktes maximal einmal in der linken und rechten Ansicht auftreten kann. Es ist jedoch noch möglich, dass ein Segment in mehreren Hypothesen propagiert wurde, womit eine Überprüfung auf Eindeutigkeit zwischen den Hypothesen erforderlich ist. Diese Überprüfung geschieht in der Validierungsphase. Die Länge einer Hypothese bezeichnet die Anzahl der korrespondierenden Segmente, die in dieser rekursiven Propagierungsprozedur zwischen der linken und rechten Ansicht alle Ähnlichkeitsbedingungen erfüllt haben.

8.4.3.3 Validierung

Das erste Kriterium für die Auswahl der richtigen Korrespondenz ist die Länge der Hypothese, d. h. die Anzahl der korrespondierenden Segmente innerhalb einer räumlichen Nachbarschaft. Je länger eine Hypothese ist, desto mehr Ähnlichkeitsbedingungen mussten erfüllt werden. Deshalb kann man annehmen, dass eine Segment korrekt zugeordnet ist, dass in einer längeren Hypothese enthalten ist. In Abb. 8.45 ist ein Beispiel für die Zuordnung eines Segmentes in mehreren Hypothesen angegeben. Dabei bezeichnet $M_{i,j}$ die Zuordnung zwischen Segment i in der linken und Segment j in der rechten Ansicht. Das Segment 8 in der rechten Ansicht ist in beiden dargestellten Hypothesen enthalten. Da die Hypothese 2 mehr Korrespondenzen enthält, wird diese als die zuverlässigere Hypothese angenommen. Die Zuordnung $M_{4,8}$ wird aus der Hypothese 1 eliminiert und damit ist die Eindeutigkeitsbedingung auch zwischen den Hypothesen erfüllt.

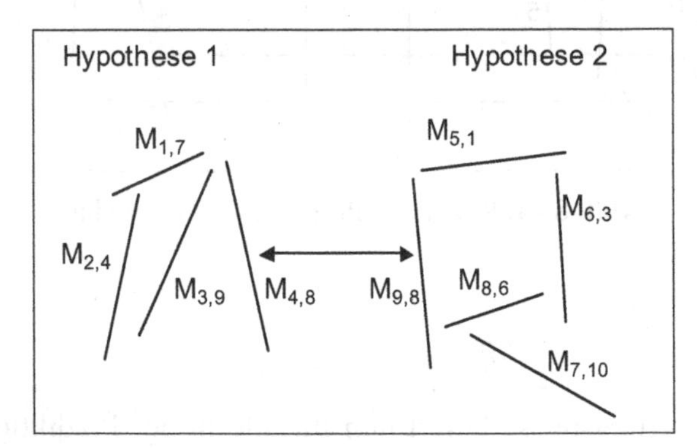

Abb. 8.45. Zuordnungskonflikt bei Segmenten der linken Ansicht für zwei Hypothesen

Dieses Kriterium versagt, wenn die Länge der Hypothesen gleich ist. In diesem Fall wird die Zuordnung ausgewählt, die das beste lokale Ähnlichkeitsmaß J_s zwischen Segment S^l im linken Bild und Segment S^r im rechten Bild aufweist. Dabei können alle geometrischen und Grauwerteigenschaften von Liniensegmenten verwendet werden. Das Gütekriterium ist in Gl. (8.29) formuliert:

$$J_s\left(S^l, S^r\right) = w_0 \cdot \frac{\Delta\alpha}{\Delta\alpha_{\max}} + w_1 \cdot \frac{\Delta l}{\Delta l_{\max}} + w_2 \cdot \frac{\Delta Grad}{\Delta Grad_{\max}} + w_3 \cdot \frac{\Delta MGW}{\Delta MGW_{\max}} \quad (8.29)$$

$$\text{mit } 0 < w_{1,2,3} < 1, \quad \forall\, DIR^l = DIR^r, \quad \Delta\alpha = \left|\alpha^l - \alpha^r\right|, \quad \Delta l = \left|l^l - l^r\right|,$$

$$\Delta Grad = \left|Grad^l - Grad^r\right|, \quad \Delta MGW = \left|MGW^l - MGW^r\right|$$

Mit diesem Verfahren ist eine sehr robuste Korrespondenzanalyse von Liniensegmenten möglich. In Abb. 8.46 sind Ergebnisse der Korrespondenzanalyse von Liniensegmenten in einer Navigationsanwendung für mobile Roboter dargestellt (Schreer 1999). In der linken Grafik ist der Anteil der korrekten Korrespondenzen im Verhältnis zu den validierten und den maximal möglichen Korrespondenzen gezeigt. durch Hinzunahme der zusätzlichen Grauwerteigenschaften kann eine deutliche Verbesserung bei der Zuverlässigkeit der ermittelten Korrespondenzen erzielt werden. In der rechten Grafik ist der notwendige Rechenaufwand in ms gegenübergestellt. Aufgrund des frühzeitigen Ausschlusses von falschen Korrespondenzen sinkt die Rechenzeit für die Stereoanalyse. Trotz des zusätzlichen Aufwandes für die Bestimmung der Grauwerteigenschaften bleibt der Gesamtrechenaufwand geringer, wenn alle Grauwerteigenschaften verwendet werden.

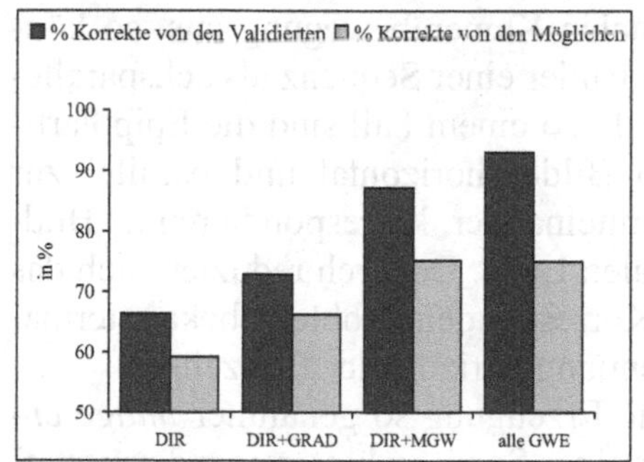

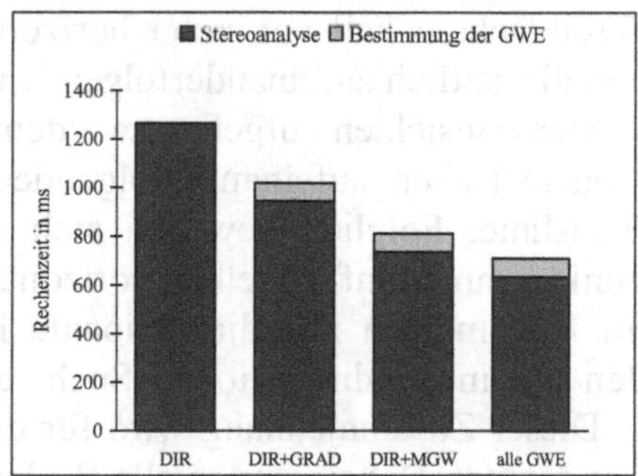

Abb. 8.46. Zuverlässigkeit der Korrespondenzanalyse unter Verwendung der Grauwerteigenschaften (links) und erforderlicher Rechenaufwand (rechts)

8.5 Tiefenanalyse aus Bewegung

In der Einleitung wurde bereits die Korrespondenzanalyse zwischen Ansichten einer bewegten Kamera erwähnt. Aufgrund der unterschiedlichen Perspektiven auf eine Szene ist es analog zur Stereoanalyse möglich die Struktur der Szene aus den Ansichten einer bewegten Kamera zu analysieren. Dieses Themengebiet wird deshalb auch Struktur aus Bewegung (engl. *structure from motion*) genannt. Viele Methoden der Stereoanalyse werden auch erfolgreich in diesem Gebiet eingesetzt. Da dieses Buch seinen Schwerpunkt auf der Stereoanalyse hat, soll an dieser Stelle auf ausgezeichnete weiterführende Literatur verwiesen werden (Sturm u. Triggs 1996, Koch u. Van Gool 1998, Torr et al. 1998, Torr et al. 1999, Schaffalitzky et al. 2000, Sturm 2001, Ma et al. 2003, Hartley u. Zisserman 2004).

Ein weiteres Anwendungsgebiet der Korrespondenzanalyse von Bildsequenzen ist die Selbst- oder Auto-Kalibrierung (engl. *self-calibration*). Dabei geht es um die automatische Bestimmung der internen Kameraparameter ohne die Verwendung von speziellen Kalibrierkörpern. Dies ist besonders bei Videoaufnahmen mit Hand-Held-Kameras interessant. Ein Verfahren zur Kalibrierung der internen Kameraparameter wurde in Kapitel 3 „*Das Kameramodell*" erläutert. Auch hier sei auf ausführliche Literatur verwiesen. (Horaud et al. 1994, Faugera et al. 1992, Pollefeys u. Van Gool 1997, Pllefeys et al. 1998)

Ein sehr neuer Ansatz der Tiefenanalyse aus Videosequenzen einer bewegten Kamera stellt das Verfahren der Epipolarbildanalyse dar. Da dieses Verfahren eine interessante Betrachtung der Disparitätsanalyse enthält, wird es im folgenden Abschnitt kurz erläutert.

Die Epipolarbildanalyse wurde in (Bolles et al. 1987) erstmals erwähnt und von verschiedenen Autoren später wieder aufgegriffen (Szeliski 1999, Chai et al. 2001, Zhu et al. 1999, Criminisi et al. 2002). Geht man in einem vereinfachten Fall von einer horizontalen Kamerabewegung aus, so können die zeitlich aufeinanderfolgenden Bilder einer Sequenz als achsparallele Stereoansichten aufgefasst werden. In so einem Fall sind die Epipolarlinien zwischen aufeinanderfolgenden Bilder horizontal und parallel zur Basislinie. Folglich bewegen sich miteinander korrespondierende Bildpunkte immer auf derselben horizontalen Linie. Dadurch reduziert sich das im Allgemeinen zweidimensionale Korrespondenzproblem bekanntermaßen auf eine eindimensionale Suche entlang horizontaler Bildzeilen.

Dieser Zusammenhang wird für die Erzeugung so genannter *image cubes* genutzt. Dabei werden alle Bilder einer Sequenz hintereinander gestaffelt und es entsteht ein Kubus mit einer dritten Dimension, der Zeit (siehe Abb. 8.47, links). Die horizontale Schnittebene liefert die sog. Epipolarebenenbilder (engl. *epipolar plane images - EPI*) (siehe Abb. 8.47, rechts). Sie stellen alle Epipolarlinien einer Bildzeile für jedes Bild der Sequenz dar. Jeder Bildpunkt bewegt sich also von einem Zeitpunkt zum Anderen in Abhängigkeit der Tiefe des entsprechenden 3-D-Punktes im Raum. Somit wird die Abbildung jedes Raumpunktes im EPI durch eine Gerade dargestellt, die im Folgenden als EPI-Linie bezeichnet. Die Steigung der EPI-Linie steht dabei in umgekehrt proportionalem Verhältnis zur Tiefe des Raumpunktes. In Abb. 8.48 ist links eine Epipolarebenenbild dargestellt.

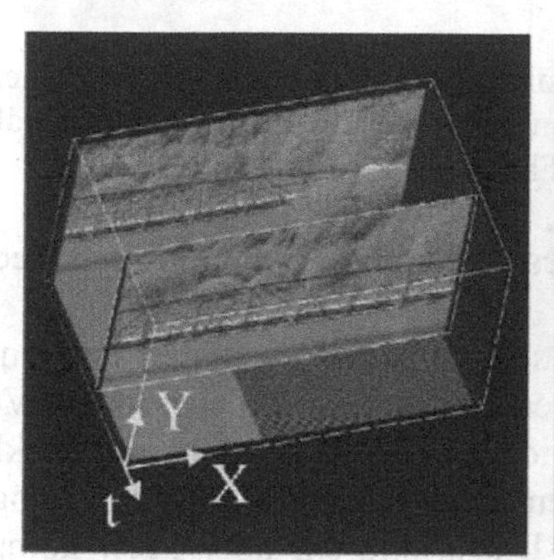

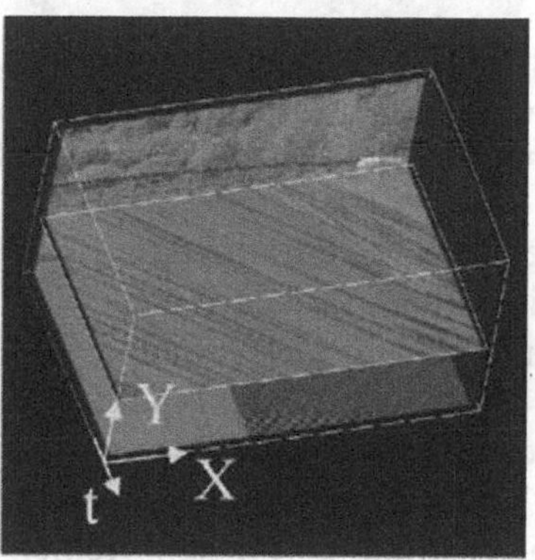

Abb. 8.47. Darstellung des *image cube*: Kameraansichten in zeitlicher Richtung (links), Epipolarebenenbild als horizontale Schnittebene durch den *image cube* (rechts), (Quelle: I. Feldmann FhG/HHI)

Die Beispielszene enthält im Wesentlichen nur zwei Tiefen, so dass man im dazugehörigen EPI nur Linien mit zwei ausgeprägten Steigungen erkennen kann. Die betragsmäßig größere Steigung korrespondiert mit 3D-Raumpunkten geringerer Tiefe. Demnach beschreiben die zuvor erwähnten EPI-Linien nichts anderes als Trajektorien eines mit dem Raumpunkt korrespondierenden Bildpunktes im Image-Cube.

Die Eigenschaft geradliniger Trajektorien in den Epipolarebenenbildern ergibt sich dabei aus der geforderten Gleichförmigkeit der Kamerabewegung in horizontaler Richtung. In Abb. 8.48, rechts, ist die zur linken Grafik korrespondierende schematische Darstellung von sich verdeckenden EPI-Linien gezeigt. EPI-Linien mit größerer Steigung entsprechen Bildpunkten im Vordergrund, die deshalb auch EPI-Linien mit geringerer Steigung verdecken. Um nun aus diesem *image cube* die Tiefenstruktur der Szene zu analysieren, ist im Prinzip nur eine geeignete zweidimensionale Bildverarbeitung der Epipolarebenenbilder notwendig. Dabei müssen Methoden der Geradenextraktion und Kantenerkennung angewandt werden,

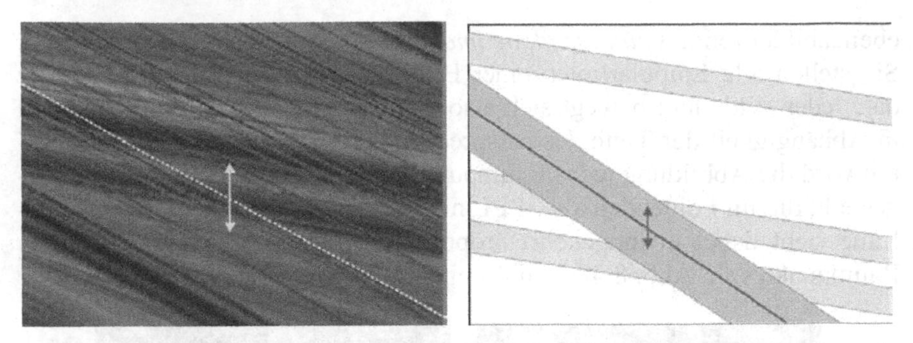

Abb. 8.48. Linienstruktur in einem Epipolarebenenbild (links), korrespondierende schematische Darstellung von Verdeckungen durch EPI-Linien unterschiedlicher Steigung (rechts), (Quelle: I. Feldmann, FhG/HHI)

um die Steigung, d.h. die damit korrespondierende Tiefe, des entsprechenden Bildpunktes zu bestimmen.

Damit stellt die EPI-Analyse ein sehr robustes Verfahren dar, um aus einer Bildsequenz Punktkorrespondenzen zu bestimmen, sowie Verdeckungen und homogene Bereiche zu identifizieren. Im Vergleich zu klassischen Korrespondenzanalyseverfahren ist es mit der EPI-Analyse möglich, die Tiefenstruktur von sehr feinen Bildstrukturen, aber auch komplexe Verdeckungen sicher zu detektieren. Allerdings ist dieses Verfahren nur zur Offline-Analyse von bereits gespeicherten Bildsequenzen geeignet.

Grundsätzlich ergibt sich für die Darstellung einer Bildsequenz in einem *image cube*, dass bei Vorgabe einer speziellen, parametrisierbaren Kamerabewegung sich auch entsprechende, parametrisierbare Trajektorien in den EPI-Schnittebenen bzw. im *image cube* ergeben. Sofern sich die Kamera ungleichförmig auf einer Raumgeraden bewegt wird (z.B. durch Beschleunigung), erhält man beliebig geformte Trajektorien in der entsprechenden Schnittebene. Die wesentliche Problematik besteht also darin, aus den Epipolarebenenbildern die, der Bewegung der Kamera, zugrundeliegende Form der Trajektorie zu identifizieren.

Die Beschränkung auf horizontale Kamerabewegungen wurde jüngst durch die *image cube* Trajektorien-Analyse (ICT-Analyse) auf kreisförmige Kamerabewegungen erweitert (Feldmann 2003a). Bei kreisförmigen Kmaerabewegungen ergeben sich sinusoidale Kurven im Epipolarebenenbild. Die besonderen Strukturen im EPI ermöglichen es, Regeln für eine systematische Detektion von Verdeckungen zu entwerfen. Die hier vorgestellte Analyse ist nicht auf rein kreisförmige Bewegungen beschränkt sondern lässt sich auch auf andere parametrisierbare Kamerabewegungen erweitern.

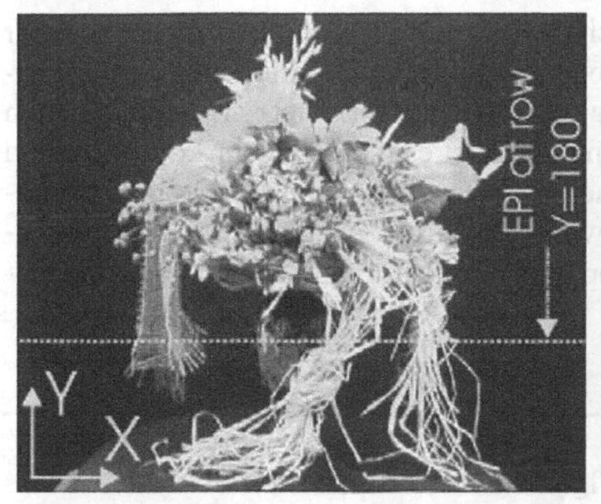

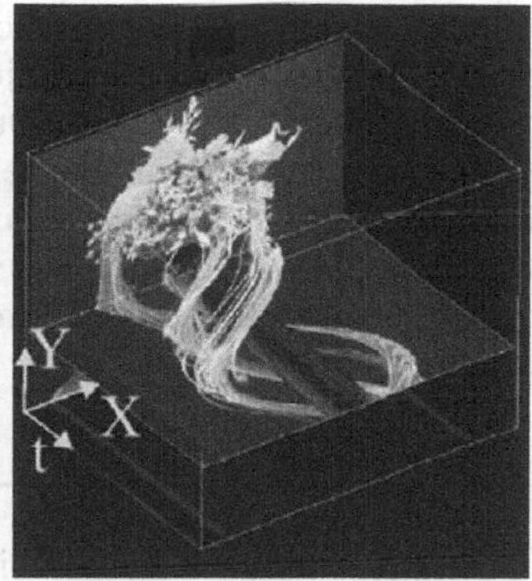

Abb. 8.49. ICT Analyse für eine kreisförmige Kamerabewegung: Erstes Bild der Sequenz mit ausgewählter Bildzeile (links), *image cube* mit sinusoidalen Trajektorien (Quelle: I. Feldmann, FhG/HHI)

Eine interessante Anwendung der ICT-Analyse für die Erzeugung konzentrischer Mosaike wird in (Feldmann et al. 2003b) vorgestellt. Eine Beschreibung des Grundprinzips konzentrischer Mosaike findet der Leser im Kapitel 11 „*Bildbasierte Synthese*".

8.6 Zusammenfassung

In diesem Kapitel wurden die wesentlichen Probleme, Herausforderungen und Lösungsansätze bei der Korrespondenzanalyse in Stereobildern dargestellt. Die vorgestellten Verfahren stellen nur eine beispielhafte Übersicht dar und sollen den Leser für die Vielfältigkeit der Ansätze sensibilisieren. Letztendlich entscheidet die konkrete Aufgabenstellung über den Einsatz dieser oder jener Methode. Im Bereich der Bildsynthese, die im Kapitel 11 behandelt wird, sind Disparitätskarten von hoher örtlicher Auflösung notwendig. In diesem Fall werden i. A. pixelbasierte Verfahren eingesetzt. Kommt es jedoch auf eine robuste und schnelle Bestimmung von wenigen Punktkorrespondenzen an, so sind merkmalsbasierte Verfahren sinnvoller. Besonders bei der Navigation in der mobilen Robotik gibt es eine Reihe von Experimentalsystemen, die eine Rekonstruktion der Umgebung basierend auf Liniensegmenten vornehmen (Ayache 1991, Buffa et al. 1992, Schreer 1998).

Die Analyse von Punktkorrespondenzen zwischen zeitlich aufeinanderfolgenden Bildern einer bewegten Kamera wird in diesem Buch nicht behandelt, obwohl teilweise ähnliche Methoden eingesetzt werden. Ein sehr junges Forschungsgebiet stellt jedoch in diesem Zusammenhang die Epipolarebenenbildanalyse dar. Durch eine zielgerichtete Erkennung von Strukturen in den Epipolarebenenbildern ist es möglich sehr komplexe und filigrane Tiefenstrukturen in einer Szene zu erkennen, die von einer bewegten Kamera aufgenommen wurde. Neueste Arbeiten ermöglichen inzwischen eine Analyse von komplexen Trajektorien bzw. von allgemeineren Kamerabewegungen.

- Die Stereoanalyse ist ein Teilgebiet der Korrespondenzanalyse.
- Unter Kenntnis der Geometrie zwischen zwei Ansichten kann die Korrespondenzanalyse auf eine Suche im eindimensionalen Suchraum beschränkt werden.
- Die Stereoanalyse unterteilt man in pixelbasierte und merkmalsbasierte Verfahren.
- Die pixelbasierten Verfahren werden auch Block-Matching-Verfahren genannt, da blockweise Bildstrukturen miteinander verglichen werden. Diese Verfahren liefern eine dichte Disparitätskarte.
- Die merkmalsbasierten Verfahren erfordern zuerst eine Merkmalsanalyse zur Gewinnung der notwendigen Bildmerkmale. Durch die größere Komplexität und die geringere Anzahl der Bildmerkmale ist eine zuverlässigere Stereoanalyse möglich.
- Die Epipolarbildanalyse stellt den Zusammenhang zwischen der Disparitätsanalyse in Stereoansichten und der Bewegungsanalyse in bewegten Bildsequenzen her.

9 3-D-Rekonstruktion

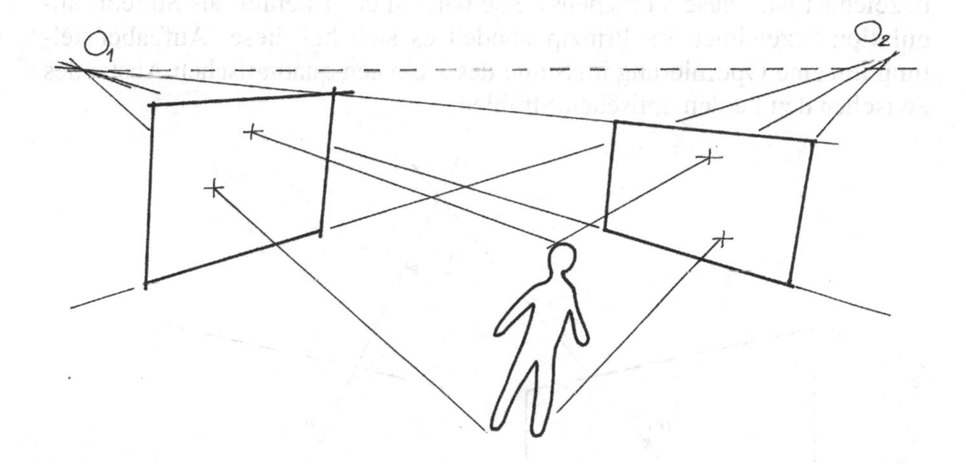

9.1 Einleitung

In den vorangegangenen Kapiteln wurde gezeigt, dass durch mindestens zwei Ansichten einer Szene die, durch die Abbildung auf eine zweidimensionale Bildebene, verlorengegangene Tiefeninformation wieder zurückgewonnen werden kann. Durch eine Stereoanalyse kann die Disparität für korrespondierende Bildpunkte ermittelt werden, die Abbildungen des gleichen 3-D-Punktes sind. Im ersten Teil dieses Kapitels wird die sog. Stereotriangulation dargestellt, die eine explizite 3-D-Rekonstruktion aus diesen Punktkorrespondenzen vornimmt. Im zweiten Teil wird die volumetrische Rekonstruktion erläutert, die es ermöglicht, aus mehreren Kameraansichten eines 3-D-Objektes ein ausreichend genaues 3-D-Modell zu erzeugen.

9.2 Die Stereotriangulation

Nachdem im vorangegangenen Kapitel verschiedene Verfahren zur Korrespondenzanalyse in Stereoansichten vorgestellt wurden, stellt sich nun die Aufgabe, wie aus diesen Punktkorrespondenzen der entsprechende 3-D-Punkt wieder rekonstruiert werden kann. Um die 3-D-Koordinaten im euklidischen Koordinatensystem bestimmen zu können, ist die Kenntnis der perspektivischen Projektionsmatrix beider Kameras notwendig. Da man annehmen muss, dass die Punktkorrespondenzen nicht absolut exakt sind, werden sich ihre optischen Strahlen i. A. nicht genau in einem Punkt im Raum schneiden (siehe Abb. 9.1). Eine gute Approximation für die Lage des tatsächlichen 3-D-Punktes ist die Mittelposition der kürzesten Strecke zwischen den beiden optischen Strahlen, die in der Abbildung mit $\mathbf{s}$ bezeichnet ist. Diese Vorgehensweise wird in der Literatur als Stereotriangulation bezeichnet. Im Prinzip handelt es sich bei dieser Aufgabenstellung um eine Optimierung im Sinne des kleinsten quadratischen Abstandes zwischen den beiden optischen Strahlen.

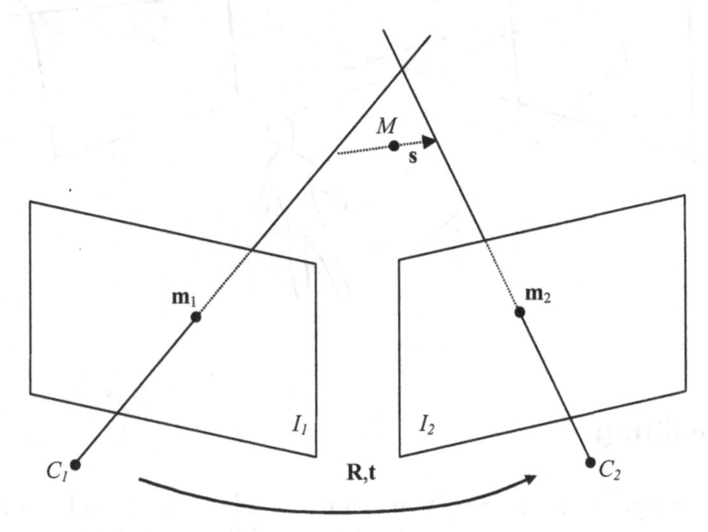

Abb. 9.1. Rekonstruktion eines 3-D-Punktes mittels Stereotriangulation

In diesem Abschnitt wird davon ausgegangen, dass die Projektion der Szene in die Bildebenen der Kameras keiner nichtlinearen Verzerrung unterworfen ist. Für die Herleitung der Bestimmungsgleichungen wird die allgemeine Projektionsgleichung eines 3-D-Punktes in die Bildebene verwendet, die im Kapitel 3 „*Das Kameramodell*“ hergeleitet wurde:

$$s\tilde{\mathbf{m}}_i = \mathbf{P}_i\tilde{M}, \quad \text{mit } \mathbf{P}_i = \mathbf{A}_i\mathbf{P}_N\mathbf{D}_i,\ \mathbf{D}_i = \begin{bmatrix} \mathbf{R}_i & \mathbf{t}_i \\ 0_3^T & 1 \end{bmatrix} \text{ und } 0_3 = [0,0,0]^T \tag{9.1}$$

Der 3-D-Punkt im Weltkoordinatensystem M wird über die perspektivische Projektionsmatrix in den Bildpunkt $\mathbf{m}$ transformiert. Dabei stellt die Matrix $\mathbf{A}$ die intrinsische Matrix dar, welche die internen Kameraparameter enthält. Die euklidische Transformation $\mathbf{D}_i$ jeder Kamera wird auf ein gemeinsames Weltkoordinatensystem bezogen. In den folgenden Gleichungen bezeichnet p^i_{jk} das (j,k)-Element der Projektionsmatrix der Kamera i. Die ersten drei Elemente jeder Zeile von $\mathbf{P}_i$ werden zu einem Vektor $\mathbf{p}^i_j = \left(p^i_{j1}, p^i_{j2}, p^i_{j3}\right)^T$ zusammengefasst. Nun kann durch Anwendung des Vektorproduktes der homogene Skalierungsfaktor eliminiert werden. Man erhält damit

$$\tilde{\mathbf{m}}_i \times \mathbf{P}_i\tilde{M} = \mathbf{0} \quad \text{bzw.} \quad \begin{matrix} v_i\left(\mathbf{p}^i_3\tilde{M}\right) - \left(\mathbf{p}^i_2\tilde{M}\right) = 0 \\ u_i\left(\mathbf{p}^i_3\tilde{M}\right) - \left(\mathbf{p}^i_1\tilde{M}\right) = 0 \\ u_i\left(\mathbf{p}^i_2\tilde{M}\right) - v_i\left(\mathbf{p}^i_1\tilde{M}\right) = 0 \end{matrix} \tag{9.2}$$

9.2.1 Homogenes Verfahren

Aus den ersten beiden linear unabhängigen Gleichungen für die beiden Komponenten u und v kann dann entsprechend für zwei Punktkorrespondenzen eine Gleichung folgender Form $\mathbf{B}\tilde{M} = \mathbf{0}$ aufgestellt werden. Die Matrix $\mathbf{B}$ lautet:

$$\mathbf{B} = \begin{bmatrix} u_1\mathbf{p}_3^{1^T} - \mathbf{p}_1^{1^T} \\ v_1\mathbf{p}_3^{1^T} - \mathbf{p}_2^{1^T} \\ u_2\mathbf{p}_3^{2^T} - \mathbf{p}_1^{2^T} \\ v_2\mathbf{p}_3^{2^T} - \mathbf{p}_2^{2^T} \end{bmatrix} \tag{9.3}$$

Diese Gleichung kann nun mittels der Direkten Linearen Transformation (DLT) durch Lösung des Eigenwertproblems gelöst werden, wobei die Nebenbedingung $\left\|\tilde{M}\right\| = 1$ verwendet wird. Die Lösung von $\mathbf{B}\tilde{M} = \mathbf{0}$ bezeichnet man als homogenes Verfahren.

9.2.2 Inhomogenes Verfahren

Setzt man nun die vierte Komponente von $\tilde{M}$ zu Eins, so führt das zu einem Satz von vier inhomogenen Gleichungen mit drei Unbekannten X_w, Y_w, Z_w. Man erhält dann für die korrespondierenden Punkte $\mathbf{m}_i$ folgende vier Gleichungen:

$$\begin{aligned}
\left(\mathbf{p}_1^1 - u_1 \cdot \mathbf{p}_3^1\right)^T \cdot M + p_{14}^1 - u_1 \cdot p_{34}^1 &= 0 \\
\left(\mathbf{p}_2^1 - v_1 \cdot \mathbf{p}_3^1\right)^T \cdot M + p_{24}^1 - v_1 \cdot p_{34}^1 &= 0 \\
\left(\mathbf{p}_1^2 - u_2 \cdot \mathbf{p}_3^2\right)^T \cdot M + p_{14}^2 - u_2 \cdot p_{34}^2 &= 0 \\
\left(\mathbf{p}_2^2 - v_2 \cdot \mathbf{p}_3^2\right)^T \cdot M + p_{24}^2 - v_2 \cdot p_{34}^2 &= 0
\end{aligned} \tag{9.4}$$

Unter Verwendung von

$$\mathbf{B}_i = \begin{pmatrix} \left(\mathbf{p}_1^i - u_i \cdot \mathbf{p}_3^i\right)^T \\ \left(\mathbf{p}_2^i - v_i \cdot \mathbf{p}_3^i\right)^T \end{pmatrix} \quad \text{und} \quad \mathrm{c}_i = \begin{pmatrix} u_i \cdot p_{34}^i - p_{14}^i \\ v_i \cdot p_{34}^i - p_{24}^i \end{pmatrix} \quad \text{für } i = 1{,}2 \tag{9.5}$$

erhält man dann für beide Kameras:

$$\mathbf{B} \cdot M = c, \quad \text{mit} \quad \mathbf{B} = \begin{pmatrix} \mathbf{B}_1 \\ \mathbf{B}_2 \end{pmatrix}, \quad M = \left(\mathrm{X_w}, \mathrm{Y_w}, \mathrm{Z_w}\right)^{\mathrm{T}} \text{ und } \mathrm{c} = \begin{pmatrix} c_1 \\ c_2 \end{pmatrix} \tag{9.6}$$

Die Lösung für das Problem der Minimierung nach dem kleinsten quadratischen Fehler (engl. *least square*) ist schließlich durch

$$M = \left(\mathbf{B}^T \cdot \mathbf{B}\right)^{-1} \cdot \mathbf{B}^T \cdot c \tag{9.7}$$

definiert. Dabei wird vorausgesetzt, dass $\mathbf{B}^T\mathbf{B}$ invertierbar ist (siehe auch Anhang D.2.2).

9.2.3 Unterschiede zwischen beiden Verfahren

Das inhomogene Verfahren nimmt per Definition $\tilde{M} = \left(\mathrm{X_w} \quad \mathrm{Y_w} \quad \mathrm{Z_w} \quad 1\right)^T$ an, dass sich der Punkt nicht im Unendlichen befindet, demnach können Punkte auf einer Ebene im Unendlichen nur unzureichend rekonstruiert werden.

Weder die Bedingung $\left\|\tilde{M}\right\| = 1$ für das homogene Verfahren, noch die Bedingung $\tilde{M} = \left(\mathrm{X_w} \quad \mathrm{Y_w} \quad \mathrm{Z_w} \quad 1\right)^T$ für das inhomogene Verfahren sind invariant gegenüber projektiven Transformationen. Nimmt man nun an, dass die Projektionsmatrizen beider Kameras einer projektiven Transformation unterzogen würden,

$$\mathbf{P}_1\mathbf{H}^{-1} \text{ bzw. } \mathbf{P}_2\mathbf{H}^{-1} \tag{9.8}$$

so würde das korrespondierende Optimierungsproblem für den transformierten Punkt folgendermaßen lauten:

$$\left(\mathbf{A}\mathbf{H}^{-1}\right)\mathbf{H}\widetilde{M} = \boldsymbol{\varepsilon} \tag{9.9}$$

Dies bedeutet jedoch, das eine Lösung für das ursprüngliche Problem nicht mit einer Lösung für den transformierten Punkt korrespondiert. Trotzdem liefert das homogene lineare Verfahren in den meisten Fällen akzeptable Ergebnisse.

9.2.4 Das nichtlineare Kameramodell

Für Objektive mit geringer Brennweite kann durch eine zusätzliche Berücksichtigung einer radialen Verzerrung die optische Abbildung wesentlich besser modelliert werden.

$$u = u_d + \delta_u, \quad v = v_d + \delta_v \tag{9.10}$$

Diese Verzerrung enthält radiale und tangentiale Anteile, wobei sich folgende Verzerrungskomponenten ergeben. Die Koeffizienten κ_i beschreiben die radiale und η_i die tangentiale Verzerrung.

$$\delta_u = u_d\left(\kappa_1 r_d^2 + \kappa_2 r_d^4 + \ldots\right) + \left[\eta_1\left(r_d^2 + 2u_d^2\right) + 2\eta_2 u_d y_d\right]\ \left(1 + \eta_3 r_d^2 + \ldots\right) \tag{9.11}$$

$$\delta_v = v_d\left(\kappa_1 r_d^2 + \kappa_2 r_d^4 + \ldots\right) + \left[2\eta_1 x_d v_d + \eta_2\left(r_d^2 + 2v_d^2\right)\right]\ \left(1 + \eta_3 r_d^2 + \ldots\right) \tag{9.12}$$

mit $r_d = \sqrt{u_d^2 + v_d^2}$.

Eine derartige nichtlineare Verzerrung kann jedoch in den vorgestellten Verfahren zur 3-D-Rekonstruktion nicht berücksichtigt werden. Da die nichtlineare Verzerrung jedoch nur eine nichtlineare Transformation von verzerrten in unverzerrte Bildkoordinaten darstellt, kann eine Entzerrung als Vorverarbeitungsschritt für jede Kamera separat durchgeführt werden. Die resultierenden unverzerrten Koordinaten können dann für eine 3-D-Rekonstruktion entsprechend den Verfahren aus dem vorangegangenen Abschnitt verwendet werden.

9.3 Volumetrische Rekonstruktion

Die volumetrische Rekonstruktion benötigt im Gegensatz zur Stereotriangulation keine Disparitäten resultierend aus einer Stereoanalyse. Die fehlende Strukturinformation wird in diesem Verfahren durch eine höhere Anzahl von Kameraansichten ausgeglichen. Die Voraussetzung bei den folgenden Betrachtungen ist, dass die Kameras vollständig kalibriert sind, d. h. die intrinsischen und extrinsischen Parameter der Kameras liegen vor.

Die Grundlage der volumetrischen Rekonstruktion ist das *shape from silhouette*, (dt. Gestalt aus Silhouetten). Die Idee dieses Verfahrens ist es, aus der Kontur bzw. Silhouette von Objekten aus mehreren Ansichten die 3-D-Form des Objektes zu rekonstruieren. Dieses Konzept geht auf Arbeiten aus den siebziger Jahren zurück (Greenleaf et al. 1970, Baker 1977, Martin u. Aggarwal 1983) und wurde für Echtzeit-Anwendungen und neue interaktive 3-D-Anwendungen weiterentwickelt und verbessert (Laurentini 1994, Goldlücke u. Magnor 2003, Wu u. Matsuyama 2003). Man stelle sich die Ansichten von mehreren Kameras vor, die alle auf ein Objekt ausgerichtet sind. Verfolgt man nun in jeder Kamera die Kontur des Objektes in den Raum, so ergibt sich eine sichtbare Hülle (engl. *visual hull*) oder ein sichtbarer Konus Abb. 9.2.

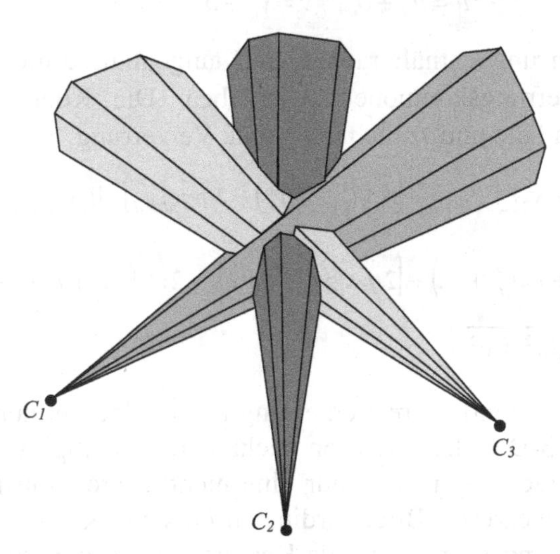

Abb. 9.2. Darstellung der sichtbaren Hülle als Schnittkegel

Die Koni der verschiedenen Ansichten schneiden sich im Raum und formen so die dreidimensionale Gestalt des Objektes. Alle 3-D-Punkte des Objektes müssen sich innerhalb dieses gemeinsamen Schnittkegels befinden. Es ist offensichtlich, dass durch eine genügend große Anzahl von Ansichten eine sehr genaue 3-D-Form des Objektes bestimmt werden kann. Dieses Verfahren birgt jedoch eine grundsätzliche Schwierigkeit, dass konkave Objektbereiche nicht registriert werden. Durch die gezielte Auswertung von Farbinformation ist es jedoch möglich solche Aushöhlungen der Objektkontur zu erkennen und die Objektform zu korrigieren (Seitz u. Dyer 1997, Eisert et al. 1999, Eisert et al. 2000, Kutulakos u. Seitz 2000).

Die Volumenbeschreibung des Objektes erfolgt dann durch ein sog. Voxel-Modell. Jeder 3-D-Punkt des Objektes wird durch ein Volumenelement dargestellt, dass sich in die Bildebenen der verschiedenen Kameraansichten projiziert (Abb. 9.3).

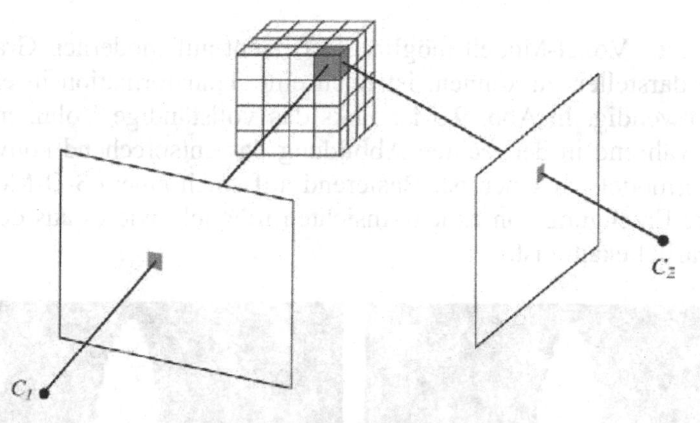

Abb. 9.3. Rückprojektion eines 3-D-Volumenelementes in die Kameraansichten

Es wird dann jedes Volumenelement zum Objekt gehörend gesetzt, wenn es vollständig in dem sichtbaren Konus jeder Kameraansicht enthalten ist. Die dreidimensionale Beschreibung der Szene durch Volumenelemente kann abhängig von der Auflösung zu sehr großen Datenmengen führen. Deshalb bietet sich hier eine hierarchische Datenstruktur an, die unter dem Begriff *octree* bekannt ist. Ausgehend von einem Volumenelement wird dieses in acht kleine Volumenelemente unterteilt und alle diejenigen zum Objekt gehörend markiert, die vollständig im Objekt liegen. Nun werden die Volumenelemente weiter unterteilt, die am Rand des Objektes liegen um dort eine genauere Anpassung an die Form des Objektes vorzunehmen. In Abb. 9.4 sind für verschiedene Stufen der Octree-Zerlegung die Voxel-Modelle eines Tempels dargestellt.

Abb. 9.4. Octree-Darstellung eines Tempels in verschiedenen Auflösungsstufen (Quelle: A. Smolic, FhG/HHI)

Es ist deutlich zu sehen, wie durch weitere Unterteilung der Volumenelemente die Details des 3-D-Objektes immer genauer herausgearbeitet werden.

Um dieses Voxel-Modell möglichst effizient auf modernen Grafikprozessoren darstellen zu können, ist noch eine Transformation in ein 3-D-Gitter notwendig. In Abb. 9.5 ist links das vollständige Volumenmodell gezeigt, während in der rechten Abbildung das entsprechend konvertierte 3-D-Gittermodell zu sehen ist. Basierend auf solch einem 3-D-Modell ist dann eine Erzeugung von neuen Ansichten möglich, wie es aus der Computer-Grafik bekannt ist.

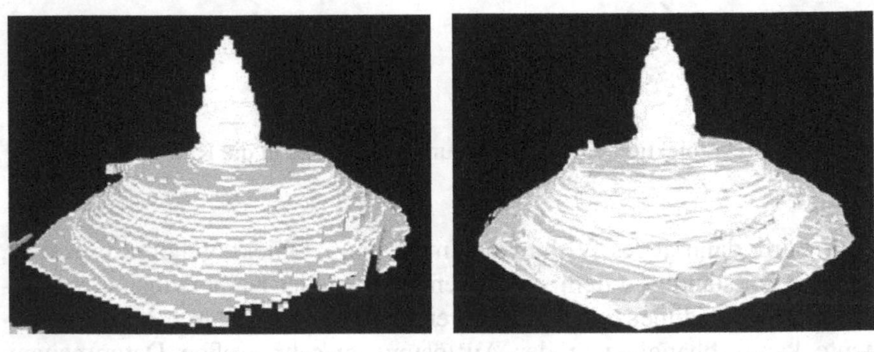

Abb. 9.5. Endgültiges Volumenmodell (links) und entsprechendes 3-D-Gittermodell (rechts) (Quelle: A. Smolic, FhG/HHI)

9.4 Zusammenfassung

In allen Anwendungen, bei denen es auf die Kenntnis der tatsächlichen Szenengeometrie im 3-D-Raum ankommt, ist die Stereotriangulation von wesentlicher Bedeutung. Sie kann z. B. zur Bestimmung von Hindernissen bei der Navigation mobiler Roboter eingesetzt werden. Aber auch die Erzeugung von 3-D-Modellen aus natürlichen Szenen ist mittels 3-D-Rekonstruktion möglich. Man muss jedoch berücksichtigen, mit welcher Auflösung und Genauigkeit die Punktkorrespondenzen bestimmt wurden, da jeder Fehler bei der Stereoanalyse direkt in die 3-D-Rekonstruktion einfließt. Durch Verwendung geeigneter Glättungsmethoden ist es jedoch auch im rekonstruierten Modell noch möglich, fehlerhaft rekonstruierte 3-D-Punkte zu eliminieren bzw. durch geeignete Werte seiner Umgebung zu ersetzen.

Die Erzeugung von volumetrischen Modellen basierend auf *shape from silhouette* ist besonders für statische Objekte geeignet. Durch genügend Kameraaufnahmen kann damit sehr schnell ein ansprechendes dreidimensionales Modell erstellt werden, das dann zur Erzeugung neuer Ansichten geeignet ist.

- Für die euklidische Rekonstruktion eines 3-D-Punktes ist ein vollständig kalibriertes Stereokamerasystem erforderlich.
- Die optischen Strahlen zweier korrespondierender Abbildungen in zwei Stereoansichten schneiden sich im Allgemeinen nicht.
- Eine Bestimmung des 3-D-Punktes erreicht man durch eine lineare Optimierung im Sinne des kleinsten Fehlerquadrates. Dabei wird angenommen, dass sich der 3-D-Punkt auf der Mitte der kürzesten Verbindung zwischen den optischen Strahlen befindet.
- Bei vielen Kameraaufnahmen eines Objektes kann auf die Stereoanalyse verzichtet und die Form des Objektes aus seiner Silhouette bestimmt werden.
- Die Silhouetten mehrerer Ansichten formen einen sichtbaren Konus, der zur Erzeugung eines Voxelmodells dient.
- Eine Octree-Datenrepräsentation des volumetrischen Modells ermöglicht eine effiziente Darstellung komplexer hochaufgelöster 3D-Modelle.

10 Die Geometrie von drei Ansichten

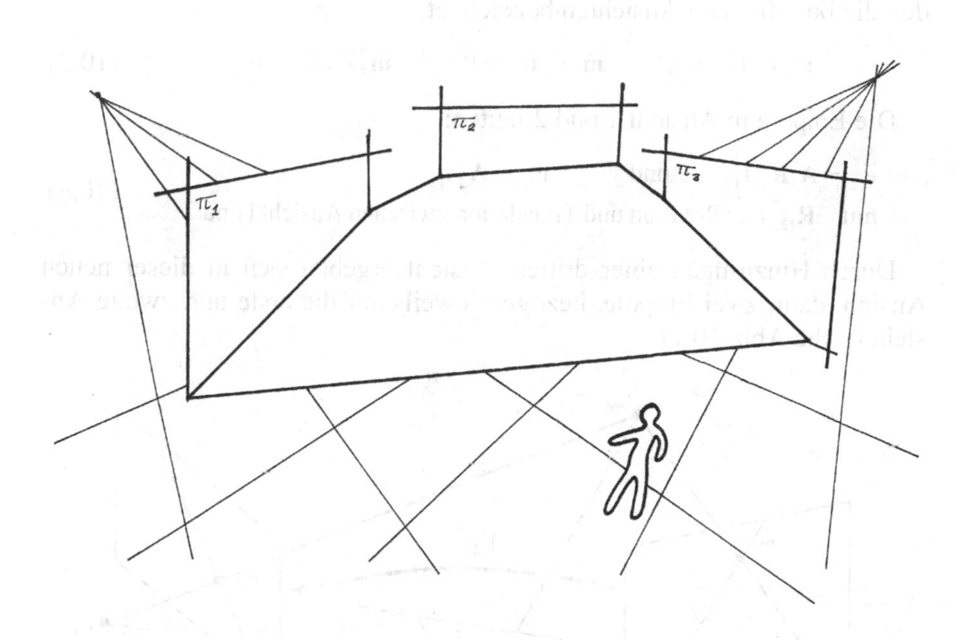

10.1 Einleitung

In Kapitel 4 „*Die Epipolargeomtrie*" wurden die geometrischen Beziehungen zwischen zwei Ansichten hergeleitet. Im Wesentlichen wird diese Beziehung durch die Epipolargleichung ausgedrückt:

$$\tilde{\mathbf{m}}_2^{\ T}\mathbf{A}_2^{-T}\mathbf{E}\mathbf{A}_1^{-1}\tilde{\mathbf{m}}_2 = \tilde{\mathbf{m}}_2^{\ T}\mathbf{F}\tilde{\mathbf{m}}_1 = 0 \qquad \text{mit} \quad \mathbf{F} = \mathbf{A}_2^{-T}\mathbf{E}\mathbf{A}_1^{-1} \tag{10.1}$$

Die 3×3-Matrix **F** wird *Fundamental*-Matrix genannt und beschreibt vollständig die Epipolargeometrie in Pixelkoordinaten, da sie sowohl die intrinsischen Parameter der beiden Kameras, als auch die extrinsischen Parameter der euklidischen Transformation enthält. Die Gleichungen für die Epipolarlinien in beiden Bildern lauten schließlich:

$$\mathbf{l}_2 = \mathbf{F}\widetilde{\mathbf{m}}_1 \quad \text{und} \quad \mathbf{l}_1 = \mathbf{F}^T\widetilde{\mathbf{m}}_2 \tag{10.2}$$

Mit Hilfe der Epipolargleichung ist eindeutig festgelegt, dass für einen Bildpunkt in einer Ansicht der korrespondierende Bildpunkt in der anderen Ansicht auf der entsprechenden Epipolarlinie liegen muss. Es stellt sich nun die Frage, ob sich durch Hinzunahme einer weiteren Ansicht zusätzliche Information hinsichtlich der Bildpunktkorrespondenzen ergibt.

Bei drei Ansichten erhält man drei Epipolargleichungen, wobei der Index die betreffenden Ansichten bezeichnet.

$$\widetilde{\mathbf{m}}_2^T\mathbf{F}_{21}\widetilde{\mathbf{m}}_1 = 0, \qquad \widetilde{\mathbf{m}}_3^T\mathbf{F}_{31}\widetilde{\mathbf{m}}_1 = 0, \qquad \widetilde{\mathbf{m}}_3^T\mathbf{F}_{32}\widetilde{\mathbf{m}}_2 = 0 \tag{10.3}$$

Die Epipole in Ansicht 1 und 2 lauten:

$$\begin{aligned} &\widetilde{\mathbf{e}}_{12} = \mathbf{A}_1\mathbf{R}_{12}^T\mathbf{t}_{12} \quad \text{und} \quad \widetilde{\mathbf{e}}_{21} = \mathbf{A}_2\mathbf{t}_{12} \\ &\text{mit} \quad \mathbf{R}_{12}, \mathbf{t}_{12} : \text{Rotation und Translation zwischen Ansicht 1 und 2} \end{aligned} \tag{10.4}$$

Durch Hinzufügen einer dritten Ansicht ergeben sich in dieser neuen Ansicht dann zwei Epipole, bezogen jeweils auf die erste und zweite Ansicht (siehe Abb. 10.1).

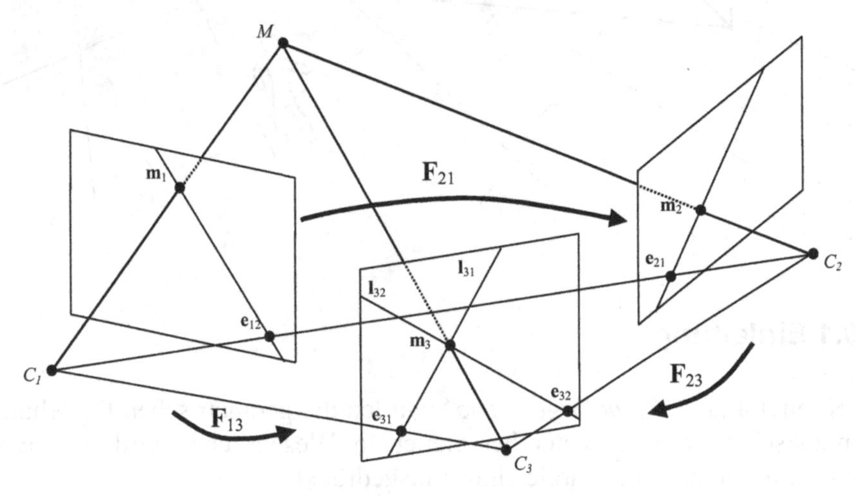

Abb. 10.1. Die erweiterte Epipolargeometrie für drei Ansichten

$$\begin{aligned} &\widetilde{\mathbf{e}}_{31} = \mathbf{A}_3\mathbf{R}_{31}^T\mathbf{t}_{31} \quad \text{und} \quad \widetilde{\mathbf{e}}_{32} = \mathbf{A}_3\mathbf{R}_{32}^T\mathbf{t}_{32} \\ &\text{mit} \quad \mathbf{R}_{3i}, \mathbf{t}_{3i} : \text{Rotation und Translation zwischen Ansicht 3 und} \\ &\qquad \text{Ansicht } i\text{, der Ursprung liegt jeweils in Ansicht } i \end{aligned} \tag{10.5}$$

Sind nun die Punktkorrespondenzen zwischen Ansicht 1 und 2 bekannt, so können die entsprechenden Epipolarlinien in Ansicht 3 berechnet werden (Faugeras u. Robert 1996):

$$\mathbf{l}_{31} = \mathbf{F}_{13}\tilde{\mathbf{m}}_1 \qquad \text{und} \qquad \mathbf{l}_{32} = \mathbf{F}_{23}\tilde{\mathbf{m}}_2 \tag{10.6}$$

Damit ist es nun möglich, die entsprechende Punktkorrespondenz in der dritten Ansicht durch Bestimmung des Schnittpunktes der beiden Epipolarlinien in Ansicht 3 zu berechnen.

$$\tilde{\mathbf{m}}_3 = \mathbf{l}_{31} \times \mathbf{l}_{32} = \left(\mathbf{F}_{13}\tilde{\mathbf{m}}_1\right) \times \left(\mathbf{F}_{23}\tilde{\mathbf{m}}_2\right) \tag{10.7}$$

Während also bei zwei Ansichten über die Fundamental-Matrix nur die Epipolarlinie im zweiten Bild berechnet werden kann, auf der dann die korrespondierende Abbildung liegt, erhält man bei bekannter Epipolargeometrie zwischen drei Ansichten und einer Punktkorrespondenz eine eindeutige Position für die entsprechende Bildpunktposition in der dritten Ansicht.

10.2 Die trifokale Ebene

Die Epipolarebene im bifokalen Stereo ist durch die beiden Brennpunkte und einen 3-D-Punkt festgelegt. Die Orientierung der Epipolarebene ist damit von der Position des 3-D-Punktes im Raum abhängig und man erhält für alle 3-D-Punkte im Raum ein Epipolarebenenbüschel, die um die Verbindungsachse zwischen beiden optischen Zentren rotiert. Analog zur Epipolarebene existiert bei drei Ansichten, dem trifokalen Stereo, eine trifokale Ebene. Diese Ebene wird durch die drei optischen Zentren der drei Ansichten festgelegt und ist somit unabhängig von allen Punkten im Raum (siehe Abb. 10.2). Auch die trifokale Ebene liefert Schnittgeraden in den jeweiligen Ansichten, wobei diese eine Besonderheit aufweisen. Da auch die Epipole in der trifokalen Ebene liegen, ergibt sich für 3-D Punkte auf der trifokalen Ebene ein Spezialfall. Die entsprechenden Epipolarlinien in Ansicht 3 sind für diese 3-D Punkte identisch. Damit ergibt sich für die Punktkorrespondenz in der dritten Ansicht kein Schnittpunkt, sondern eine Schnittgerade und die Bestimmung des Schnittpunktes ist nicht möglich. Allerdings schneidet die trifokale Ebene nur in bestimmten Kameraanordnungen die dritte Ansicht, wie aus Abb. 10.2 zu ersehen ist. Diese Anordnung bezeichnet man als singulären Fall, da für Punkte, die auf oder in der Nähe der trifokalen Ebene liegen, kein zuverlässiger Schnittpunkt berechnet werden kann.

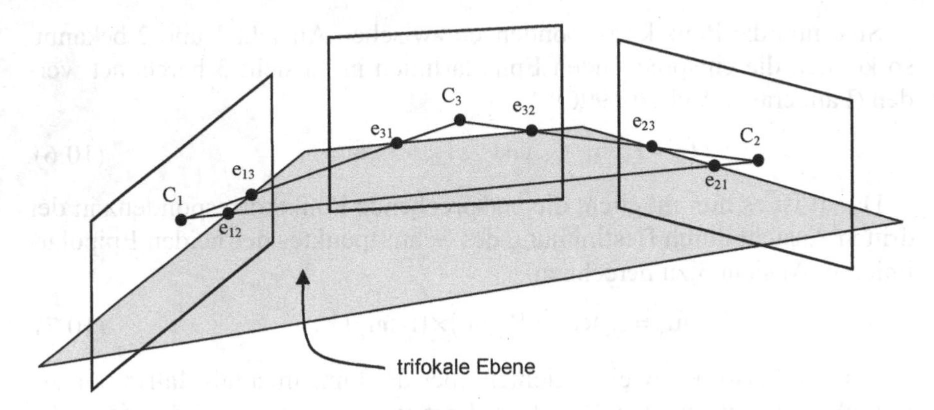

Abb. 10.2. Darstellung der trifokalen Ebene

Durch wie viele Freiheitsgrade ist nun die Geometrie zwischen drei Ansichten bestimmt? Wie aus den Betrachtungen zur Epipolargeometrie bekannt ist, kann die Epipolarlinie in einer zweiten Ansicht durch einen Punkt in der ersten Ansicht und die entsprechende Fundamental-Matrix berechnet werden. Überträgt man diese Beziehung auf drei Ansichten unter Verwendung der Epipole, so erhält man folgende Bedingungen für die Geometrie zwischen den drei Ansichten, die unabhängig von der Szene sind.

$$\mathbf{F}_{13}\widetilde{\mathbf{e}}_{13} = \widetilde{\mathbf{e}}_{31} \times \widetilde{\mathbf{e}}_{32}, \qquad \mathbf{F}_{32}\widetilde{\mathbf{e}}_{32} = \widetilde{\mathbf{e}}_{21} \times \widetilde{\mathbf{e}}_{23}, \qquad \mathbf{F}_{21}\widetilde{\mathbf{e}}_{21} = \widetilde{\mathbf{e}}_{12} \times \widetilde{\mathbf{e}}_{13} \tag{10.8}$$

Die drei Fundamental-Matrizen verfügen über 7 Freiheitsgrade, das entspricht 21 Freiheitsgraden für drei Ansichten. Abzüglich der in Gl. (10.8) angeführten Bedingungen verbleiben 18 Freiheitsgrade für die Geometrie zwischen drei Ansichten. Voraussetzung ist jedoch, dass die Kameras bzw. die optischen Zentren nicht kollinear angeordnet sind.

10.3 Anwendung des trifokalen Stereo

Basierend auf drei Ansichten einer Szene kann die Korrespondenzanalyse wesentlich verbessert werden. Durch die zusätzliche Ansicht können berechnete Korrespondenzen in den ersten beiden Ansichten nochmals überprüft werden. Dabei wurde festgestellt, dass der Anteil der richtig bestimmten Disparitäten um 40% erhöht werden kann (Falkenhagen 1997). Gleichzeitig erhöht sich auch die Genauigkeit der Punktkorrespondenzen. Dies gilt natürlich nur für die 3-D-Punkte, die in allen drei Ansichten sichtbar sind. Durch die zusätzliche dritte Ansicht ist nun auch eine Disparitätsanalyse für vormals verdeckte Bereiche möglich, wobei dann allerdings keine Überprüfung der Zuverlässigkeit der Punktkorrespondenz in der dritten Ansicht durchgeführt werden kann, da diese ja dort verdeckt ist. Ein etwas komplexeres Verfahren ist die Korrespondenzanalyse zwischen jeweils benachbarten Stereoansichten. Durch einen kreuzweisen Vergleich der Ergebnisse ist eine weitere Verbesserung zu erzielen (Faugeras 1993, Mulligan u. Daniilidis 2000, Mulligan et al. 2001).

Die Beziehung zwischen drei Ansichten kann auch für die Synthese von neuen Ansichten genutzt werden, indem die dritte Ansicht als neue virtuelle Ansicht interpretiert wird. Eine genauere Darstellung dieses Verfahrens findet sich im Kapitel 11 „*Bildbasierte Synthese*".

10.4 Der projektive Parameter

Es stellt sich nun die Frage, ob über die Erweiterung der Epipolargeometrie hinaus eine mathematische Beziehung zwischen drei Ansichten existiert, welche den singulären Fall ausschließt. Dazu ist die Einführung des projektiven Parameters λ_π hilfreich. Im Kapitel 6 „*Die Homographie zwischen zwei Ansichten*" wurde die verallgemeinerte Disparitätsgleichung definiert, welche den generellen Zusammenhang zwischen den Abbildungen eines Raumpunktes in den Ansichten I_1 und I_2 definiert, lautet:

$$\tilde{\mathbf{m}}_2 = \mathbf{A}_2\mathbf{R}\mathbf{A}_1^{-1}\tilde{\mathbf{m}}_1 + \frac{1}{Z_1}\mathbf{A}_2\mathbf{t} \tag{10.9}$$

Unter Verwendung der Ebene im Unendlichen $\mathbf{H}_\infty$ und dem Epipol in Ansicht 2 kann die Disparitätsgleichung auf folgende Weise umformuliert werden.

$$\tilde{\mathbf{m}}_2 = \mathbf{A}_2\mathbf{R}\mathbf{A}_1^{-1}\tilde{\mathbf{m}}_1 + \frac{1}{Z_1}\mathbf{A}_2\mathbf{t} = \mathbf{H}_\infty\tilde{\mathbf{m}}_1 + \frac{1}{Z_1}\tilde{\mathbf{e}}_2 \quad \text{mit } \mathbf{H}_\infty = \mathbf{A}_2\mathbf{R}\mathbf{A}_1^{-1} \quad \text{und} \quad \tilde{\mathbf{e}}_2 = \mathbf{A}_2\mathbf{t} \tag{10.10}$$

Weiterhin wurde in Kapitel 6 die Homographie koplanarer Punkte hergeleitet, die wie folgt definiert ist:

$$\tilde{\mathbf{m}}_2 = \mathbf{A}_2\mathbf{R}\mathbf{A}_1^{-1}\tilde{\mathbf{m}}_1 + \mathbf{A}_2\mathbf{t}\frac{\mathbf{n}^T\mathbf{A}_1^{-1}}{d_\pi}\tilde{\mathbf{m}}_1 = \mathbf{H}_\pi\tilde{\mathbf{m}}_1 \quad \text{mit} \quad \mathbf{H}_\pi = \mathbf{A}_2\left(\mathbf{R}\mathbf{A}_1^{-1} + \mathbf{t}\frac{\mathbf{n}^T\mathbf{A}_1^{-1}}{d_\pi}\right) \tag{10.11}$$

Diese Beziehung stellt einen linearen Zusammenhang für korrespondierende Punkte in Ansicht 1 und 2 unter der Bedingung her, dass die dazugehörigen 3-D-Punkte auf einer definierten Ebene im Raum liegen.

Nun soll die Disparitätsgleichung für einen nicht auf der Ebene π liegenden Raumpunkt durch die auf die Ebene π bezogene Homographie ausgedrückt werden. Damit muss der Term $\mathbf{A}_2\mathbf{R}\mathbf{A}_1^{-1}\tilde{\mathbf{m}}_1$ in Gl. (10.10) durch $\mathbf{H}_\pi\tilde{\mathbf{m}}_1$ in Gl. (10.11) dargestellt werden. Aus Gl. (10.11) erhält man:

$$\mathbf{A}_2\mathbf{R}\mathbf{A}_1^{-1}\tilde{\mathbf{m}}_1 = \mathbf{H}_\pi\tilde{\mathbf{m}}_1 - \mathbf{A}_2\mathbf{t}\frac{\mathbf{n}^T\mathbf{A}_1^{-1}}{d_\pi}\tilde{\mathbf{m}}_1 = \mathbf{H}_\pi\tilde{\mathbf{m}}_1 - \frac{1}{d_\pi}\tilde{\mathbf{e}}_2\mathbf{n}^T\mathbf{A}_1^{-1}\tilde{\mathbf{m}}_1\,. \qquad (10.12)$$

In Gl. (10.10) eingesetzt, liefert das folgende Beziehung:

$$\begin{aligned}\tilde{\mathbf{m}}_2 &= \mathbf{H}_\pi\tilde{\mathbf{m}}_1 - \frac{1}{d_\pi}\tilde{\mathbf{e}}_2\mathbf{n}^T\mathbf{A}_1^{-1}\tilde{\mathbf{m}}_1 + \frac{1}{Z_1}\tilde{\mathbf{e}}_2 \\ &= \mathbf{H}_\pi\tilde{\mathbf{m}}_1 + \left[\frac{d_\pi - \mathbf{n}^T Z_1\mathbf{A}_1^{-1}\tilde{\mathbf{m}}_1}{Z_1 d_\pi}\right]\tilde{\mathbf{e}}_2 = \mathbf{H}_\pi\tilde{\mathbf{m}}_1 + \lambda_\pi\tilde{\mathbf{e}}_2\end{aligned} \qquad (10.13)$$

Der Zähler von λ_π kann als d abgekürzt werden (siehe Gl. (10.14)) und dieser bezeichnet den senkrechten Abstand des Punktes M_w von der Ebene π. Er ist negativ, wenn der Punkt hinter der Ebene liegt, ansonsten ist der Abstand positiv:

$$d = d_\pi - \mathbf{n}^T\left(Z_1\mathbf{A}_1^{-1}\tilde{\mathbf{m}}_1\right) = d_\pi - \mathbf{n}^T M_w \qquad (10.14)$$

Den Parameter λ_π bezeichnet man als *relativen Pseudoabstand*:

$$\lambda_\pi = \frac{d_\pi - \mathbf{n}^T\left(Z_1\mathbf{A}_1^{-1}\tilde{\mathbf{m}}\right)}{Z_1\, d_\pi} = \lambda\frac{d}{d_\pi} \quad \text{mit} \quad \lambda = \frac{1}{Z} \qquad (10.15)$$

Dieser Pseudoabstand ist nur durch Größen der ersten Ansicht I_1 bestimmt. Unter Betrachtung des Abstandes d können folgende Schlussfolgerungen gezogen werden:

Liegt M_w auf der Ebene π, so gilt mit $d_\pi = \mathbf{n}^T M_w$: $\lambda_\pi = 0$

Liegt M_w vor der Ebene π, so gilt mit $d_\pi \geq \mathbf{n}^T M_w$: $\lambda_\pi \geq 0$

Liegt M_w hinter der Ebene π, so gilt mit $d_\pi \leq \mathbf{n}^T M_w$: $\lambda_\pi \leq 0$

Liegt die Fläche im Unendlichen, so gilt mit: $d_\pi \to \infty : \lambda_\pi = \lambda = 1/Z$

In diesem letzten Fall ist also der projektive Parameter λ_π umgekehrt proportional zum Abstand des Punktes von Kamera 1. In Abb. 10.3 sind die genannten Größen anschaulich dargestellt.

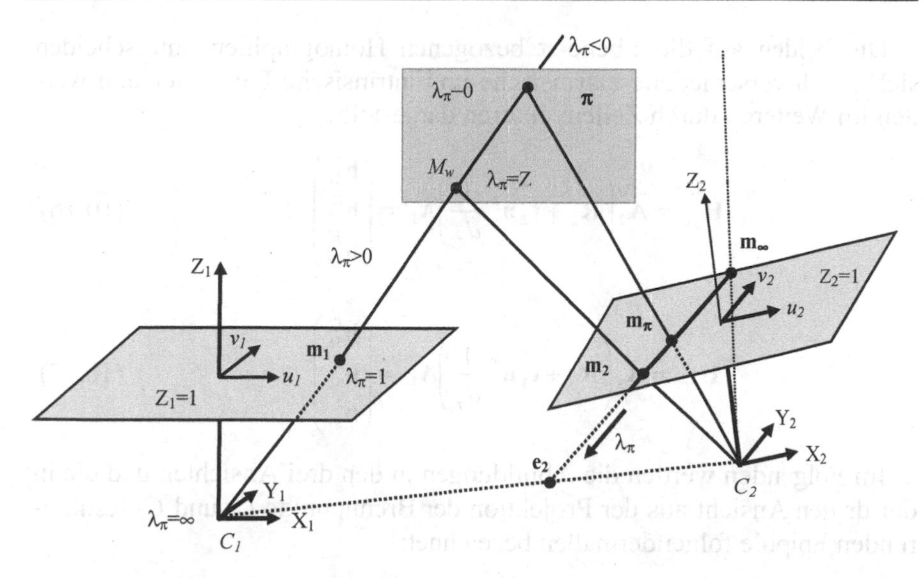

Abb. 10.3. Darstellung der verallgemeinerten Disparitätsgleichung unter Verwendung des projektiven Parameters λ_π

Die im vorangegangenen Abschnitt beschriebenen Zusammenhänge können nun auf eine dritte Ansicht I_3 erweitert werden. Demnach existieren die Epipole $\mathbf{e}_2$ und $\mathbf{e}_3$, welche die Abbildung des optischen Zentrums der Ansicht I_1 auf die Ansichten I_2 und I_3 sind. Der projektive Parameter λ_π beschreibt also unabhängig von der Ansicht die gleiche Position auf dem Sehstrahl (siehe Abb. 10.4).

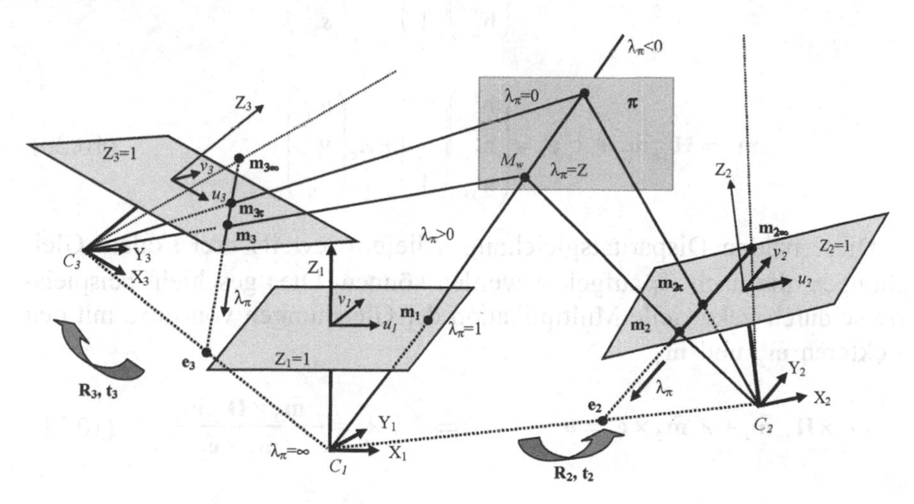

Abb. 10.4. Der projektive Parameter λ_π bei drei Ansichten

Die beiden auf die Ebene π bezogenen Homographien unterscheiden sich durch verschiedene extrinsische und intrinsische Parameter und werden im Weiteren durch Zeilenvektoren dargestellt:

$$\mathbf{H}_{2\pi} = \mathbf{A}_2\left(\mathbf{R}_2 + \mathbf{t}_2\mathbf{n}^T\frac{1}{d_\pi}\right)\mathbf{A}_1^{-1} = \begin{pmatrix}\mathbf{h}_{21}^T\\ \mathbf{h}_{22}^T\\ \mathbf{h}_{23}^T\end{pmatrix} \tag{10.16}$$

$$\mathbf{H}_{3\pi} = \mathbf{A}_3\left(\mathbf{R}_3 + \mathbf{t}_3\mathbf{n}^T\frac{1}{d_\pi}\right)\mathbf{A}_1^{-1} = \begin{pmatrix}\mathbf{h}_{31}^T\\ \mathbf{h}_{32}^T\\ \mathbf{h}_{33}^T\end{pmatrix} \tag{10.17}$$

Im Folgenden werden die Abbildungen in den drei Ansichten und die in der dritten Ansicht aus der Projektion der Brennpunkte C_1 und C_2 resultierenden Epipole folgendermaßen bezeichnet:

$$\widetilde{\mathbf{m}}_1 = \begin{pmatrix}u_1\\ v_1\\ 1\end{pmatrix},\quad \widetilde{\mathbf{m}}_2 = \begin{pmatrix}u_2\\ v_2\\ 1\end{pmatrix},\quad \widetilde{\mathbf{m}}_3 = \begin{pmatrix}u_3\\ v_3\\ 1\end{pmatrix},\quad \widetilde{\mathbf{e}}_2 = \begin{pmatrix}u_{2e}\\ v_{2e}\\ s_{2e}\end{pmatrix},\quad \mathbf{e}_3 = \begin{pmatrix}u_{3e}\\ v_{3e}\\ s_{3e}\end{pmatrix} \tag{10.18}$$

Unter Verwendung der Homographien lauten dann die Disparitätsgleichungen zwischen den Ansichten I_1 und I_2, bzw. zwischen den Ansichten I_1 und I_3 entsprechend Gl. (10.19) und Gl. (10.20).

$$\widetilde{\mathbf{m}}_2 = \mathbf{H}_{2\pi}\widetilde{\mathbf{m}}_1 + \lambda_\pi\widetilde{\mathbf{e}}_2 = \begin{pmatrix}\mathbf{h}_{21}^T\\ \mathbf{h}_{22}^T\\ \mathbf{h}_{23}^T\end{pmatrix}\begin{pmatrix}u_1\\ v_1\\ 1\end{pmatrix} + \lambda_\pi\begin{pmatrix}u_{2e}\\ v_{2e}\\ s_{2e}\end{pmatrix} \tag{10.19}$$

$$\widetilde{\mathbf{m}}_3 = \mathbf{H}_{3\pi}\widetilde{\mathbf{m}}_1 + \lambda_\pi\widetilde{\mathbf{e}}_3 = \begin{pmatrix}\mathbf{h}_{31}^T\\ \mathbf{h}_{32}^T\\ \mathbf{h}_{33}^T\end{pmatrix}\begin{pmatrix}u_1\\ v_1\\ 1\end{pmatrix} + \lambda_\pi\begin{pmatrix}u_{3e}\\ v_{3e}\\ s_{3e}\end{pmatrix} \tag{10.20}$$

Diese beiden Disparitätsgleichungen liefern jeweils drei skalare Gleichungen, die nach λ_π aufgelöst werden können. Dies geschieht beispielsweise durch vektorielle Multiplikation der Gleichungen von links mit den Vektoren $\widetilde{\mathbf{m}}_2$ und $\widetilde{\mathbf{m}}_3$.

$$\widetilde{\mathbf{m}}_2 \times \mathbf{H}_{2\pi}\widetilde{\mathbf{m}}_1 + \lambda_\pi\widetilde{\mathbf{m}}_2 \times \widetilde{\mathbf{e}}_2 = \mathbf{0} \qquad \Rightarrow \qquad \lambda_\pi = -\frac{\widetilde{\mathbf{m}}_2 \times \mathbf{H}_{2\pi}\widetilde{\mathbf{m}}_1}{\widetilde{\mathbf{m}}_2 \times \widetilde{\mathbf{e}}_2} \tag{10.21}$$

$$\widetilde{\mathbf{m}}_3 \times \mathbf{H}_{3\pi}\widetilde{\mathbf{m}}_1 + \lambda_\pi \widetilde{\mathbf{m}}_3 \times \widetilde{\mathbf{e}}_3 = \mathbf{0} \qquad \Rightarrow \qquad \lambda_\pi = -\frac{\widetilde{\mathbf{m}}_3 \times \mathbf{H}_{3\pi}\widetilde{\mathbf{m}}_1}{\widetilde{\mathbf{m}}_3 \times \widetilde{\mathbf{e}}_3} \tag{10.22}$$

Durch Ausmultiplizieren ergeben sich neun kreuzweise Identitäten zwischen den sechs Gleichungen für den projektiven Parameter λ_π. Diese Identitäten werden als *Trilinearitäten* bezeichnet (Shashua 1997, Avidan u. Shashua 1997a).

$$\frac{(u_2\mathbf{h}_{23} - \mathbf{h}_{21})^T \widetilde{\mathbf{m}}_1}{u_{2e} - u_2 s_{2e}} = \frac{(v_2\mathbf{h}_{23} - \mathbf{h}_{22})^T \widetilde{\mathbf{m}}_1}{v_{2e} - v_2 s_{2e}} = \frac{(u_2\mathbf{h}_{22} - v_2\mathbf{h}_{21})^T \widetilde{\mathbf{m}}_1}{v_2 u_{2e} - u_2 v_{2e}} \tag{10.23}$$

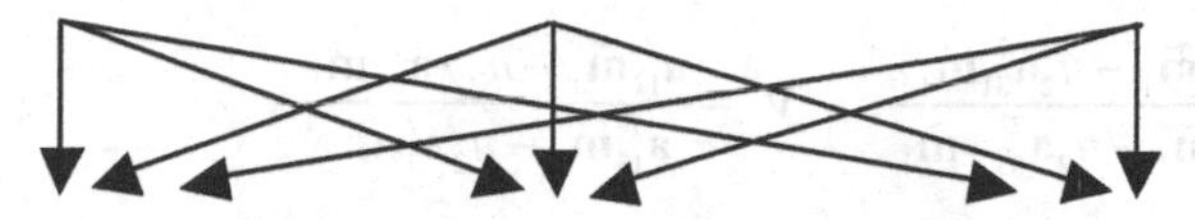

$$\frac{(u_3\mathbf{h}_{33} - \mathbf{h}_{31})^T \widetilde{\mathbf{m}}_1}{u_{3e} - u_3 s_{3e}} = \frac{(v_3\mathbf{h}_{33} - \mathbf{h}_{32})^T \widetilde{\mathbf{m}}_1}{v_{3e} - v_3 s_{3e}} = \frac{(u_3\mathbf{h}_{32} - v_3\mathbf{h}_{31})^T \widetilde{\mathbf{m}}_1}{v_3 u_{3e} - u_3 v_{3e}} \tag{10.24}$$

Von diesen neun Gleichungen sind jedoch nur vier linear unabhängig, die sog. vier Basis-Trilinearitäten. Durch Ausmultiplizieren und Zusammenfassen mittels des doppelt indizierten Vektors $\mathbf{a}_{ij}$ erhält man die Basis-Trilinearitäten wie folgt:

$$\begin{aligned} u_3\mathbf{a}_{13}^T\widetilde{\mathbf{m}}_1 - u_3u_2\mathbf{a}_{33}^T\widetilde{\mathbf{m}}_1 + u_2\mathbf{a}_{31}^T\widetilde{\mathbf{m}}_1 - \mathbf{a}_{11}^T\widetilde{\mathbf{m}}_1 = 0 \\ v_3\mathbf{a}_{13}^T\widetilde{\mathbf{m}}_1 - v_3u_2\mathbf{a}_{33}^T\widetilde{\mathbf{m}}_1 + u_2\mathbf{a}_{32}^T\widetilde{\mathbf{m}}_1 - \mathbf{a}_{12}^T\widetilde{\mathbf{m}}_1 = 0 \end{aligned} \tag{10.25}$$

$$\begin{aligned} u_3\mathbf{a}_{23}^T\widetilde{\mathbf{m}}_1 - u_3v_2\mathbf{a}_{33}^T\widetilde{\mathbf{m}}_1 + v_2\mathbf{a}_{31}^T\widetilde{\mathbf{m}}_1 - \mathbf{a}_{21}^T\widetilde{\mathbf{m}}_1 = 0 \\ v_3\mathbf{a}_{23}^T\widetilde{\mathbf{m}}_1 - v_3v_2\mathbf{a}_{33}^T\widetilde{\mathbf{m}}_1 + v_2\mathbf{a}_{32}^T\widetilde{\mathbf{m}}_1 - \mathbf{a}_{22}^T\widetilde{\mathbf{m}}_1 = 0 \end{aligned} \tag{10.26}$$

mit

$$\begin{aligned} &\mathbf{a}_{11}^T = u_{2e}\mathbf{h}_{31}^T - u_{3e}\mathbf{h}_{21}^T \quad &\mathbf{a}_{12}^T = u_{2e}\mathbf{h}_{32}^T - v_{3e}\mathbf{h}_{21}^T \quad &\mathbf{a}_{13}^T = u_{2e}\mathbf{h}_{33}^T - s_{3e}\mathbf{h}_{21}^T \\ &\mathbf{a}_{21}^T = v_{2e}\mathbf{h}_{31}^T - u_{3e}\mathbf{h}_{22}^T \quad &\mathbf{a}_{22}^T = v_{2e}\mathbf{h}_{32}^T - v_{3e}\mathbf{h}_{22}^T \quad &\mathbf{a}_{23}^T = v_{2e}\mathbf{h}_{33}^T - s_{3e}\mathbf{h}_{22}^T \\ &\mathbf{a}_{31}^T = s_{2e}\mathbf{h}_{31}^T - u_{3e}\mathbf{h}_{23}^T \quad &\mathbf{a}_{32}^T = s_{2e}\mathbf{h}_{32}^T - v_{3e}\mathbf{h}_{23}^T \quad &\mathbf{a}_{33}^T = s_{2e}\mathbf{h}_{33}^T - s_{3e}\mathbf{h}_{23}^T \end{aligned} \tag{10.27}$$

Der Vektor $\mathbf{a}_{ij}$ enthält dabei die Zeilenvektoren der Homographie-Matrizen $\mathbf{H}_{2\pi}$ und $\mathbf{H}_{3\pi}$ sowie die Epipole $\widetilde{\mathbf{e}}_2$ und $\widetilde{\mathbf{e}}_3$. Die Definition der Basis-Trilinearitäten über die Homographie-Matrizen $\mathbf{H}_{2\pi}$, $\mathbf{H}_{3\pi}$ für eine beliebige Fläche im Raum, kann auch durch die Homographie-Matrizen $\mathbf{H}_{2\infty}$, $\mathbf{H}_{3\infty}$ bezogen auf die Ebene im Unendlichen umformuliert werden. Liegt ein kalibriertes Kamerasystem vor, so können direkt die Basis-

Trilinearitäten berechnet werden. Weitere Ausführungen dazu folgen im Abschnitt 10.5.1 zur Berechnung des trifokalen Tensors.

Damit steht ein Formalismus zur Verfügung, der sowohl die Geometrie zwischen den drei Ansichten enthält als auch die entsprechenden Abbildungen eines 3-D-Punktes im Raum in den Ansichten I_1, I_2 und I_3. Der projektive Parameter λ_π, der die Tiefenkomponente des 3-D-Punktes enthielt, konnte eliminiert werden.

Aus Gl. (10.25) können so z. B. bei vorliegenden Punktkorrespondenzen zwischen der ersten und zweiten Ansicht die Koordinaten des Punktes in der dritten Ansicht berechnet werden:

$$u_3 = \frac{\mathbf{a}_{11}^T \widetilde{\mathbf{m}}_1 - u_2 \mathbf{a}_{31}^T \widetilde{\mathbf{m}}_1}{\mathbf{a}_{13}^T \widetilde{\mathbf{m}}_1 - u_2 \mathbf{a}_{33}^T \cdot \widetilde{\mathbf{m}}_1}, \quad v_3 = \frac{\mathbf{a}_{12}^T \widetilde{\mathbf{m}}_1 - u_2 \cdot \mathbf{a}_{32}^T \widetilde{\mathbf{m}}_1}{\mathbf{a}_{13}^T \widetilde{\mathbf{m}}_1 - u_2 \mathbf{a}_{33}^T \widetilde{\mathbf{m}}_1} \tag{10.28}$$

Entsprechend ergibt sich aus Gl. (10.26) die folgende Beziehung.

$$u_3 = \frac{\mathbf{a}_{21}^T \widetilde{\mathbf{m}}_1 - v_2 \mathbf{a}_{31}^T \widetilde{\mathbf{m}}_1}{\mathbf{a}_{23}^T \widetilde{\mathbf{m}}_1 - v_2 \mathbf{a}_{33}^T \widetilde{\mathbf{m}}_1}, \quad v_3 = \frac{\mathbf{a}_{22}^T \widetilde{\mathbf{m}}_1 - v_2 \mathbf{a}_{32}^T \widetilde{\mathbf{m}}_1}{\mathbf{a}_{23}^T \widetilde{\mathbf{m}}_1 - v_2 \mathbf{a}_{33}^T \widetilde{\mathbf{m}}_1} \tag{10.29}$$

Der Unterschied zwischen Gl. (10.28) und Gl. (10.29) besteht in der Auswahl der Koordinaten der zweiten Ansicht und liegt in der Diskretisierung der Bildkoordinaten begründet. Die Basis-Trilinearitäten stellen im Prinzip die Beziehung der Abbildungen über den projektiven Parameter λ_π her. Liegen ideale Koordinaten vor, so befindet sich der korrespondierende Bildpunkt $\mathbf{m}_2$ in Abb. 10.4 exakt auf der Epipolarlinie in Ansicht 2. Aufgrund der diskreten Bildkoordinaten muss dies jedoch nicht der Fall sein. Deshalb wird abhängig von der Steigung der Epipolarlinie die Koordinate des Bildpunktes $\mathbf{m}_2$ verwendet, die zu einer exakten Lokalisierung auf der Epipolarlinie führt. Dies ist für horizontale und vertikale Epipolarlinien in Abb. 10.5 dargestellt.

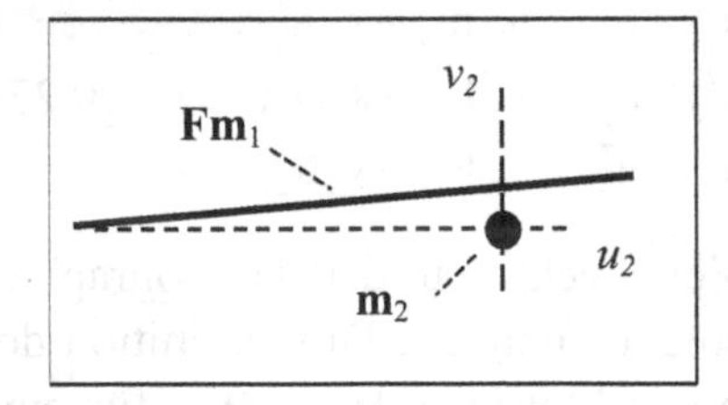

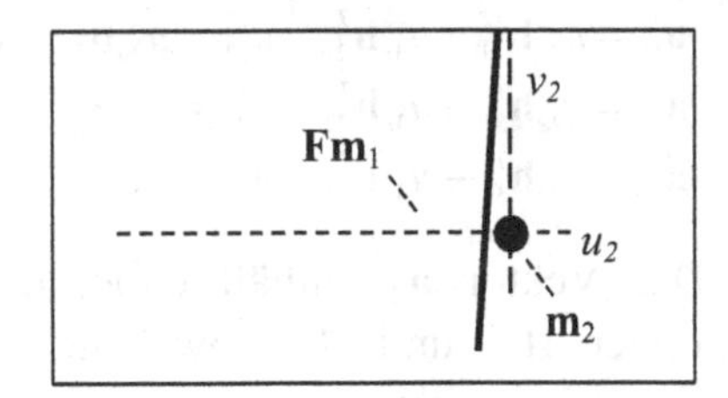

Abb. 10.5. Verwendung der horizontalen oder vertikalen Komponente des Bildpunktes in der zweiten Ansicht in Abhängigkeit von der Steigung der Epipolarlinie

10.5 Der trifokale Tensor

Um den doppelt indizierten dreidimensionalen Vektor $\mathbf{a}_{ij}$ kompakter darstellen zu können, wird auf die sog. Tensor-Notation übergegangen (Shashua 1997). Dazu führt man nun einen weiteren Index für die Komponenten des Vektors ein, und es ergibt sich der sog. *trifokale Tensor*. Die neun Vektoren $\mathbf{a}_{ij}$ für $i,j = 1,2,3$ mit jeweils drei Komponenten liefern insgesamt 3×9 = 27 skalare Größen, welche die Elemente des trifokalen Tensors darstellen:

$$\tau_i^{jk} = e_2^j h_{3i}^k - e_3^k h_{2i}^j \qquad i,j,k = 1,2,3 \tag{10.30}$$

Den Tensor kann man sich als drei 3×3-Matrizen in der Tiefe gestaffelt vorstellen, wobei die Tiefenkomponente durch den dritten Index k beschrieben wird. Die Basis-Trilinearitäten in Tensor-Schreibweise lauten dann wie folgt:

$$\begin{aligned} u_3\tau_i^{13}m_1^i - u_3u_2\tau_i^{33}m_1^i + u_2\tau_i^{31}m_1^i - \tau_i^{11}m_1^i &= 0 \\ v_3\tau_i^{13}m_1^i - v_3u_2\tau_i^{33}m_1^i + u_2\tau_i^{32}m_1^i - \tau_i^{12}m_1^i &= 0 \end{aligned} \tag{10.31}$$

$$\begin{aligned} u_3\tau_i^{23}m_1^i - u_3v_2\tau_i^{33}m_1^i + v_2\tau_i^{31}m_1^i - \tau_i^{21}m_1^i &= 0 \\ v_3\tau_i^{23}m_1^i - v_3v_2\tau_i^{33}m_1^i + v_2\tau_i^{32}m_1^i - \tau_i^{22}m_1^i &= 0 \end{aligned} \tag{10.32}$$

Die hochgestellten Indizes bezeichnen die jeweilige Komponente eines Bildpunktes $\mathbf{m} = (m^1, m^2, m^3)^T$. und der Ausdruck in Gl. (10.33) entspricht dem Skalarprodukt $\mathbf{a}_{ij}^T\tilde{\mathbf{m}}_1$. Dies bezeichnet man auch als Summenkonvention des trilinearen Tensors.

$$\tau_i^{jk}m_1^i = \sum_{i=1}^{3} \tau_1^{jk}m_1^1 + \tau_2^{jk}m_1^2 + \tau_3^{jk}m_1^3, \qquad \text{für } j,k \in (1,2,3) \tag{10.33}$$

Während zur Beschreibung der Geometrie zwischen zwei Kameras die Fundamental-Matrix **F** existiert, stellt der trifokale Tensor τ_i^{jk} das Äquivalent für die Geometrie zwischen drei Ansichten dar. Im Gegensatz zur Beschreibung der Geometrie zwischen drei Ansichten über die paarweisen Fundamental-Matrizen existiert bei der Beschreibung mittels trifokalem Tensor kein singulärer Fall. Bereits im Abschnitt 10.2 wurden die Anzahl der Freiheitsgrade für die Geometrie zwischen drei Ansichten unter Verwendung der Fundamental-Matrizen erläutert. Wie viele Freiheitsgrade besitzt nun der trifokale Tensor?

Der 3×3×3-Tensor hat 27 Elemente, wie viele davon sind jedoch voneinander unabhängig? Die perspektivische Projektionsmatrix jeder Kamera hat 3 × 4 Elemente. Abzüglich der Unabhängigkeit vom Skalierungsfaktor ergeben sich 11 freie Parameter für jede Kamera. Daraus resultieren 33 Freiheitsgrade für drei Kameras. Da jedoch die Geometrie zwischen drei Ansichten unabhängig von der Wahl des projektiven Koordinatensystems ist, sind 3 × 5 = 15 Parameter frei wählbar. Demnach verbleiben 18 Freiheitsgrade für die Geometrie zwischen drei Ansichten. Dies ist identisch mit der Betrachtung aus Abschnitt 10.2, wobei hier keine Bedingungen aus der Epipolargeometrie verwendet wurden.

Unter Verwendung des trifokalen Tensors kann dann ein Punkt in der dritten Ansicht aus korrespondierenden Punkten der ersten und zweiten Ansicht berechnet werden, wobei die Gl. (10.31) und Gl. (10.32) zugrunde liegen. Diese Beziehungen bezeichnet man als Punkt-Punkt-Transfer des trifokalen Tensors:

$$u_3 = \frac{\left(\tau_i^{11} - u_2 \tau_i^{31}\right) m_1^i}{\left(\tau_i^{13} - u_2 \tau_i^{33}\right) m_1^i}, \quad v_3 = \frac{\left(\tau_i^{12} - u_2 \tau_i^{32}\right) m_1^i}{\left(\tau_i^{13} - u_2 \tau_i^{33}\right) m_1^i} \tag{10.34}$$

$$u_3 = \frac{\left(\tau_i^{21} - v_2 \tau_i^{31}\right) m_1^i}{\left(\tau_i^{23} - v_2 \tau_i^{33}\right) m_1^i}, \quad v_3 = \frac{\left(\tau_i^{22} - v_2 \tau_i^{32}\right) m_1^i}{\left(\tau_i^{23} - v_2 \tau_i^{33}\right) m_1^i} \tag{10.35}$$

Eine weitere wichtige Beziehung des trifokalen Tensors besteht zwischen korrespondierenden Linien (siehe Abb. 10.6).

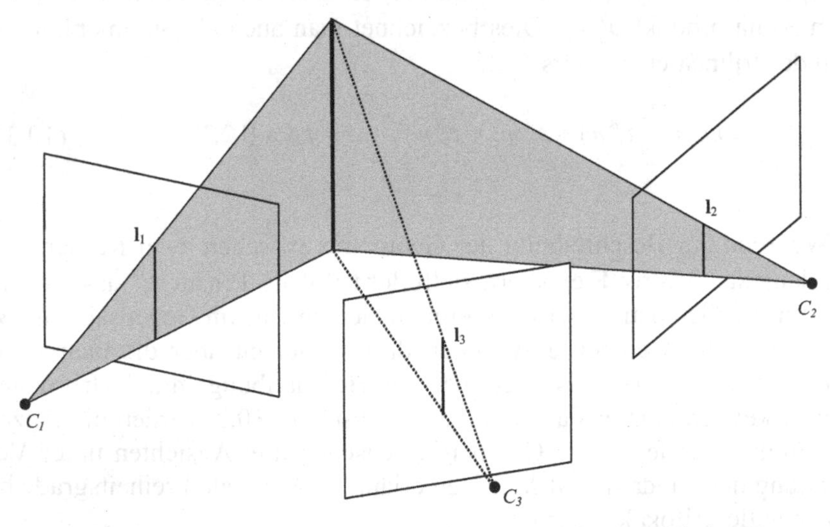

Abb. 10.6. Linien-Linien-Transfer unter Verwendung des trifokalen Tensors

Liegt eine Korrespondenz zwischen den Linien $\mathbf{l}_1$ und $\mathbf{l}_2$ in den ersten beiden Ansichten vor, so kann über den trifokalen Tensor dic Linie $\mathbf{l}_3$ bestimmt werden (siehe Gl. (10.36)). Dabei bezeichnen die hochgestellten Indizes die Komponenten der Linie $\mathbf{l} = (l^1, l^2, l^3)^T$ in der entsprechenden Ansicht:

$$l_3^i = l_2^j \, l_1^k \, \tau_i^{jk} \tag{10.36}$$

Für den Fall, dass ein Punkt und eine Linie in zwei Ansichten vorliegen, kann über den sog. Punkt-Punkt-Linien-Transfer die Position des Bildpunktes in der dritten Ansicht über den trifokalen Tensor berechnet werden (siehe Gl. (10.37)). Dabei muss die Linie durch den korrespondierenden Punkt in der zweiten Ansicht verlaufen (siehe Abb. 10.7). Die hochgestellten Indizes bezeichnen wiederum die Komponente des Bildpunktes $\mathbf{m} = (m^1, m^2, m^3)^T$:

$$m_3^k = m_1^i \, l_{2j}^k \, \tau_i^{jk} \tag{10.37}$$

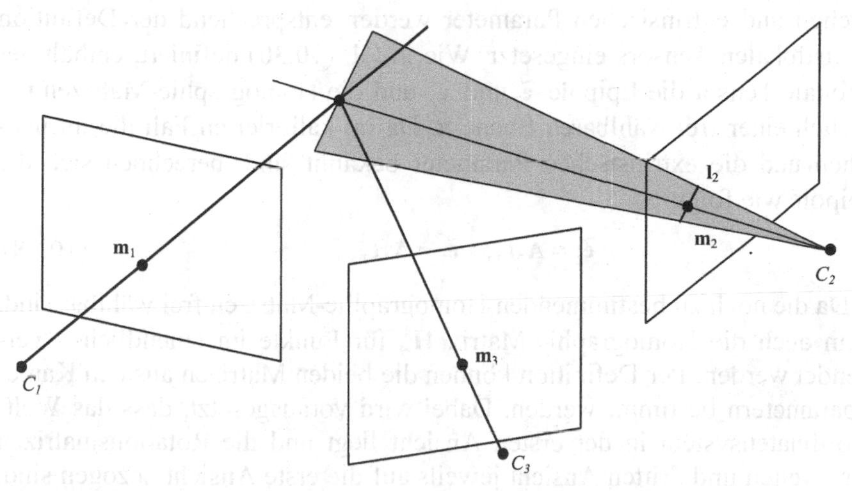

Abb. 10.7. Punkt-Punkt-Linien-Transfer unter Verwendung des trifokalen Tensors

Der trifokale Tensor enthält noch eine Reihe zusätzlicher Eigenschaften, zu denen an dieser Stelle jedoch auf vertiefende Literatur verwiesen sein soll (Hartley 1997b, Hartley u. Zisserman 2004). Die weiterführenden Betrachtungen haben grundlegenden theoretischen Charakter, während die hier dargestellten Zusammenhänge als Basis vor allem für die Bildsynthese in Kapitel 11 vollständig genügen.

10.6 Berechnung des Tensors

Im Kapitel 5 „*Die Schätzung der projektiven Geometrie*“ wurde gezeigt, dass bei existierenden Punktkorrespondenzen zwischen zwei Ansichten die projektive Geometrie des Stereokamerasystems, die Epipolargeometrie, geschätzt werden kann. Analog dazu ist auch für den Fall von drei Ansichten eine Schätzung der Geometrie möglich, die sich durch den trifokalen Tensor beschreiben lässt. Man kann hierbei zwischen dem kalibrierten und dem unkalibrierten Fall unterscheiden.

10.6.1 Kalibrierter Fall

Im kalibrierten Fall ist der Begriff „Schätzung“ nicht ganz korrekt, da hier keine Punktkorrespondenzen zwischen den drei Ansichten zur Berechnung des trifokalen Tensors herangezogen werden. Vielmehr wird von einem kalibrierten Kamerasystem mit drei Kameras ausgegangen, und die intrinsischen und extrinsischen Parameter werden entsprechend der Definition des trifokalen Tensors eingesetzt. Wie in Gl. (10.30) definiert, enthält der trifokale Tensor die Epipole $\tilde{\mathbf{e}}_2$ und $\tilde{\mathbf{e}}_3$ und die Homographie-Matrizen bezüglich einer frei wählbaren Ebene π. Da im kalibrierten Fall die intrinsischen und die extrinsischen Parameter bekannt sind, berechnen sich die Epipole wie folgt:

$$\tilde{\mathbf{e}}_2 = \mathbf{A}_2\mathbf{t}_2, \quad \tilde{\mathbf{e}}_3 = \mathbf{A}_3\mathbf{t}_3 \tag{10.38}$$

Da die noch zu bestimmenden Homographie-Matrizen frei wählbar sind, kann auch die Homographie-Matrix $\mathbf{H}_\infty$ für Punkte im Unendlichen verwendet werden. Per Definition können die beiden Matrizen aus den Kameraparametern bestimmt werden. Dabei wird vorausgesetzt, dass das Weltkoordinatensystem in der ersten Ansicht liegt und die Rotationsmatrizen der zweiten und dritten Ansicht jeweils auf die erste Ansicht bezogen sind. Das gleiche gilt für den Translationsvektor.

$$\mathbf{H}_{2\infty} = \mathbf{A}_2\mathbf{R}_2\mathbf{A}_1^{-1}, \quad \mathbf{H}_{3\infty} = \mathbf{A}_3\mathbf{R}_3\mathbf{A}_1^{-1} \tag{10.39}$$

Aus den Epipolen und den beiden Homographie-Matrizen lassen sich nun die Vektoren $\mathbf{a}_{ij}$ bzw. die Komponenten des trifokalen Tensors $\tau_i^{jk} = e_2^j h_{3i}^k - e_3^k h_{2i}^j$ berechnen.

Eine äquivalente Berechnung ergibt sich unter Verwendung der Projektionsmatrizen in kanonischer Form (siehe Kapitel 6 „*Die Homographie zwischen zwei Ansichten*“). Die Definition lautet:

$$\mathbf{P}_1 = [\mathbf{I} \mid \mathbf{0}] \quad \mathbf{P}_2 = [a_i^j] \quad \mathbf{P}_3 = [b_i^j] \tag{10.40}$$

Der trifokale Tensor berechnet sich dann nach folgender Beziehung:

$$\tau_i^{jk} = a_i^j b_4^k - a_4^j b_i^k \tag{10.41}$$

An diesen verschiedenen Definitionen des trifokalen Tensors wird deutlich, dass dieser unabhängig von der projektiven Basis der drei Ansichten ist. Während in der Definition des trifokalen Tensors über die Ebene im Unendlichen die projektive Basis auf diese Ebene im Unendlichen bezogen ist, stellt in der Definition über die kanonische Form der Projektionsmatrizen die erste Ansicht die projektive Basis dar. Allen Definitionen ist jedoch gemeinsam, dass sie alle die gleiche geometrische Relation zwischen den drei Ansichten beschreiben.

10.6.2 Unkalibrierter Fall

In diesem Fall liegen keine Kalibrierungsparameter des Kamerasystems vor, sondern eine Reihe von Punktkorrespondenzen zwischen den drei Ansichten. Eine Punktkorrespondenz über drei Ansichten bedeutet in diesem Fall, dass ein 3-D-Punkt in allen drei Ansichten sichtbar ist. Für eine Punktkorrespondenz erhält man unter Verwendung der Basis-Trilinearitäten (Gl. (10.31) und Gl. (10.32)) vier unabhängige Gleichungen. Wie bereits erwähnt, besitzt der trifokale Tensor 18 freie Parameter. Demzufolge sollten fünf Punktkorrespondenzen zur Bestimmung aller freien Parameter genügen.

$$5 \text{ Punktkorrespondenzen} \times 4 \text{ Gleichungen} > 18 \text{ freie Parameter}$$

In den Arbeiten von Torr und Zisserman wird jedoch gezeigt, dass mindestens sechs Punktkorrespondenzen in allgemeiner Lage notwendig sind, um einen geometrisch gültigen trifokalen Tensor zu berechnen (Torr u. Zisserman 1997). Dabei bedeutet „allgemeine Lage“, dass keine drei Punktkorrespondenzen zueinander kollinear sind.

Ein erster Ansatz zur Bestimmung des trifokalen Tensors ist die Aufstellung eines linearen Gleichungssystems der folgenden Form

$$\mathbf{Bt} = \mathbf{0}, \tag{10.42}$$

wobei die Matrix **B** einen vollständigen Satz Gleichungen enthält, die z. B. aus der Punkt-Punkt-Punkt-Beziehung (Gl. (10.31)), aus der Linie-Linie-Linie-Beziehung (Gl. (10.36)) oder der Punkt-Punkt-Linie-Beziehung (Gl. (10.37)) aufgestellt werden können. Der Vektor **t** enthält die 27 Komponenten des gesuchten Tensors. Da der trifokale Tensor als projektive Größe bis auf einen Skalierungsfaktor definiert ist, genügen 26 Gleichungen. Hat man durch eine entsprechend große Anzahl von Korrespondenzen mehr als 26 Gleichungen zur Verfügung, so kann ein Verfahren nach dem kleinsten Fehlerquadrat (engl. *least squares*) verwendet werden. Mit dieser Herangehensweise wird der trifokale Tensor über 26 unabhängige Variablen parametrisiert, obwohl dieser nur 18 freie Parameter besitzt. Deshalb kann die Lösung nach diesem linearen Verfahren auch zu einem Tensor führen, der geometrisch nicht korrekt ist. Um aus dem möglicherweise inkorrekten Tensor einen geometrisch korrekten Tensor zu bestimmen, kann eine algebraische Minimierung vorgenommen werden (Hartley 1998).

Bei der Bestimmung des trifokalen Tensors ist deshalb eine wichtige Frage, welches die geeignete Parametrisierung ist, die die gesamte Anzahl an Bedingungen berücksichtigt. In (Hartley 1997b) wurde erstmals eine Parametrisierung vorgestellt, welche zwei Projektionsmatrizen verwendet. Da damit jedoch 22 Parameter, zweimal 11 Parameter einer Projektionsmatrix, bestimmt werden müssen, ist diese Parametrisierung nicht optimal bezogen auf die 18 freien Parameter des trifokalen Tensors. In der bereits erwähnten Arbeit von (Torr u. Zisserman 1997) wird eine auf sechs Punktkorrespondenzen basierende Parametrisierung vorgestellt.

Analog zu den Betrachtungen hinsichtlich der Schätzung der Fundamental-Matrix existieren auch für die Schätzung des trifokalen Tensors nichtlineare Verfahren sowie robuste Ansätze unter Verwendung des RANSAC-Algorithmus. Eine ausführliche Beschreibung dieser Methoden sind in (Hartley u. Zisserman 2004, Faugeras u. Luong 2004) zu finden.

10.7 Tensor und Fundamental-Matrix

Im folgenden soll nun davon ausgegangen werden, dass zwei der drei Ansichten identisch gleich sind. Damit reduziert sich die geometrische Beziehung auf zwei Kameras und es sollte eine Beziehung zwischen dem Tensor und der Fundamental-Matrix existieren. In Kapitel 6 „*Die Homographie zwischen zwei Ansichten*“ wurde folgende Definition der Fundamental-Matrix vorgestellt:

$$\mathbf{F} = [\tilde{\mathbf{e}}_1]_\times \cdot \mathbf{H} = \begin{bmatrix} 0 & -e_3 & e_2 \\ e_3 & 0 & -e_1 \\ -e_2 & e_1 & 0 \end{bmatrix} \cdot \begin{bmatrix} h_{11} & h_{12} & h_{13} \\ h_{21} & h_{22} & h_{23} \\ h_{31} & h_{32} & h_{33} \end{bmatrix} = \begin{bmatrix} e_2 h_{31} - e_3 h_{21} & e_2 h_{32} - e_3 h_{22} & e_2 h_{33} - e_3 h_{23} \\ e_3 h_{11} - e_1 h_{31} & e_3 h_{12} - e_1 h_{32} & e_3 h_{13} - e_1 h_{33} \\ e_1 h_{21} - e_2 h_{11} & e_1 h_{22} - e_2 h_{12} & e_1 h_{23} - e_2 h_{13} \end{bmatrix} \quad (10.43)$$

Berücksichtigt man die Tatsache, dass von drei Ansichten zwei identisch sind, dann vereinfacht sich die Gl. (10.30) auf folgende Weise:

$$\tau_i^{jk} = e_2^j h_{2i}^k - e_2^k h_{2i}^j \qquad i,j,k = 1,2,3 \tag{10.44}$$

Durch einen Vergleich von Gl. (10.43) mit Gl. (10.44) ergibt sich folgender Zusammenhang zwischen den Tensor-Elementen und der Fundamental-Matrix:

$$\begin{aligned} j = k: &\quad \tau_i^{jk} = 0 \\ j = (k+1)\bmod 3: &\quad \tau_i^{jk} = -f_{(6-k-j)i} \\ k = (j+1)\bmod 3: &\quad \tau_i^{jk} = f_{(6-k-j)i} \end{aligned} \tag{10.45}$$

Damit kann also ein Tensor für die Ansichten <1,2,2> allein durch Kenntnis der Fundamental-Matrix zwischen den Ansichten 1 und 2 berechnet werden. Dieser Tensor wird als *trivalenter Tensor* von zwei Ansichten bezeichnet.

10.8 Beziehung zwischen mehr als drei Ansichten

Nachdem nun die Fundamental-Matrix die Beziehung zwischen zwei Ansichten und der trifokale Tensor die Beziehung zwischen drei Ansichten beschreibt, stellt sich die Frage, ob es für eine Anzahl von $N > 3$ Ansichten noch weitere mathematische Größen gibt. Für vier Ansichten existiert der sog. quadrifokale Tensor, der die Beziehung von Bildpunkten und Linien zwischen diesen Ansichten beschreibt. Dieser wurde erstmals von W. Triggs vorgestellt (Triggs 1995). Analog zu den trilinearen Beziehungen bei drei Ansichten gibt es auch quadrilineare Beziehungen für vier Ansichten, die in (Triggs 1995, Faugeras u Mourrain 1995, Shashua u. Werman 1995, Heyden 1995) erläutert sind. Die Geometrie zwischen vier Ansichten wird dann konsequenter Weise auch durch den quadrifokalen Tensor beschrieben. Für mehr als vier Ansichten existieren keine weiteren mathematischen Beziehungen. Da die bisherigen Betrachtungen bezüglich drei Ansichten für die Darstellung von Bildsyntheseverfahren im letzten Kapitel genügen, wird an dieser Stelle auf eine detaillierte Erläuterung des quadrifokalen Tensors verzichtet.

10.9 Zusammenfassung

Es liegt nun eine mathematische Beziehung zwischen drei Ansichten vor, die sowohl für die verbesserte Stereoanalyse als auch für die Synthese von neuen Ansichten verwendet werden kann. Im letzteren Fall betrachtet man die dritte Ansicht als die neue virtuelle Ansicht. Wie dieses Verfahren sich genau darstellt wird im folgenden Kapitel 11 „*Bildbasierte Synthese*“ gezeigt.

- Die Ebene, welche durch die optischen Zentren der drei Kameras aufgespannt wird, bezeichnet man als trifokale Ebene.
- Die Geometrie zwischen drei Ansichten kann durch eine Erweiterung der Epipolargeometrie beschrieben werden. In diesem Fall existieren jedoch Singularitäten, da im Bereich der trifokalen Ebene keine eindeutige Zuordnung zwischen korrespondierenden Punkten möglich ist.
- Unter Verwendung der verallgemeinerten Disparitätsgleichung und des projektiven Parameters λ_π können die Basis-Trilinearitäten abgeleitet werden. Sie beschreiben vollständig die Beziehung zwischen korrespondierenden Punkten in drei Ansichten ohne jegliche Singularitäten.
- Der trifokale Tensor stellt eine kompakte Schreibweise der Trilinearitäten dar und hat 18 freie Parameter.
- Im Vergleich mit der Bestimmung der Fundamental-Matrix ist die Bestimmung des trifokalen Tensors komplexer, da eine wesentlich größere Anzahl von Bedingungen eingehalten werden muss.

11 Bildbasierte Synthese

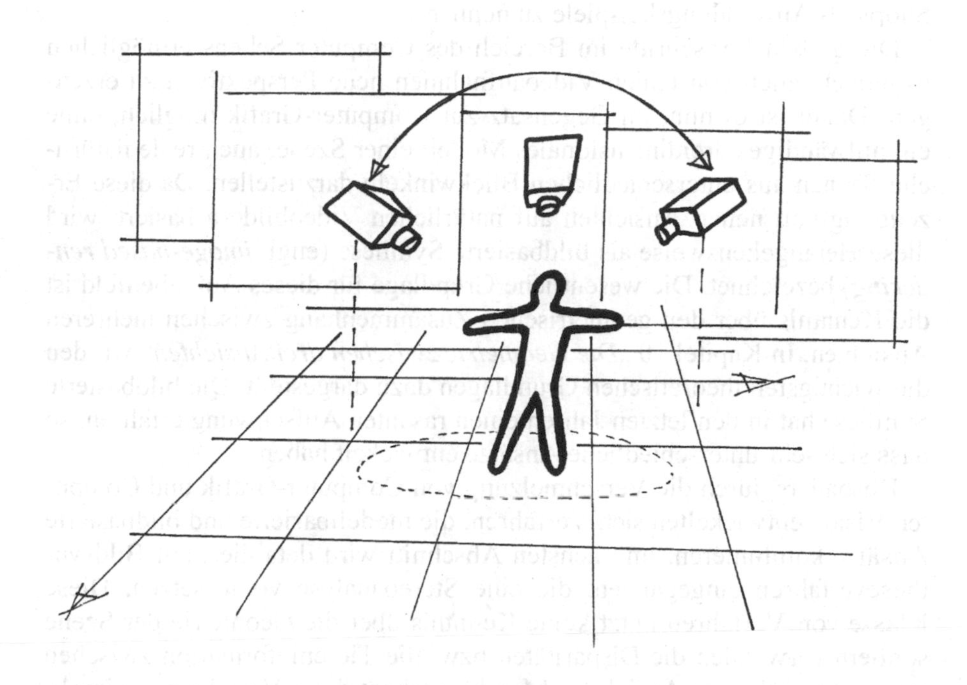

11.1 Einleitung

Die Erzeugung von neuen Ansichten war bisher ein klassisches Feld der Computer-Grafik. Künstliche Welten werden durch ein dreidimensionales Modell beschrieben und der Benutzer kann sich selbständig in diesen Welten bewegen. Die rasante Entwicklung bei Grafikkarten und neuer optimierter Darstellungstechniken hat auf zweierlei Weise die Computer-Grafik beeinflusst. Zum Einen gewannen die Szenen ein beeindruckendes Maß an Natürlichkeit und zum Anderen war es nun möglich, auch durch sehr komplexe virtuelle Welten mit ansprechender Geschwindigkeit zu navigieren. Das Haupteinsatzfeld ist die Spieleindustrie, die auch ein wesentlicher Impulsgeber für die technologische Weiterentwicklung darstellt. Doch auch im industriellen Bereich, wie z. B. der Produktentwicklung, der

Architektur oder im Bereich von technischen Simulatoren in der Auto- und Flugzeugindustrie wird die Erzeugung und Darstellung von virtuellen Welten eingesetzt. Ein sehr junger und neuer Anwendungsbereich ist das Infotainement (Kunstwort aus Information und Entertainement), wo durch neue Visualisierungstechniken besonders in Web-Diensten dem Benutzer eine attraktivere Darstellung von Produkten oder Örtlichkeiten geboten werden kann. Hier sind die Tourismusbranche oder interaktive Internet-Shops als Anwendungsbeispiele zu nennen.

Die großen Fortschritte im Bereich des Computer Sehens ermöglichen es jedoch, auch von realen Videoaufnahmen neue Perspektiven zu erzeugen. Damit ist es nun, im Gegensatz zur Computer-Grafik möglich, ohne ein aufwändiges dreidimensionales Modell einer Szene, auch reale natürliche Szenen aus unterschiedlichen Blickwinkeln darzustellen. Da diese Erzeugung von neuen Ansichten auf natürlichen Videobildern basiert, wird diese Herangehensweise als bildbasierte Synthese (engl. *image-based rendering*) bezeichnet. Die wesentliche Grundlage für dieses Aufgabenfeld ist die Kenntnis über den geometrischen Zusammenhang zwischen mehreren Ansichten. In Kapitel 10 „*Die Geometrie zwischen drei Ansichten*“ wurden die wichtigsten theoretischen Grundlagen dazu dargestellt. Die bildbasierte Synthese hat in den letzten Jahren einen rasanten Aufschwung erfahren, so dass sich sehr unterschiedliche Ansätze entwickelt haben.

Besonders durch die Verschmelzung von Computer-Grafik und Computer-Vision entwickelten sich Verfahren, die modellbasierte und bildbasierte Ansätze kombinieren. Im nächsten Abschnitt wird detailliert auf Bildsyntheseverfahren eingegangen, die eine Stereoanalyse voraussetzen. Diese Klasse von Verfahren nutzt keine Kenntnis über die Geometrie der Szene sondern verwenden die Disparitäten bzw. die Tiefeninformation zwischen zwei oder mehreren Ansichten. Man bezeichnet diese Verfahren als implizite Verfahren, da sie keine vollständige Information über die Szenengeometrie verwenden, sondern nur eine indirekte Beschreibung. Im letzten Abschnitt dieses Kapitels wird auf weitere Techniken der Bildsynthese eingegangen, um einen vollständigen Überblick zu geben.

11.2 Synthese mit impliziter Geometrie

Wie in Kapitel 9 „*3-D-Rekonstruktion*“ dargestellt wurde, ist die Erzeugung eines genauen 3-D-Modells einer Szene eine komplexe Aufgabenstellung. Eine gute Modellierung wird vor allem durch die Verwendung vieler Ansichten erreicht. Die Stereoanalyse hingegen ermöglicht die Berechnung der impliziten Geometrie aus zwei Kameraansichten. Dies hat für viele Anwendungsfälle große Vorteile, besonders hinsichtlich der Komplexität des Gesamtsystems und der Verarbeitungsgeschwindigkeit. Unter impliziter Geometrie versteht man die Disparitäten zwischen zwei Stereoansichten, die ein relatives Maß für die Tiefenstruktur der Szene darstellen. Im Folgenden werden nun verschiedene Ansätze für diese Klasse von Verfahren vorgestellt.

Bei der Berechnung von neuen Ansichten einer Szene, ausgedrückt durch eine virtuelle Kamera, sind zwei unabhängige Aspekte zu betrachten. Der erste Aspekt betrifft die Anordnung der Kameras in einem Stereosystem. Diese können beliebig zueinander angeordnet sein, oder im Falle eines achsparallelen System sich nur durch eine horizontale/vertikale Verschiebung in ihrer Position unterscheiden. Wie im Kapitel 7 „*Die Rektifikation*“ gezeigt wurde, ist es prinzipiell möglich jede beliebige Konfiguration von Kameras in ein solches achsparalleles System zu überführen.

Der zweite Aspekt betrifft die Position der virtuellen Kamera. Auch hier vereinfachen sich die Zusammenhänge, wenn man die virtuelle Kamera nur zwischen den beiden Stereokameras, also auf der Basislinie bewegt. Die grundsätzlichen Herausforderungen, die bei der Bildsynthese mit impliziter Geometrie entstehen, können jedoch an diesem vereinfachten Fall sehr gut veranschaulicht werden. Bei der Bildsynthese mit rektifizierten Stereoansichten ist in der Regel die vollständige Kenntnis der Stereogeometrie notwendig, d. h. man benötigt ein kalibriertes Stereokamerasystem.

Es wurden jedoch auch Verfahren entwickelt, die nur eine Kenntnis der projektiven Geometrie, also der Fundamental-Matrix oder des trifokalen Tensors, erfordern. Diese Verfahren werden als Epipolar-Transfer bzw. als trilineares Warping bezeichnet und anschließend an die Zwischenbildinterpolation vorgestellt.

Abschließend wird noch die tiefenbasierte Synthese erläutert, die davon ausgeht, dass für jeden Bildpunkt einer Originalansicht ein entsprechender Tiefenwert existiert. Dieses Verfahren wird auch als Projektion durch Rückprojektion bezeichnet, stellt aber von der Vorgehensweise keinen grundsätzlichen Unterschied zu den vorangegangenen Verfahren dar.

11.2.1 Zwischenbildinterpolation bei Stereoansichten

Liegen zwei Stereoansichten vor, so kann unter Ausnutzung der Epipolargeometrie die Korrespondenz zwischen Abbildungen des gleichen 3-D-Punktes, die Disparitäten, berechnet werden. Basierend auf diesen Disparitäten ist eine Interpolation von Zwischenansichten möglich, die auch als *Warping* bezeichnet wird.

Es soll nun eine vereinfachte Betrachtung hinsichtlich der Geometrie des Stereokamerasystems und der Position der virtuellen Kamera vorgenommen werden. Deshalb wird von einem achsparallelen Stereokameraaufbau ausgegangen und die Synthese von neuen Ansichten wird auf Positionen der virtuellen Kamera auf der Verbindungsgeraden der beiden Kamerazentren, der Basislinie, beschränkt (Abb. 11.1).

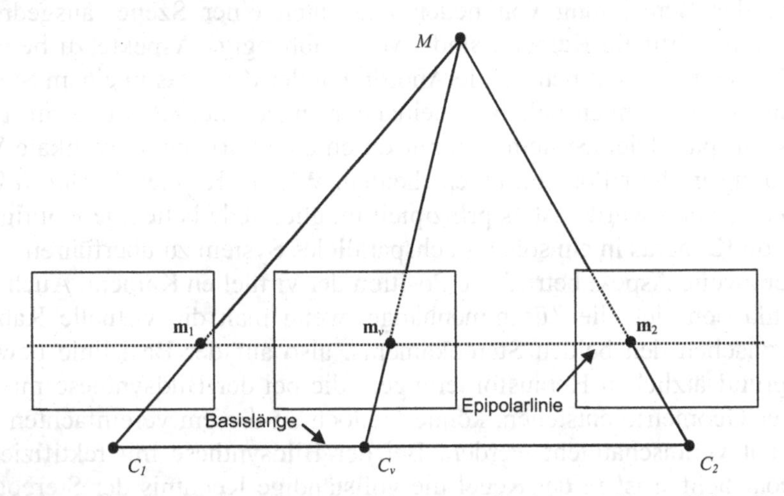

Abb. 11.1. Darstellung der Zwischenbildsynthese in einem achsparallelen Stereokameraaufbau

Für die Berechnung der Abbildung eines 3-D-Punktes M in einer neuen virtuellen Kamera sind zuerst einige Vorbetrachtungen notwendig. Die Beziehung zwischen den beiden Kamerakoordinatensystemen ist wie folgt definiert:

$$M_{C_2} = \mathbf{R}M_{C_1} + \mathbf{t} \tag{11.1}$$

Die perspektivische Projektion liefert entsprechend den Ausführungen in Kapitel 3 „*Das Kameramodell*“ die entsprechenden Sensorkoordinaten in der zweidimensionalen Bildebene in normierten Koordinaten bezogen auf eine Brennweite $f = 1$:

$$\mathrm{x} = \frac{\mathrm{X_c}}{\mathrm{Z_c}}, \quad \mathrm{y} = \frac{\mathrm{Y_c}}{\mathrm{Z_c}} \tag{11.2}$$

Da in einem achsparallelen Stereosystem die Rotationsmatrix gleich der Einheitsmatrix ist, ergibt sich folgender Zusammenhang zwischen den normierten Kamerakoordinaten der beiden Ansichten:

$$x_2 = \frac{x_1 Z_{c1} + t_x}{Z_{c1} + t_z} = \frac{1}{1 + t_z/Z_{c1}} \left(x_1 + t_x/Z_{c1} \right), \tag{11.3}$$

$$y_2 = \frac{1}{1 + t_z/Z_{c1}} \left(y_1 + t_y/Z_{c1} \right) \tag{11.4}$$

Im Falle einer rein horizontalen Verschiebung zwischen den beiden Kameras lautet der Translationsvektor:

$$\mathbf{t} = \left(t_x, 0, 0 \right)^T$$

Damit vereinfachen sich die Ausdrücke in Gl. (11.3) und Gl. (11.4) auf folgende Weise:

$$x_2 = x_1 + t_x/Z_{c1}, \qquad y_2 = y_1 \tag{11.5}$$

Liegt nun eine Korrespondenz zwischen den beiden Abbildungen vor, so kann dann die entsprechende Tiefe des Punktes im Raum berechnet werden. Diese Beziehung wurde bereits im Kapitel 4 „*Die Epipolargeometrie*“ etwas vereinfachter hergeleitet.

$$Z_{c1} = \frac{t_x}{x_2 - x_1} = \frac{t_x}{-\delta'_x} \tag{11.6}$$

Dabei bezeichnet δ'_x die horizontale Disparität in Sensorkoordinaten. Setzt man nun in Gl. (11.5) statt Kamera 2 eine virtuelle Kamera ein und bezeichnet man die horizontale Verschiebung der virtuellen Kamera mit ΔX, so ergibt sich die sog. lineare *Warping*-Gleichung (Scharstein 1999):

$$x_v = x_1 + \Delta X/Z_{c1} = x_1 - \frac{\Delta X}{t_x} \delta'_x \tag{11.7}$$

Da aus der Originalansicht die neue virtuelle Ansicht berechnet wird, spricht man auch von einer Vorwärts-Transformation bzw. *Forward-Mapping*. Dieser Begriff trat bereits im Zusammenhang mit der Erzeugung von rektifizierten Ansichten in Kapitel 7 „*Die Rektifikation*“ auf.

Das Verhältnis der Position der virtuellen Kamera zum Abstand der beiden Kameras kann als Skalierungsfaktor s geschrieben werden, so dass sich für den Wert $s = 1$ die Position in Ansicht 2 ergibt. Für $s = 0$ erhält man die Position in der Ansicht 1. Für Werte von $s < 0$ oder $s > 1$ liegt die virtuelle Kamera links oder rechts der beiden Kameras.

$$x_v = x_1 - s \cdot \delta'_x \tag{11.8}$$

Somit entspricht die Berechnung der Bildpunktposition in der virtuellen Kamera einem Offset zur Bildpunktposition in Ansicht 1, der sich aus einer Skalierung der Disparität ergibt. Die Position der virtuellen Kamera kann auch auf die Ansicht 2 bezogen werden, indem in Gl. (11.5) die Kamera 1 durch die virtuelle Kamera ersetzt wird. Man erhält dann folgende Synthesegleichung:

$$\mathrm{x}_\mathrm{v} = \mathrm{x}_2 + s \cdot \delta'_x \tag{11.9}$$

Hierbei ist zu beachten, dass sich der Skalierungsfaktor s nun auf die Ansicht 2 bezieht. In beiden Betrachtungen ist die y-Koordinate der virtuellen Kamera identisch mit der y-Koordinate des korrespondierenden Bildpunktes in Ansicht 1 oder 2, da es sich hier nur um eine horizontale Verschiebung zwischen den Kameras 1 und 2 handelt und die virtuelle Kamera sich auf der Basislinie bewegt.

Da nun die Position des Bildpunktes in der virtuellen Kamera bekannt ist, muss nun auch der entsprechende Grau- bzw. Farbwert bestimmt werden. Hinsichtlich dessen Bestimmung hat sich eine gewichtete Mittelung abhängig vom Skalierungsfaktor bewährt. Dabei geht man davon aus, dass die Intensitäten aus derjenigen Kamera zu bevorzugen sind, die sich näher an der virtuellen Kamera befindet.

Die Synthesegleichungen in Gl. (11.8) und Gl. (11.9) liefern keine eineindeutige Zuordnung zwischen Bildpunkten in den Originalansichten zu Bildpunkten in der virtuellen Ansicht. Daraus resultieren zwei grundsätzliche Probleme bei der Bildsynthese.

11.2.1.1 Verdeckungsproblem

Das erste Problem ist die Verdeckung, wobei mehrere Bildpunkte in der Originalansicht auf eine Position in der neuen Ansicht transformiert werden. Dies ist dann der Fall, wenn sich 3-D-Punkte unterschiedlicher Tiefe in der neuen Ansicht auf den gleichen Bildpunkt abbilden. Betrachtet man jedoch die Darstellung in Abb. 11.2, so ist dieses Problem bei einem rektifizierten Stereokamerasystem durch eine sehr einfache Vorgehensweise zu beheben. Die korrespondierenden Bildpunkte des, näher am Kamerasystem liegenden, 3-D-Punktes M' weisen eine größere Disparität auf. Für eine korrekte Synthese kann die Tatsache ausgenutzt werden, dass sich z. B. in Ansicht 1 eine Abbildung eines entfernteren Punktes links von der Abbildung des näher am Kamerasystem liegenden Punktes befindet. Demnach muss abhängig von der Originalansicht, aus welcher die Synthese vorgenommen wird, nur die Reihenfolge der Verarbeitung beachtet werden. Es erfolgt dann automatisch ein Überschreiben der Bildpunkte, die Abbildungen von 3-D-Punkten sind, welche sich näher zum Kamerasystem befinden. Diese Vorgehensweise wird als verdeckungs-kompatible Reihenfolge bezeichnet. Auch für allgemeinere Kamerakonfigurationen und andere Positionen der virtuellen Kamera existiert dieses Prinzip. Jedoch müssen die Bildebenen der Originalansichten und der virtuellen Ansicht parallel sein (McMillan 1995).

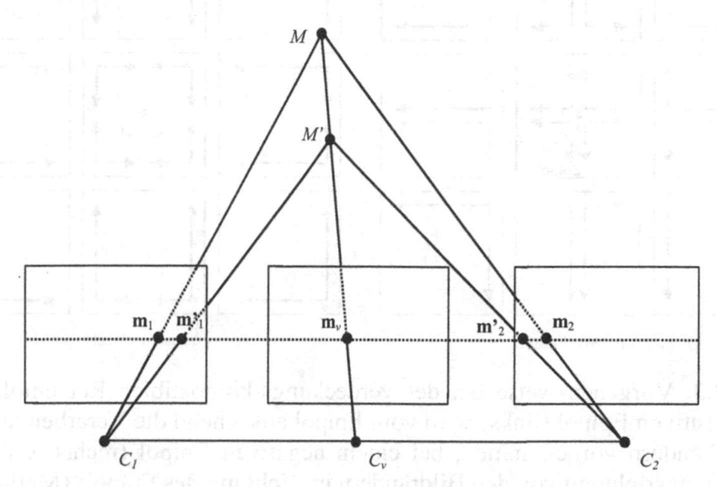

Abb. 11.2. Darstellung des Verdeckungsproblems bei der Bildsynthese

Die Art und Weise der Abarbeitung hängt nicht von der Lage des 3-D-Punktes im Raum ab, sondern von der Lage des Epipols in Ansicht 1, welcher die Projektion des optischen Zentrums der virtuellen Kamera ist. Der Epipol berechnet sich aus

$$\mathbf{e}_1 = \mathbf{A}_1 \mathbf{R}_v^T \mathbf{t}_v , \tag{11.10}$$

wobei die intrinsische Matrix $\mathbf{A}_1$ die Parameter der Kamera 1 enthält und die Rotationsmatrix $\mathbf{R}_v$ und der Translationsvektor $\mathbf{t}_v$ die Positionsänderung der virtuellen Kamera bezüglich der Kamera 1 angeben. Dieser Epipol kann abhängig von seiner dritten Komponente unterschiedliches Vorzeichen aufweisen, das aus der Lage des Brennpunktes der virtuellen Kamera bezüglich der Bildebene der Kamera 1 resultiert. Ein positives Vorzeichen bedeutet, dass der Brennpunkt der virtuellen Kamera vor der Bildebene der Kamera 1 liegt, ein negatives Vorzeichen bezeichnet eine Lage des Brennpunktes hinter dieser Bildebene. Da der Epipol der virtuellen Kamera sowohl in horizontaler als auch in vertikaler Richtung außerhalb und innerhalb der Bildebene 1 liegen kann, ergeben sich neun verschiedene Abarbeitungsreihenfolgen. Berücksichtigt man noch das Vorzeichen des Epipols, also die Lage des optischen Zentrums der virtuellen Kamera bezogen auf die Bildebene, dann folgen insgesamt achtzehn verschiedene Abarbeitungsvorschriften (siehe Abb. 11.3).

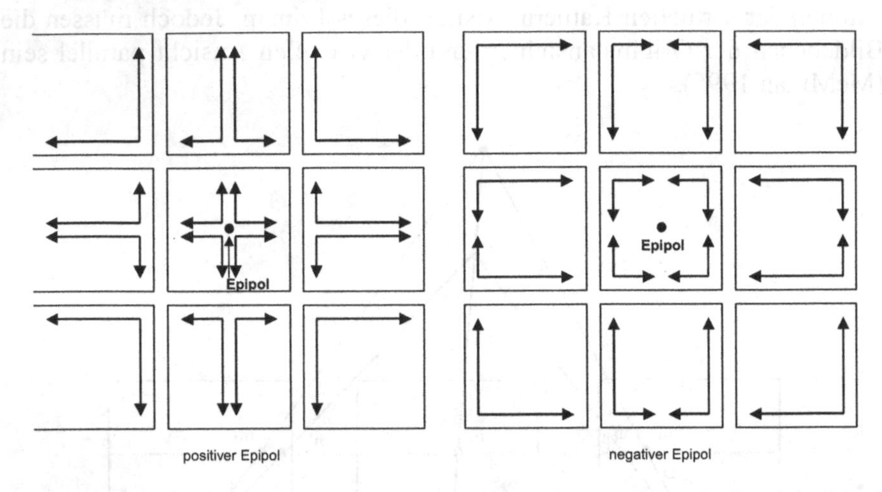

Abb. 11.3. Vorgehensweise bei der verdeckungs-kompatiblen Reihenfolge: Bei einem positiven Epipol (links) wird vom Epipol ausgehend die Verarbeitung hinzu den Bildrändern vorgenommen, bei einem negativen Epipol (rechts) erfolgt die Verarbeitungsrichtung von den Bildrändern in Richtung des Epipols (Mark 1999).

11.2.1.2 Füllen von Löchern

Ein weiteres Problem bei der Anwendung der Synthesegleichung (siehe Gl. (11.8) und Gl. (11.9)) besteht darin, dass nicht alle Bildpunkte in der virtuellen Ansicht durch eine Transformation der Originalbildpunkte beschrieben werden, es entstehen Löcher. Dies kann dreierlei Gründe haben:

1. Durch Rundungsfehler oder Ungenauigkeiten in den geschätzten Disparitäten können bei der Bestimmung der Pixelpositionen in der virtuellen Ansicht Löcher verbleiben.
2. Für Szenenbereiche, die nur in einer Kamera sichtbar und in der anderen verdeckt sind, können keine Korrespondenzen bestimmt werden und die Synthesegleichung ist unvollständig. Allerdings liegt hier wenigstens noch Texturinformation aus einer Kamera vor.
3. Besonders schwierig ist der Fall, in dem nur die virtuelle Kamera Szenenbereiche erfasst, während diese für die Originalkameras verdeckt sind. Dies kann besonders in Szenen mit starken Verdeckungen auftreten.

Im ersten Fall können kleine Löcher durch eine einfache Interpolation aus benachbarten bereits synthetisierten Bildpunkten geschlossen werden.

Im zweiten Fall, der teilweisen Verdeckung, handelt es sich i. A. um größere Bildbereiche, die besonders an Tiefensprüngen in der Szene auftreten. In solch einem Fall kann eine einfache lineare Interpolation zwischen Vorder- und Hintergrund-Textur erfolgen. Eine weitere Möglichkeit besteht in der Extrapolation der Hintergrund-Textur bis an die Grenze der Vordergrund-Textur. Dies erfordert jedoch eine sehr genaue Lokalisierung der Tiefensprünge in der Disparitätskarte. Eine weitere Möglichkeit betrachtet die Disparitätskarte, die ursächlich zu den großen Löchern in verdeckten Bereichen führt. Durch eine Gauß-förmige Tiefpassfilterung der Disparitätskarten gerade an diesen Tiefensprüngen erreicht man, dass der Übergang von Vorder- zu Hintergrund allmählich geschieht (Fehn 2004). Dies führt bei der Synthese dazu, dass nur sehr kleine Löcher entstehen, die dann durch einfache Interpolation gefüllt werden können. Untersuchungen haben gezeigt, dass diese Vorgehensweise zu den geringsten wahrnehmbaren Artefakten führt. Im Abschnitt 11.2.5, S.224, sind Synthesebeispiele für diese unterschiedlichen Methoden angegeben.

Im letzten Fall, der Aufdeckung von Bereichen, die in den Originalansichten nicht sichtbar sind, muss eine geschickte Interpolation aus bereits synthetisierter Textur erfolgen.

In Abb. 11.4 sind für ein achsparalleles Stereokamerasystem und ein gegebenes Tiefenprofil eines 3-D-Objektes die Korrespondenzlinien zwischen der linken und rechten Ansicht angegeben. Die Korrespondenzlinien deuten die Parallaxe von Abbildungen des gleichen Objektpunktes an. Sie beschreiben also die Verschiebung eines Bildpunktes von der linken in die rechte Ansicht abhängig von seiner Tiefe. Bei einer Interpolation einer Zwischenansicht bewegt sich der Skalierungsfaktor in einem Bereich zwischen $0 < s < 1$. Aufgrund von Verdeckungen in der linken und rechten Ansicht treten Bereiche auf, für die keine Korrespondenz existiert. Diese Bereiche führen zu den bereits erwähnten Löchern in der Zwischenansicht.

Durch eine Fortführung der Korrespondenzlinien über die Bereiche $s < 0$ und $s > 1$ ist prinzipiell auch eine Extrapolation außerhalb der linken und rechten Kamera möglich. Hier kann es jedoch abhängig von der Tiefenstruktur der Szene zu Überlappungen kommen, so dass die verdeckungskompatible Reihenfolge bei der Synthese berücksichtigt werden muss. Dies bedeutet nichts anderes, als dass Bildpunkte im Vordergrund nicht von Bildpunkten im Hintergrund überschrieben werden dürfen.

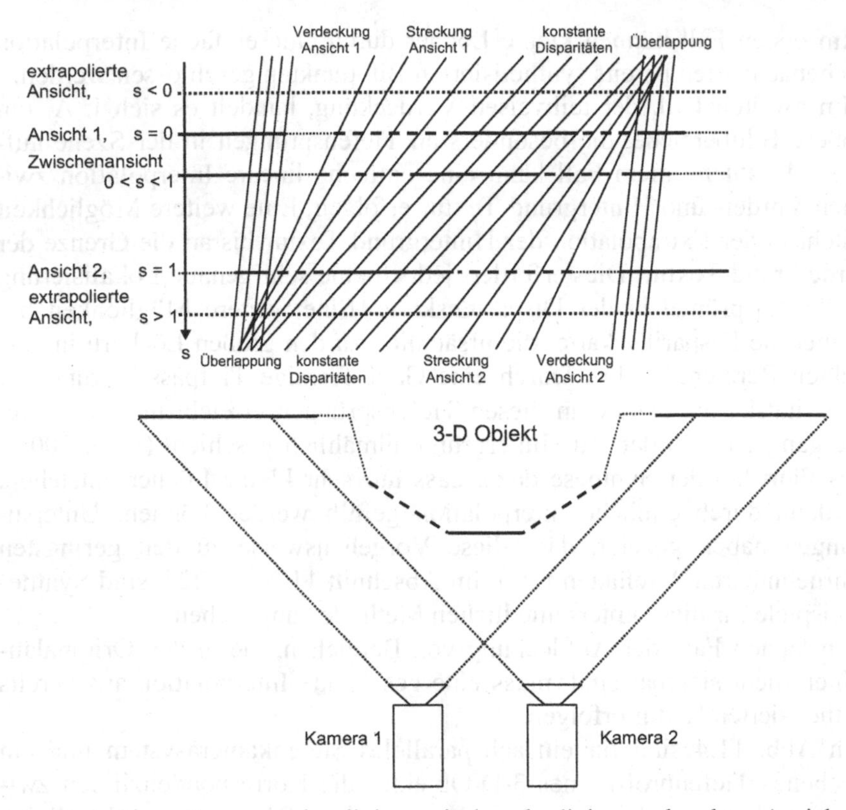

Abb. 11.4. Oben: Korrespondenzlinien zwischen der linken und rechten Ansicht für das angegebene Tiefenprofil einer Szene (unten), in verdeckten Bereichen sind keine Korrespondenzen möglich. In den Zwischenansichten oder den extrapolierten Ansichten ergeben sich die entsprechend verschobenen Pixelpositionen.

In den folgenden Abbildungen sind für ein Stereobildpaar Syntheseergebnisse einer Zwischenbildinterpolation zu sehen. Die Beispiele entstammen einer Videokonferenzanwendung (Ohm et al. 1998). Hier existiert die Problematik, dass der lokale Teilnehmer den anderen Gesprächsteilnehmer auf dem Display betrachtet, aber nicht gleichzeitig in die aufnehmende Kamera sehen kann. Diese ist i. A. am Displayrand angebracht, so dass es nicht möglich ist, Blickkontakt herzustellen. Die Zwischenbildinterpolation ermöglicht nun die Erzeugung einer Zwischenansicht einer virtuellen Kamera genau an der Position auf dem Display, wo der andere Gesprächsteilnehmer abgebildet ist und der Betrachter hinsieht. Dazu werden die Aufnahmen zweier seitlich am Display angebrachten Kameras einer Stereoanalyse unterzogen und dann basierend auf den Disparitäten eine Bildsynthese durchgeführt. In den Originalansichten in Abb.

11.5 ist deutlich zu erkennen, dass der Teilnehmer an den Kameras vorbei sieht. In Abb. 11.6 sind verschiedene Syntheseergebnisse dargestellt, wobei die mittlere Ansicht die Zwischenansicht für $s = 0.5$ zeigt. Man erkennt deutlich den gewünschten Blickkontakt. Die linke und rechte Ansicht zeigt eine Synthese außerhalb der beiden Kameras, die in gewissen Grenzen auch zu zufriedenstellenden Ergebnissen führt.

Abb. 11.5. Originalansichten eines Stereobildpaares (Quelle: Ohm et al. 1998)

Abb. 11.6. Nach links extrapolierte Ansicht (links), Mittelansicht (mitte), nach rechts extrapolierte Ansicht (rechts) (Quelle: Ohm et al. 1998)

11.2.2 Die Extrapolation senkrecht zur Basislinie

Die Synthesegleichungen in Gl. (11.8) und Gl. (11.9) ermöglichen bisher nur eine horizontale Bewegung der virtuellen Kamera auf der Verbindungsachse der beiden Stereokameras, der Basislinie. Aus der allgemeinen Beziehung zwischen den Abbildungen in Ansicht 1 und 2 kann auch eine erweiterte Betrachtung der Position der virtuellen Kamera vorgenommen werden. Dazu wird analog zu der Herleitung im horizontalen Fall die Kamera 2 als die virtuelle Kamera bezeichnet und die Verschiebung der virtuellen Kamera über ΔX, ΔY und ΔZ festgelegt.

$$x_v = \frac{1}{1+\Delta Z/Z_{c1}}(x_1 + \Delta X/Z_{c1}), \qquad y_v = \frac{1}{1+\Delta Z/Z_{c1}}(y_1 + \Delta Y/Z_{c1}) \tag{11.11}$$

Ersetzt man die Tiefe Z_{c1} durch Gl. (11.6), so erhält man:

$$x_v = \frac{1}{1-\Delta Z\frac{\delta'_x}{t_x}}\left(x_1 - \Delta X\frac{\delta'_x}{t_x}\right), \qquad y_v = \frac{1}{1-\Delta Z\frac{\delta'_x}{t_x}}\left(y_1 - \Delta Y\frac{\delta'_x}{t_x}\right) \tag{11.12}$$

Aus dieser allgemeinen Synthesegleichung für eine translatorische Bewegung der virtuellen Kamera können folgende Schlüsse gezogen werden.

1. Die vertikale Komponente der Bildkoordinate in der virtuellen Ansicht kann aus der horizontalen Disparität bestimmt werden.
2. Eine gleiche Verschiebung der virtuellen Kamera in horizontaler und vertikaler Richtung mit ΔX und ΔY führt zu einem gleichen Offset bei der Berechnung der neuen Bildpunktposition.
3. Eine Verschiebung der virtuellen Kamera in Z-Richtung um ΔZ führt zu einer gleichen Skalierung der horizontalen und vertikalen Komponenten des Bildpunktes in der virtuellen Kamera.

Die bisherigen Betrachtungen haben eine Drehung der virtuellen Kamera außer Acht gelassen. Wie kann nun diese Drehung in die Bildsynthese mit einbezogen werden? In Kapitel 7 „*Die Rektifikation*“ wurde hergeleitet, dass eine Drehung einer Kamera zu keiner neuen Perspektive auf die Szene führt. Damit kann ohne Kenntnis jeglicher Tiefeninformation über eine lineare Transformation die Ansicht einer gedrehten Kamera berechnet werden. Im Gegensatz dazu führt die Verschiebung der virtuellen Kamera zu einer neuen Perspektive. Bildbereiche, die in einer Kamera nicht sichtbar waren, werden sichtbar, Vordergrund verschiebt sich vor dem Hintergrund. In der Synthesegleichung drückt sich das durch die Berücksichtigung der Disparität korrespondierender Bildpunkte aus, die ein Äquivalent zur Tiefe des entsprechenden 3-D-Punktes ist. Somit kann die Drehung im Anschluss an die Bildsynthese für eine verschobene virtuelle Kamera durchgeführt werden. Damit lasst sich die vollständige Bildsynthese, wie folgt, zusammenfassen:

1. Rektifikation des konvergenten Stereokamerasystems in eine achsparallele Anordnung.
2. Stereoanalyse d. h. Bestimmung der Disparitätskarten
3. Bildsynthese für die verschobene virtuelle Kamera

4. Schließen von Löchern
5. Drehung der virtuellen Kamera unter Verwendung der Homographie-Transformation

Die Synthese einer neuen Ansicht mittels Extrapolation von der Basislinie wird in dem Prototypen eines immersiven Videokonferenzsystems erfolgreich eingesetzt. Dieses System nennt sich im.point – Immersive Meeting-Point, und wurde am Fraunhofer Institut für Nachrichtentechnik/Heinrich-Hertz-Institut entwickelt (Abb. 11.7).

Abb. 11.7. im-point – Immersive Meeting Point des FhG/HHI

Dieses Videokonferenzsystem ermöglicht es drei Teilnehmern, die sich an unterschiedlichen Orten befinden, an einem virtuellen Konferenztisch Platz zu nehmen (Tanger et al. 2004). Durch die lebensgroße Darstellung in hoher Videoqualität wird ein sehr natürlicher visueller Eindruck der entfernten Teilnehmer vermittelt. Das besondere an diesem System ist, dass aufgrund der Übertragung der realen Sitzanordnung der Teilnehmer in die virtuelle Szene, der lokale Teilnehmer registriert, wenn sich die beiden entfernten Teilnehmer ansehen. Dies ist bei klassischen Videokonferenzsystemen mit mehr als zwei Teilnehmern nicht möglich. Um das Problem des Blickkontaktes zu lösen, wird in diesem System die Ansicht einer virtuellen Kamera erzeugt, die senkrecht zur Basislinie bewegt wird. Da das

Stereokamerasystem, wie in Abb. 11.7 zu sehen ist, am Rand des Displays senkrecht angeordnet ist, muss die virtuelle Kamera horizontal in Richtung der Kopfposition des virtuellen Gesprächsteilnehmers, also senkrecht zur Basislinie, verschoben werden. Dieses System führt auf einem modernen PC die vollständige Stereoanalyse und Bildsynthese bei einer Bildwiederholrate von etwa 8 Bildern/s durch.

Das Verfahren der Zwischenbildinterpolation basiert auf einer Herleitung über die Projektionsgleichung und damit auf der expliziten Kenntnis der Kameraparameter des Stereosystems und der Position der virtuellen Kamera. Wie im Kapitel 10 „*Die Geometrie zwischen drei Ansichten*" gezeigt wurde, ist es möglich die Projektion eines 3-D-Punktes in eine dritte Ansicht durch die Korrespondenz von Bildpunkten in den ersten beiden Ansichten zu berechnen. Dabei können allein projektive Größen wie die Fundamental-Matrizen oder der trifokale Tensor verwendet werden. Die Verwendung der Fundamental-Matrizen zwischen zwei realen Kameras und einer virtuellen Kamera zur Bildsynthese bezeichnet man als Epipolar-Transfer und wird im folgenden Abschnitt beschrieben. Daran schließt sich eine allgemeinere Betrachtung unter Verwendung des trifokalen Tensors, die als trilineares Warping bezeichnet wird.

11.2.3 Epipolar-Transfer

Die erweiterte Epipolargeometrie für drei Ansichten wird als trifokales Stereo bezeichnet und man erhält eine einfache Synthesevorschrift, wenn man die dritte Ansicht als virtuelle Kamera betrachtet (Laveau u. Faugeras 1994). Existieren die Fundamental-Matrizen zwischen allen drei Ansichten, so kann durch den Epipolar-Transfer für zwei korrespondierende Bildpunkte in Ansicht 1 und 2 die entsprechende Pixelposition in der dritten Ansicht berechnet werden (siehe Abb. 11.8). Dies geschieht durch die Bestimmung des Schnittpunktes der beiden Epipolarlinien in der virtuellen Ansicht, die mit den jeweiligen Bildpunkten in Ansicht 1 und 2 korrespondieren.

$$\tilde{\mathbf{m}}_v = \mathbf{l}_{v1} \times \mathbf{l}_{v2} = \left(\mathbf{F}_{v1}\tilde{\mathbf{m}}_1\right) \times \left(\mathbf{F}_{v2}\tilde{\mathbf{m}}_2\right) \qquad (11.13)$$

Die Analyse dieser Synthesevorschrift zeigt jedoch, dass es Konfigurationen gibt, in welchen keine Bildpunktpositionen in der virtuellen Ansicht berechnet werden können. Offensichtlich ist keine Schnittpunktberechnung möglich, wenn die beiden Epipolarlinien in der virtuellen Ansicht parallel sind. Dies ist bei folgenden Konfigurationen der Fall:

1. Die Kamerazentren aller drei Kameras sind kollinear.

2. Die Kamerazentren der drei Kameras sind nicht kollinear, der 3-D-Punkt M der beiden korrespondierenden Abbildungen in Ansicht 1 und 2 liegt jedoch in der trifokalen Ebene, die durch die drei Kamerazentren aufgespannt wird.

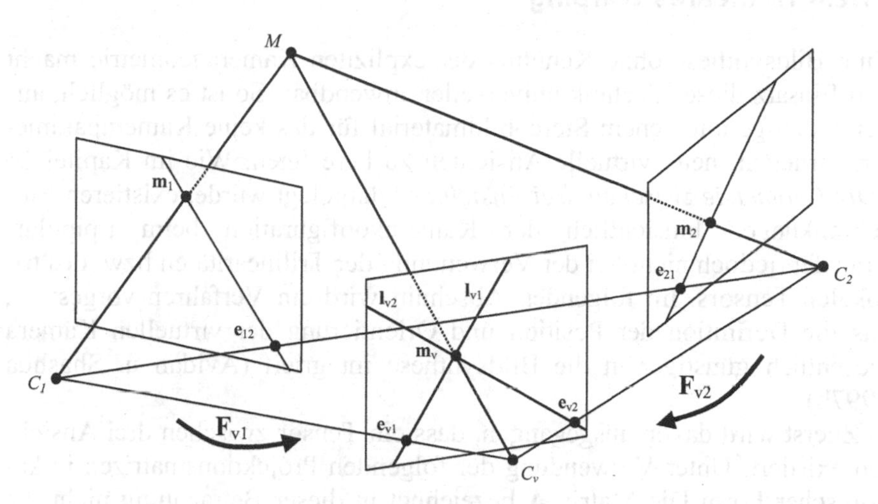

Abb. 11.8. Epipolar-Transfer aus zwei realen Kameras 1 und 2 in eine virtuelle Ansicht unter Verwendung der Punktkorrespondenzen zwischen den Ansichten der realen Kameras.

Die Epipolargeometrie zwischen den beiden realen Kameras kann entsprechend Kapitel 5 „*Die Schätzung der projektiven Geometrie*“ aus Punktkorrespondenzen bestimmt werden. Es bleibt als noch die Frage zu klären, wie die geometrische Beziehung der beiden realen Kameras zur virtuellen Kamera hergestellt wird. In Gl. (11.13) werden unbekannte Fundamental-Matrizen zwischen den realen und der virtuellen Kamera verwendet. In (Laveau u. Faugeras 1994) wird ein Verfahren vorgeschlagen, dass über Kontrollpunkte in den realen Ansichten die Position der neuen Ansicht und die Orientierung der Bildebene festlegt. Dabei müssen die Kontrollpunkte die Epipolargeometrie zwischen den realen Ansichten erfüllen, aber sie müssen nicht korrespondierende Abbildungen eines 3-D-Punktes in der Szene sein. Damit ist eine Berechnung des korrespondierenden Punktes in der virtuellen Kamera möglich, allein unter Verwendung der Epipolargeometrie zwischen den realen Ansichten und den vorhandenen Punktkorrespondenzen.

Analog zu den Betrachtungen im vorangegangenen Abschnitt zur Zwischenbildinterpolation treten natürlich auch hier die gleichen Probleme durch Aufdeckungen und Verdeckungen auf. Die Vorgehensweise zur Behandlung der Reihenfolge bei Verdeckungen und zum Schließen von Löchern kann auch hier verfolgt werden.

11.2.4 Trilineares Warping

Eine Bildsynthese ohne Kenntnis der expliziten Kamerageometrie macht den Einsatz dieser Technik universeller anwendbar. So ist es möglich, aus bereits aufgenommenem Stereobildmaterial für das keine Kameraparameter vorliegen, neue virtuelle Ansichten zu berechnen. Wie im Kapitel 10 „*Die Geometrie zwischen drei Ansichten*" dargelegt wurde, existieren Einschränkungen hinsichtlich der Kamerakonfiguration beim Epipolar-Transfer, jedoch nicht bei der Verwendung der Trilinearitäten bzw. des trifokalen Tensors. Im folgenden Abschnitt wird ein Verfahren vorgestellt, das die Definition der Position und Orientierung der virtuellen Kamera wesentlich günstiger in die Bildsynthese integriert (Avidan u. Shashua 1997b).

Zuerst wird davon ausgegangen, dass ein Tensor zwischen drei Ansichten existiert. Unter Verwendung der folgenden Projektionsmatrizen in kanonischer Form Die Matrix **A** bezeichnet in dieser Betrachtung nicht die intrinsische Matrix:

$$\mathbf{P}_1 = [\mathbf{I} \mid \mathbf{0}], \quad \mathbf{P}_2 = [\mathbf{A} \mid \mathbf{a}] = \left[a_j^i\right], \quad \mathbf{P}_3 = [\mathbf{B} \mid \mathbf{b}] = \left[b_j^i\right] \tag{11.14}$$

kann der trifokale Tensor wie folgt berechnet werden:

$$\tau_i^{jk} = a_i^j b_4^k - a_4^j b_i^k \tag{11.15}$$

Dabei bezeichnet a_i^k für $i = k = 1,2,3$ die Matrix **A,** welche die linke 3×3-Untermatrix der Projektionsmatrix der zweiten Kamera ist. Mit $j = 4$ wird die vierte Spalte dieser Projektionsmatrix indiziert, also der Vektor **a**. Für die weiteren Projektionsmatrizen gilt entsprechendes.

Nun soll unter Berücksichtigung einer Positionsänderung ein neuer Tensor zwischen der ersten, zweiten und vierten Ansicht berechnet werden. Dabei wird die Bewegung der neuen vierten Ansicht relativ zur Position der dritten Ansicht ausgedrückt. Dies ist zum Einen der Translationsvektor **t** und zum Anderen die Drehung, beschrieben durch eine Homographie-Matrix **D**. Die Projektionsmatrix der vierten Ansicht in kanonischer Form wird folgendermaßen definiert:

$$\mathbf{P}_4 = [\mathbf{C} \mid \mathbf{c}] = \left[c_j^i\right] \tag{11.16}$$

Der neue Tensor heißt entsprechend der Definition:

$$\gamma_i^{jk} = a_i^j c_4^k - a_4^j c_i^k \tag{11.17}$$

Verwendet man nun die Beziehung zwischen der dritten und vierten Ansicht, dann kann der neue Tensor, wie folgt, umformuliert werden. Dabei wird ausgenutzt, dass sich aufgrund der besonderen Eigenschaften von Homographien, die Homographie in der vierten Ansicht aus der Homographie der dritten Ansicht und der Drehung berechnen lässt:

$$\mathbf{C} = \mathbf{D} \cdot \mathbf{B} \tag{11.18}$$

Setzt man diese Beziehung in die Gl. (11.17) ein, dann erhält man:

$$\gamma_i^{jk} = a_i^j c_4^k - a_4^j \left(d_l^{jk} b_i^l\right) = \left(c_4^k - d_l^k b_4^k\right) a_i^j - d_i^k \tau_i^{jl} \tag{11.19}$$

Die translatorische Bewegung ist jedoch nichts anderes als

$$\mathbf{t} = \mathbf{c} - \mathbf{D}\mathbf{b} \quad \text{und in Tensor-Notation:} \quad t^k = c_4^k - d_l^k b_4^k \tag{11.20}$$

Damit erhält man schließlich:

$$\gamma_i^{jk} = t^k a_i^j - d_i^k \tau_i^{jl} \tag{11.21}$$

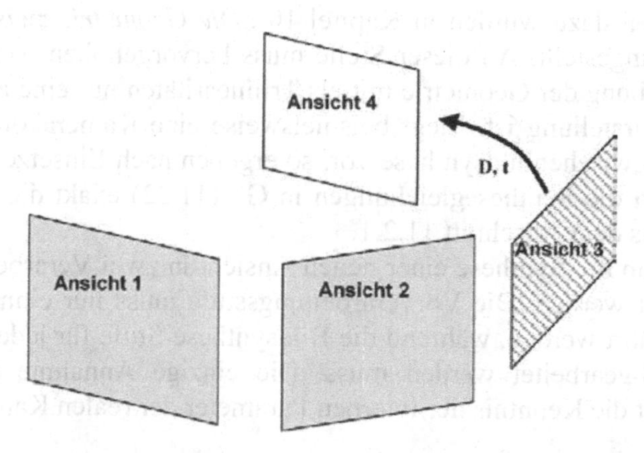

Abb. 11.9. Inkrementelle Änderung des Tensors beim trilinearen Warping

Da in einem realen System nur zwei Ansichten vorhanden sind, wird angenommen, dass die virtuelle Ansicht zu Beginn der Synthese identisch mit der Ansicht 2 ist. Unter dieser Voraussetzung kann als Starttensor bzw. *Seed-Tensor* der trivalente Tensor verwendet werden, der die Geometrie zwischen den Ansichten <1,2,2> beschreibt. Entsprechend den Ausführungen in Kapitel 10 „*Die Geometrie zwischen drei Ansichten*" kann der trivalente Tensor aus der Fundamental-Matrix zwischen den beiden realen Ansichten berechnet werden. Damit liegt ein Tensor vor, wo die virtuelle Ansicht in Position und Orientierung identisch ist mit der Ansicht 2. Unter Vorgabe einer neuen Rotation und Translation für die neue virtuelle dritte Ansicht kann dann aus Gl. (11.21) der neue Tensor berechnet werden. Mit den Synthese-Gleichungen für das trilineare Warping ist dann die Berechnung der Pixelposition in der neuen virtuellen dritten Ansicht möglich.

$$u_3 = \frac{\left(\tau_i^{11} - u_2 \tau_i^{31}\right) m_1^i}{\left(\tau_i^{13} - u_2 \tau_i^{33}\right) m_1^i}, \qquad v_3 = \frac{\left(\tau_i^{12} - u_2 \tau_i^{32}\right) m_1^i}{\left(\tau_i^{13} - u_2 \tau_i^{33}\right) m_1^i} \tag{11.22}$$

$$u_3 = \frac{\left(\tau_i^{21} - v_2 \tau_i^{31}\right) m_1^i}{\left(\tau_i^{23} - v_2 \tau_i^{33}\right) m_1^i}, \qquad v_3 = \frac{\left(\tau_i^{22} - v_2 \tau_i^{32}\right) m_1^i}{\left(\tau_i^{23} - v_2 \tau_i^{33}\right) m_1^i} \tag{11.23}$$

Man beachte die Summenkonvention des trilinearen Tensors:

$$\tau_i^{jk} m_1^i = \sum_{i=1}^{3} \tau_1^{jk} m_1^1 + \tau_2^{jk} m_1^2 + \tau_3^{jk} m_1^3, \qquad \text{für } j,k \in (1,2,3) \tag{11.24}$$

Welche der beiden Synthesegleichungen verwendet wird, hängt von der Lage der virtuellen Kamera bezüglich der realen Kameras ab. Genauere Betrachtungen dazu wurden in Kapitel 10 „*Die Geometrie zwischen drei Ansichten*" angestellt. An dieser Stelle muss hervorgehoben werden, dass die Beschreibung der Geometrie mittels Trilinearitäten nur eine allgemeine Form der Darstellung ist. Liegt beispielsweise eine Kamerakonfiguration wie bei der Zwischenbildsynthese vor, so ergeben nach Einsetzen der Vereinfachungen die Synthesegleichungen in Gl. (11.22) exakt die Synthesevorschrift aus dem Abschnitt 11.2.1.

Damit kann die Synthese einer neuen Ansicht in zwei Verarbeitungsstufen unterteilt werden. Die Vorverarbeitungsstufe muss nur einmal zu Beginn ausgeführt werden, während die Bildsynthese-Stufe für jede neue Ansicht neu abgearbeitet werden muss. Die einzige Annahme in diesem Verfahren ist die Kenntnis der internen Parameter der realen Kameras.

I. Vorverarbeitungsstufe:

1. Berechnung dichter Punktkorrespondenzen zwischen den zwei realen Ansichten
2. Schätzung der Fundamental-Matrix aus den zwei realen Ansichten
3. Berechnung des trivalenten Tensors für die Ansichten < 1, 2, 2 > aus den Elementen der Fundamental-Matrix
4. Berechnung der Rotation zwischen den beiden Ansichten

II. Bildsynthese-Stufe:

1. Festlegung der Rotation und Translation der zweiten Kamera für die neue Position, d. h. < 1, 2, 2 > → < 1, 2, 3 >
2. Berechnung des neuen Tensors nach Gleichung (17)
3. Berechnung der neuen Bildpunktpositionen in der neuen Ansicht für die existierenden Punktkorrespondenzen in Ansicht 1 und 2
4. Bestimmung des Farb-, Intensitätswertes des neuen Bildpunktes durch Mittelung der korrespondierenden Pixel in Ansicht 1 und 2
5. Füllen der verbleibenden Löcher in der neuen Ansicht

Für die Originalansichten eines Stereosystems in Abb. 11.10 sind basierend auf dem trilinearen Warping in Abb. 11.11 und Abb. 11.12 neue Ansichten dargestellt.

Abb. 11.10. Originalansichten eines konvergenten Stereosystems

Abb. 11.11. Bildbeispiele für synthetisierte Ansichten bei Verwendung des trilinearen Warping

Abb. 11.12. Weitere Bildbeispiele für trilineares Warping

11.2.5 Tiefenbasierte Synthese

Die tiefenbasierte Synthese geht davon aus, dass man zu einem Kamerabild ein entsprechendes Tiefenbild der gleichen Auflösung vorzuliegen hat. Dabei entsprechen die Grauwerte der Tiefe der jeweiligen Punkte in der Szene. In Abb. 11.13 ist eine Textur- und Tiefenkarte als Beispiel angegeben. Mit dieser Information ist es nun möglich, in einem beschränkten Bereich neue Ansichten zu erzeugen. Dies kann vor allem für eine stereoskopische Darstellung von Videoszenen ausgenutzt werden, wo für das linke und rechte Auge unterschiedliche Ansichten generiert werden müssen. Um zusätzlich zur stereoskopischen Darstellung eine Bewegungsparallaxe bei Kopfbewegung zu erzeugen, ist ebenfalls eine Synthese neuer Ansichten erforderlich. In ersten Konzepten für dreidimensionales Fernsehen (3-D-TV) werden derartige Ansätze verfolgt und bereits in Prototypen eingesetzt (Redert et al. 2002, Fehn et al. 2002).

Abb. 11.13. Textur- und Tiefenkarte (Quelle: Testmaterial des Europäischen IST-Projektes ATTEST -2001-34396, (ATTEST 2004), C. Fehn, FhG/HHI)

Die dazu notwendige Tiefeninformation kann auf unterschiedliche Weise gewonnen werden. So ist seit kurzem eine aktive Entfernungskamera, die sog. Zcam™ von 3DV Systems, auf dem Markt, die in eine konventionelle TV-Kamera einen Infrarot-Sensor integriert hat. Damit ist es möglich, durch Messung der Laufzeit des gesendeten und reflektierten Infrarot-Lichts, für jeden Bildpunkt eine Entfernung zur Kamera zu bestimmen (Iddan u. Yahav 2001).

Um jedoch herkömmliches 2-D-Videomaterial nutzen zu können, werden Verfahren aus dem Bereich „Struktur aus Bewegung" (engl. *structure from motion*) eingesetzt, um die Tiefeninformation zu extrahieren. Durch eine Korrespondenzanalyse in zeitlich aufeinanderfolgenden Bildern kann dann in gewissen Grenzen die grobe Tiefenstruktur einer Szene nachträglich berechnet werden (Pollefeys et al. 2001, Hartley u. Zisserman 2004).

Diese Art der Szenenbeschreibung durch eine Textur und Tiefe wird als 2.5-D-Video bezeichnet, da keine komplette 3-D-Information der Szene sondern nur die Tiefeninformation zu einer Ansicht zur Verfügung steht.

Die Bildsynthese erfolgt dann durch eine Rekonstruktion der Bildpunkte in den 3-D-Raum und dann durch eine Rückprojektion in die Bildebene der virtuellen Kamera.

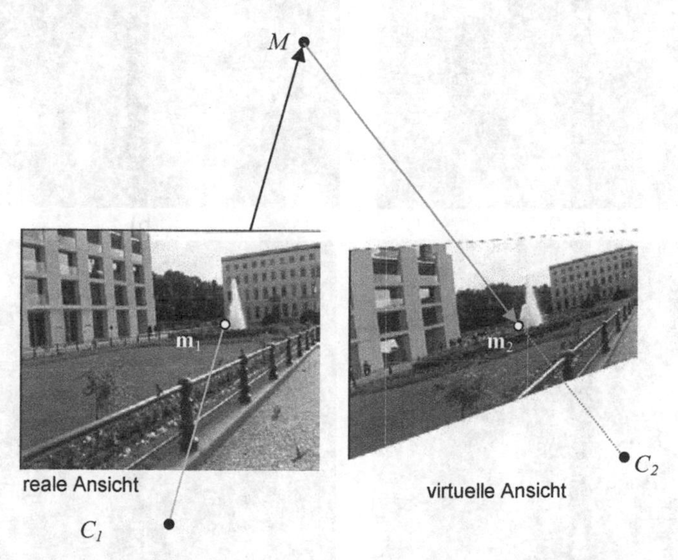

Abb. 11.14. Rekonstruktion und Rückprojektion in die virtuelle Ansicht

Die Synthesegleichung kann im Prinzip aus der verallgemeinerten Disparitätsgleichung abgeleitet werden, die in Kapitel 6 „*Die Homographie zwischen zwei Ansichten*" bereits vorgestellt wurde.

$$\tilde{\mathbf{m}}_2 = \mathbf{A}_2\mathbf{R}\mathbf{A}_1^{-1}\tilde{\mathbf{m}}_1 + \frac{1}{Z_1}\mathbf{A}_2\mathbf{t} \tag{11.25}$$

Sie stellt die Beziehung zwischen Abbildungen in zwei Ansichten her, wobei die Tiefenkomponente Z_1 des entsprechenden 3-D-Punktes in dieser Gleichung enthalten ist. Betrachtet man nun die zweite Ansicht als virtuelle Ansicht, dann beschreiben die Rotation **R** und Translation **t** die Position und Orientierung der virtuellen Kamera. Die intrinsische Matrix $\mathbf{A}_1$ enthält die internen Parameter der realen Kamera. Definiert man dann noch eine intrinsische Matrix $\mathbf{A}_2$ für die internen Parameter der virtuellen Kamera, dann kann unter Verwendung der bekannten Tiefeninformation Z_1 für den Bildpunkt in der realen Ansicht die Position der korrespondierenden Abbildung in der virtuellen Ansicht berechnet werden. In Abb. 11.15 sind Syntheseergebnisse für unterschiedliche Ansätze des Füllens von Löchern dargestellt (Fehn 2004).

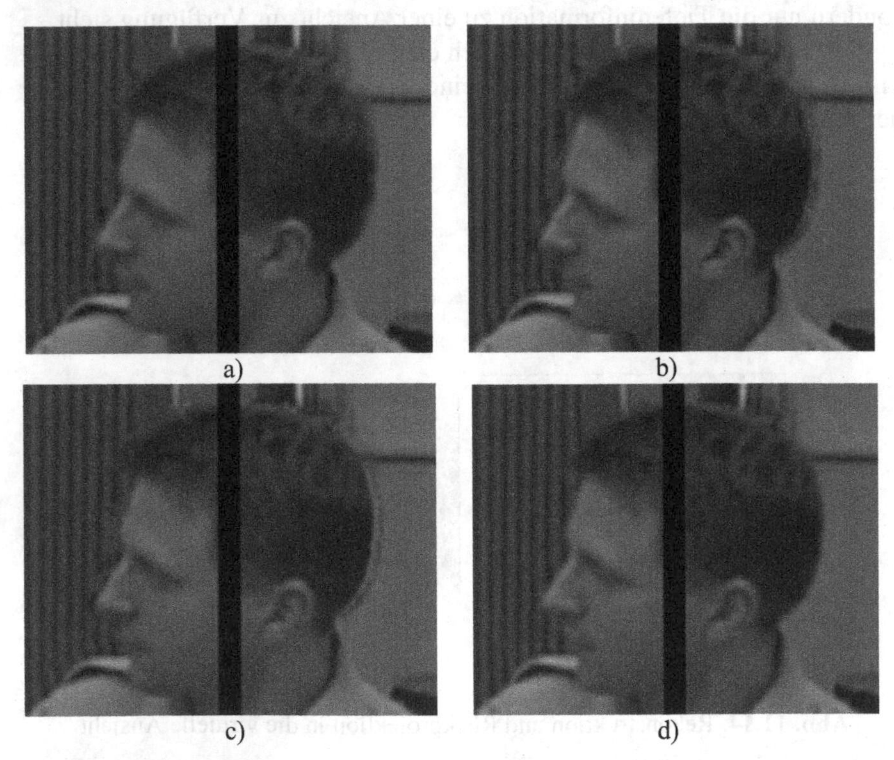

Abb. 11.15. Verschiedene Syntheseergebnisse eines Bildausschnittes aus dem Originalbild in Abb. 11.13: a) Lineare Interpolation zwischen Vorder- und Hintergrund, b) Extrapolation des Szenen-Hintergrundes, c) Spiegelung der Bildinformation an Tiefensprüngen, d) Vorverarbeitung der Disparitätskarten mit einer gaußförmigen Tiefpassfilterung (Quelle: C. Fehn, FhG/HHI)

Die linke und rechte Bildhälfte jedes Beispiels zeigt den Ausschnitt für die künstlich erzeugte linke und rechte Ansicht eines stereoskopischen Bildpaares, dass auf einem autostereoskopischen Display wiedergegeben wird. In Bild a) wurde eine lineare Interpolation zwischen Vorder- und Hintergrundtextur vorgenommen. Es sind deutliche Verschmierungen an den Übergängen zu erkennen. In Bild b) wurde der Hintergrund extrapoliert. Eine Spiegelung der Hintergrundtextur wurde in Bild c) angewandt. Die geringsten wahrnehmbaren Artefakte konnten jedoch durch eine Gauß-Filterung der Disparitätskarten erzielt werden.

11.3 Weitere Konzepte zur bildbasierten Synthese

In den letzten Jahren wurden eine Reihe von weiteren Verfahren zur Bildsynthese entwickelt, die nicht auf einer Stereoanalyse beruhen. Eine sehr kompakte Einordnung der Gesamtheit aller Bildsyntheseverfahren wurde von H. Shum und S.B. Kang vorgenommen, die im folgenden erläutert wird (Shum u. Kang 2000).

Die bereits ausführlich dargestellten impliziten Verfahren bewegen sich in der Mitte dieses Konzeptes. Eine weitere Klasse von Verfahren bezeichnet man als Synthese ohne Geometrie. Die Idee ist, möglichst viele Aufnahmen einer Szene zu erzeugen und dann durch eine entsprechende Auswahl oder gegebenenfalls durch Interpolation von Bildpunkten die gewünschte Perspektive zu generieren. Dadurch kann auf eine Stereoanalyse verzichtet und nur die Bildinformation aus unterschiedlichen Ansichten verwendet werden.

Während bei der Synthese ohne Geometrie keinerlei Szeneninformation verwendet wird, kann genau die entgegengesetzte Richtung eingeschlagen werden und besonders detaillierte Information über die Geometrie der Szene verwendet werden. Durch eine entsprechend aufwändige Bildanalyse lassen sich inzwischen sehr genaue 3-D-Modelle einer natürlichen Szene erzeugen. In Kapitel 9 „*3-D-Rekonstruktion*“ wurden Verfahren zur volumetrischen Modellierung vorgestellt. Diese 3-D-Modelle liegen dann in Form eines Drahtgittermodells (engl. *wireframe*) oder eines Voxel-Modells vor. Durch ein anschließendes Aufbringen der Textur aus realen Kameraansichten ergeben sich sehr realistische Darstellungen, für die nahezu beliebige Perspektiven generiert werden können. Verfahren aus dieser Kategorie bezeichnet man als Synthese mit expliziter Geometrie.

An dieser Stelle wird deutlich, dass eine strikte Aufteilung in bestimmte Kategorien nicht immer möglich ist. Vielmehr verlaufen die Grenzen fließend und die Verfahren benutzen gezielt Methoden aus verschiedenen Kategorien, um bessere Ergebnisse zu erzielen (Abb. 11.16). Der Spannungsbogen hinsichtlich der Einflussgrößen erstreckt sich von der Anzahl der verfügbaren oder notwendigen Ansichten, der angestrebten Synthesequalität, über die Kenntnis der Szenengeometrie bis hin zu Anforderungen an die Rechenzeit oder den Speicheraufwand für die zur Synthese notwendigen Daten. Ein weiterer Aspekt ist die Frage, ob nur Ansichten einer statischen Szene erzeugt werden können, oder ob die Szenen dynamisch sind bzw. die Synthese einer aufgenommenen Szene in Echtzeit durchgeführt werden kann.

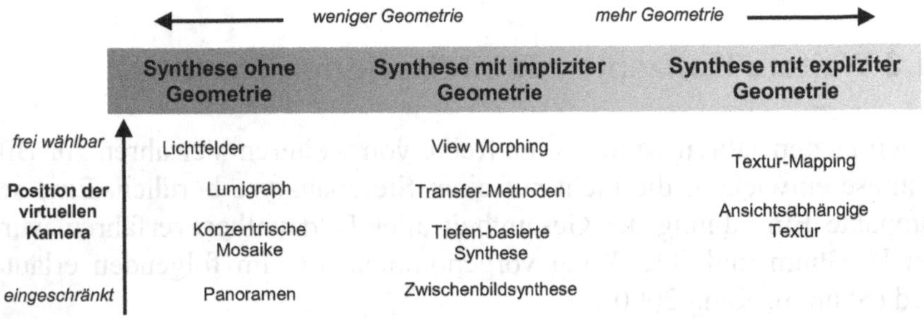

Abb. 11.16. Klassifikation von Bildsyntheseverfahren

11.3.1 Synthese ohne Geometrie

Im folgenden wird davon ausgegangen, dass keine Kenntnis über die Szenengeometrie vorliegt, sondern nur eine Vielzahl von Kameraansichten verfügbar sind. Grundlage für diese Verfahren ist die sog. *plenoptische Funktion*, welche die Irradianz an jedem Punkt im Raum beschreibt. Sie stellt die ideale Funktion zur Beschreibung von Lichtstrahlen im Raum dar.

11.3.1.1 Die plenoptische Funktion

Die plenoptische Funktion wurde erstmals von Adelson und Bergen definiert (Adelson u. Bergen 1991). Sie beschreibt die Intensität eines Lichtstrahls mit beliebiger Wellenlänge λ, zu jedem Zeitpunkt t in jedem möglichen Winkel θ und ϕ, der auf eine Kamera an jedem Ort x, y, z fällt.

$$p = P(\theta, \phi, \lambda, x, y, z, t) \tag{11.26}$$

Damit hat diese allgemeinste Beschreibung eines Lichtstrahles im Raum sieben Dimensionen (Abb. 11.17).

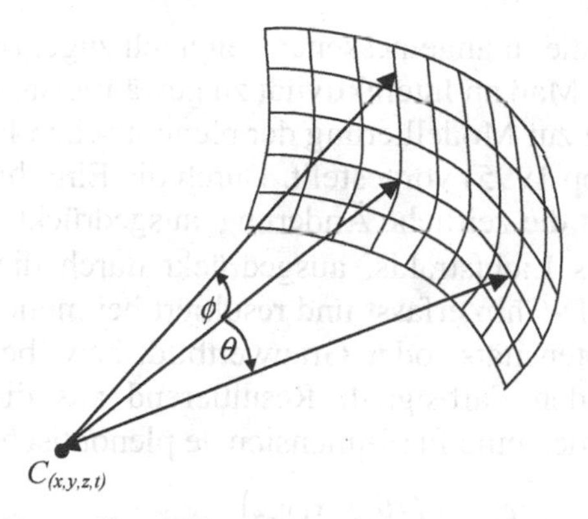

Abb. 11.17. Darstellung der Parameter der plenoptischen Funktion

Die Position des Betrachters bzw. der virtuellen Kamera hängt von den 3-D-Koordinaten x, y, z ab, die Änderung der Szene wird durch den zeitlichen Parameter t bestimmt; die Winkel Φ und θ legen die Einfallswinkel des Lichtstrahles fest, während die Wellenlänge λ die Farbe des reflektierten Lichts beschreibt.

Um also eine Szene an jedem Ort zu jedem Zeitpunkt aus jeder Richtung betrachten zu können, bräuchte man unendlich viele Kameras. Nun können ausgehend von dieser Funktion Überlegungen angestellt werden, wie die Funktion in ihren Dimensionen eingeschränkt werden kann. Zusätzlich zur Dimensionalität des Problems kommt noch das Problem der Diskretisierung, denn die plenoptische Funktion ist im allgemeinen Fall eine kontinuierliche Funktion.

Da man die Szenen jedoch mit einer endlichen Anzahl Kameras an diskreten Orten mit endlicher Auflösung aufnimmt, muss die Frage nach der Diskretisierung untersucht werden. Damit handelt es sich um zwei wesentliche Fragenkomplexe:

1. Wie geschieht die Bildaufnahme der 3-D-Szene, d. h. wie ist die örtliche Auflösung? In diesem Zusammenhang ist auch die Repräsentation der Bilddaten von Bedeutung.

2. Wie kann aus den vorliegenden diskreten Bilddaten eine kontinuierliche plenoptische Funktion generiert werden, die dann an den gewünschten Positionen in der entsprechenden Blickrichtung wiederum abgetastet werden kann?

In diesem Zusammenhang ist auch die Datenmenge zu betrachten, denn es ist leicht nachzuvollziehen, dass bei einer angemessenen Bildauflösung allein an einer Position mit einem 360° Blickfeld entsprechend viele Bilddaten anfallen, auf die in angemessener Zeit auch zugegriffen werden sollte, um ein gewisses Maß an Interaktivität zu gewährleisten.

Ein erster Ansatz zur Modellierung der plenoptischen Funktion wurde in (McMillan u. Bishop 1995) vorgestellt. Durch die Einschränkung auf statische Szenen entfällt die zeitliche Änderung, ausgedrückt durch die Variable t. Die Farbe des Lichtstrahls, ausgedrückt durch die Wellenlänge λ, wird durch den CCD-Chip erfasst und resultiert bei monochromer Bildaufnahme in einem Intensitäts- oder Grauwertbild, bzw. bei Farbkameras in einem entsprechenden Farbsignal. Resultierend aus dieser Betrachtung verbleibt also nur noch eine fünfdimensionale plenoptische Funktion:

$$p_{5D} = P(\theta, \phi, x, y, z) \tag{11.27}$$

11.3.1.2 Lichtfeldsynthese und Lumigraph

Lichtfeldsynthese

Der Begriff Lichtfeld wurde von A. Gershun 1936 geprägt (Gershun 1936) und bezeichnet ein Volumen, in dem alle Lichtstrahlen in allen Richtungen bekannt sind. Durch die Begrenzung auf ein definiertes Volumen und die Transformation der sphärischen Koordinaten in planare Bildkoordinaten ergibt sich eine weitere Reduktion um eine Dimension. Die Transformation von der Koordinaten der Bildebene in Kugelkoordinaten lautet:

$$\phi = \tan(v/u), \qquad \theta = \tan(u/v) \tag{11.28}$$

Dabei wird der Bildsensor als tangentiale Ebene an einer Einheitskugel aufgefasst (Abb. 11.18).

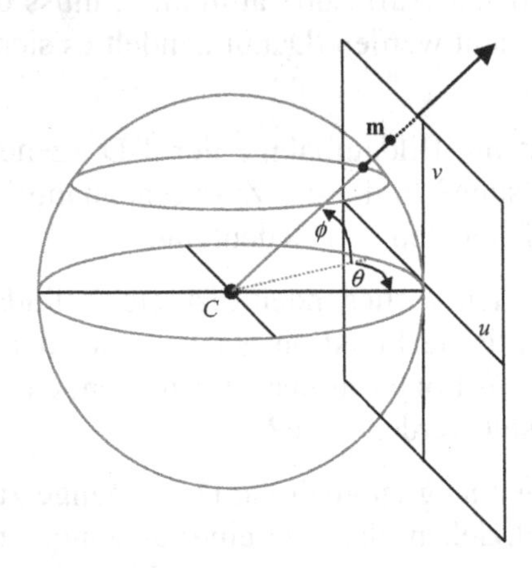

Abb. 11.18. Transformation der Ebenenkoordinaten des Bildsensors in Kugelkoordinaten der plenoptischen Funktion

Durch diese Beziehung zwischen Bildkoordinaten des Sensors und den Kugelkoordinaten der plenoptischen Funktion ist gleichzeitig die notwendige Bildauflösung des Bildsensors vorgegeben. Deshalb kann die plenoptische Funktion auch als Abtasttheorem für optische Strahlen im dreidimensionalen Raum betrachtet werden.

Die Parametrisierung erfolgt nun durch zwei Ebenen (p,q) und (r,s), wobei ein Lichtstrahl durch einen Punkt auf der p,q-Ebene und der r,s-Ebene festgelegt ist (siehe Abb. 11.19). Das Volumen zwischen den beiden Ebenen wird dann als Lichtfeld bezeichnet (Levoy u. Hanrahan 1996). Da die optischen Strahlen durch die Position in der einfallenden und der austretenden Ebene festgelegt sind, ergibt sich eine vierdimensionale plenoptische Funktion:

$$p_{4D} = P(p,q,r,s) \tag{11.29}$$

Die optischen Zentren der realen Kameras befinden sich in der p,q-Ebene, während die Bildebenen der neuen virtuellen Kamera in der r,s-Ebene positioniert sind. Durch eine Vielzahl von realen Kameras die in der p,q-Ebene angebracht sind, kann dann durch eine entsprechende Parametrisierung der Lichtstrahlen dieses Lichtfeld erzeugt werden.

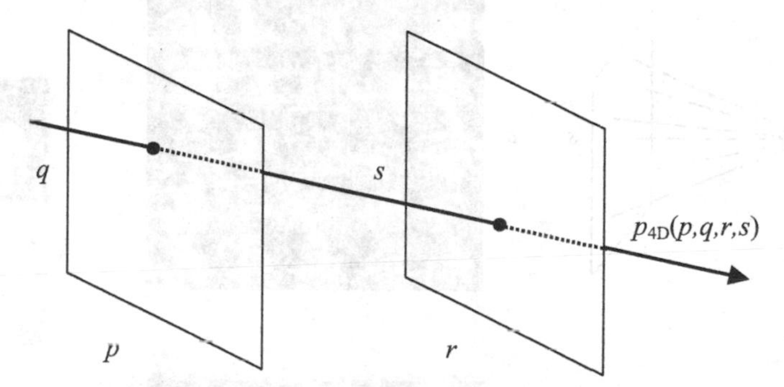

Abb. 11.19. Lichtkanal der Lichtfeldsynthese

In Abb. 11.20 ist ein Mehr-Kamera-System der Stanford Universität dargestellt, dass eine Kamera-Matrix mit 8×16 Kameras enthält. In Abb. 11.21 sind die optischen Strahlen aus Sicht der p,q-Ebene und der r,s-Ebene dargestellt. Im oberen Teil der Abb. 11.21 sind die optischen Strahlen aus Sicht der p,q-Ebene dargestellt. Diese Ebene enthält die Kameras und somit stellt jedes Teilbild eine Kameraansicht dar. Im unteren Teil dieser Abbildung sind die optischen Strahlen in umgekehrter Richtung aus Sicht der r,s-Ebene angegeben. Diese Darstellung zeigt die Teilbilder, welche die optischen Strahlen aller Kameras für einen Punkt der Szene zusammenfasst.

Abb. 11.20. Mehrkamerasystem zur Bildakquisition von Lichtfeldern (Quelle: M. Levoy u. P. Hanrahan, Stanford University, CA, USA)

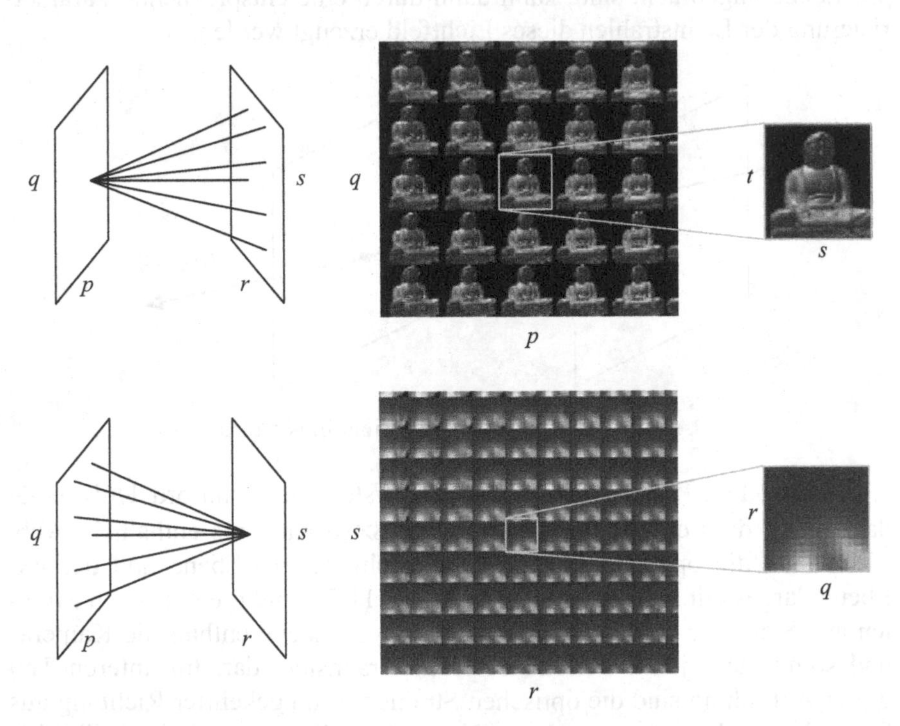

Abb. 11.21. Anordnung der Bilddaten in der Kameraebene (oben) und in der Bildebene (unten), (Quelle: M. Levoy u. P. Hanrahan, Stanford University, CA, USA)

Um nun aus diesem Lichtfeld eine neue Ansicht zu generieren, muss nur die Position und Orientierung der Kamera festgelegt werden. Dann kann durch die daraus resultierenden optischen Strahlen die entsprechende Zuordnung zwischen der *p,q*- und der *r,s*-Ebene getroffen und die neue Ansicht durch Kopieren bzw. durch Interpolation benachbarter Bildpunkte gewonnen werden (siehe Abb. 11.22).

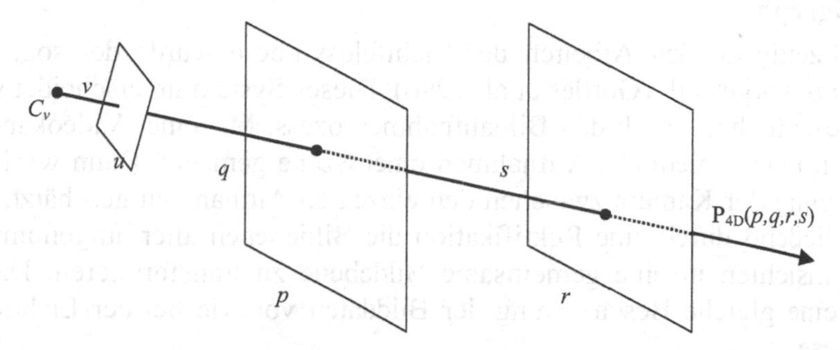

Abb. 11.22. Syntheseprozess für eine virtuelle Kamera an neuer Position mit neuer Orientierung

Eine wesentliche Herausforderung bei der Lichtfeldsynthese ist die Speicherung der Bilddaten und der entsprechend schnelle Zugriff bei der Synthese. Die Rohdaten eines Lichtfeldes mit über 100 Kameraansichten kann abhängig von der gewünschten Auflösung schnell mehrere Giga-Byte erreichen. Um interaktiv beliebige Ansichten innerhalb des Lichtfeldes zu synthetisieren, müssen die entsprechenden Bilddaten aus dem Lichtfeld ausgelesen werden. Deshalb stellt die Kompression der Lichtfelder eine große Herausforderung dar (Tong u. Gray 2003).

Für die Kompression von Lichtfeldern wird zum Einen die Vektorquantisierung eingesetzt. Sie codiert die Bilddaten der aufgenommenen Bilder blockweise, d. h. jeder Datenvektor wird in ein Codebuch eingetragen und mit einer Codenummer versehen. Gleiche Datenvektoren erhalten gleiche Codebucheinträge. Bei der Decodierung muss nur der, dem Codebucheintrag, entsprechende Datenvektor für die Synthese verwendet werden. Die möglichen Kompressionsraten liegen im Bereich 24:1.

Zum Anderen werden Standardverfahren aus der Videokodierung, wie z. B. der H.263-Standard eingesetzt. In diesem Kodierverfahren wird die Ähnlichkeit zwischen aufeinanderfolgenden Bildern ausgenutzt, indem gleiche Bildblöcke in aufeinanderfolgenden Bildern gesucht werden. Wurden annähernd gleiche Bildblöcke gefunden, so braucht nur noch der Bewegungsvektor zwischen dem Originalbildblock und dem Zielbildblock übertragen werden. Da beide Blöcke in der Regel nicht identisch sind, wird für eine perfekte Kodierung noch das Fehlersignal übertragen. Dieses Verfahren wird als Bewegungskompensation (engl. *motion compensation*) bezeichnet. In dieser Klasse von Verfahren sind wesentlich höhere Kompressionsraten zu erzielen, die sich im Bereich 100:1 bis 200:1 bewegen, abhängig von dem geleisteten Kodieraufwand.

Lumigraph

Gleichzeitig zu den Arbeiten der Lichtfeldsynthese wurde der sog. *Lumigraph* vorgestellt (Gortler et al. 1996). Dieses System unterscheidet sich im wesentlichen durch den Bildaufnahmeprozess. Mit einer Videokamera werden unterschiedliche Aufnahmen einer Szene gemacht. Dann wird die Bewegung der Kamera zwischen den einzelnen Aufnahmen geschätzt, um anschließend durch eine Rektifikation die Bildebenen aller aufgenommenen Ansichten in eine gemeinsame Bildebene zu transformieren. Damit liegt eine gleiche Beschreibung der Bilddaten vor wie bei der Lichtfeldsynthese.

11.3.1.3 Konzentrische Mosaike

Durch eine weitere Einschränkung in der Bewegungsfreiheit der Kamera auf eine Dimension, ergibt sich ein einfachere Möglichkeit der Erzeugung der Originalbilddaten und der anschließenden Synthese von neuen Ansichten. Durch einen speziellen Aufbau für die Bildaufnahme ist eine einfachere Erzeugung von unterschiedlichen Perspektiven möglich (Shum u. He 1999). Konzentrische Mosaike werden durch drei Parameter beschrieben, dem horizontalen Drehwinkel θ, dem vertikalen Drehwinkel ϕ und dem Radius r. Damit stellt dieses Verfahren eine weitere Reduzierung der Dimensionen der plenoptischen Funktion auf drei Freiheitsgrade dar.

$$p_{3D} = P(\theta, \phi, r) \tag{11.30}$$

Durch eine speziellen Aufbau für die Bildaufnahme können diese konzentrischen Mosaike sehr leicht gewonnen werden. Dazu werden mehrere Kameras an einem drehbaren Arm montiert. Für diesen Aufbau genügt die Verwendung von Zeilenkameras, die für jede Position auf dem Kreisradius eine vertikale Bildzeile aufnehmen (siehe Abb. 11.23). Mit hochauflösenden Zeilenkameras können inzwischen zentrische Panoramen mit einer Auflösung von bis zu 30.000 × 100.000 Pixel aufgenommen werden.

Die verschiedenen konzentrischen Mosaike stellen Ansichten an unterschiedlichen Positionen bereit, wodurch in der Synthese die Erzeugung von Parallaxe möglich ist.

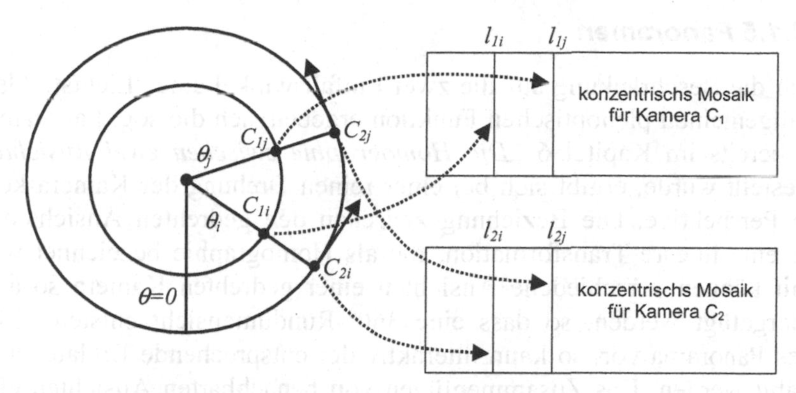

Abb. 11.23. Bildakquisition bei konzentrischen Mosaike mit zwei Zeilenkameras, die an einem rotierenden Arm angebracht sind

Dies geschieht auf folgende Weise: Geht man von einem neuen Blickpunkt P aus, so ergeben sich die Bildpunkte in der neuen Ansicht wie folgt (siehe Abb. 11.24). Der Sehstrahl in Richtung V_i zeigt auf einen Punkt in der Szene, der durch die Kamera C_1 an der Position V_i aufgenommen wurde. Ein weiterer Sehstrahl in Richtung V_j wurde von Kamera C_2 aufgenommen. Die fehlenden Bildpunkte können durch Interpolation aus benachbarten Bildpunkten unterschiedlicher Kameras interpoliert werden.

Damit steht eine sehr einfache Möglichkeit zur Verfügung, neue Ansichten ohne eine aufwändige Disparitätsanalyse zu erzeugen. Die Bewegung der virtuellen Kamera ist begrenzt auf eine ebene Bewegung innerhalb konzentrischer Kreise. Im Vergleich zu den Lichtfeldern ist der notwendige Speicherbedarf wesentlich geringer, da nur eine dreidimensionale plenoptische Funktion die Grundlage bildet.

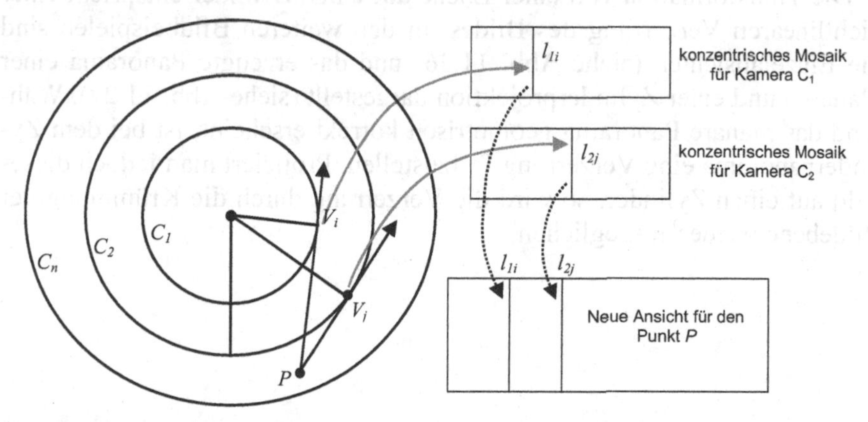

Abb. 11.24. Synthese einer neuen Ansicht für einen Blickpunkt an der Position P

11.3.1.5 Panoramen

Durch die Beschränkung auf die zwei Einfallswinkel eines Lichtstrahls in der allgemeinen plenoptischen Funktion ergeben sich die sog. Panoramen. Wie bereits im Kapitel 6 „*Die Homographie zwischen zwei Ansichten*" dargestellt wurde, ergibt sich bei einer reinen Drehung der Kamera keine neue Perspektive. Die Beziehung zwischen den gedrehten Ansichten ist dann eine lineare Transformation, die als Homographie bezeichnet wird. Damit können verschiedene Ansichten einer gedrehten Kamera so aneinandergefügt werden, so dass eine 360°-Rundumansicht entsteht. Liegt dieses Panorama vor, so kann interaktiv der entsprechende Bildausschnitt gewählt werden. Das Zusammenfügen von benachbarten Ansichten einer gedrehten Kamera zu einem nahtlosen Panorama wird *Stitching* genannt. Da dieses Aneinanderfügen sowohl in horizontaler als auch in vertikaler Richtung angewendet werden kann, erhält man für die feste Kameraposition folgende plenoptische 2-D-Funktion (Szelisky u. Shum 1997).

$$p_{2D} = P(\theta, \phi) \tag{11.31}$$

Bei Panoramen kann zwischen der Bildaufnahme und der Bildwiedergabe getrennt werden. Es ist deshalb abhängig von der Projektionsfläche eine planare oder eine zylindrische Darstellung möglich. Bei planaren Panoramen werden benachbarte Ansichten auf eine gemeinsame Bildebene transformiert, dies entspricht einer Vorgehensweise, wie bei der Rektifikation. Das resultierende Panorama hat dann eine höhere örtliche Auflösung und kann dann z. B. für hochauflösende Projektionen verwendet werden. Diese Vorgehensweise ist für zukünftige digitale Kinoanwendungen interessant. Die Rundumansichten können jedoch auch auf einen Zylinder projiziert werden (siehe Abb. 11.25).

Die Transformation von einer Ebene auf einen Zylinder entspricht einer nichtlinearen Verzerrung des Bildes. In den weiteren Bildbeispielen sind die Einzelansichten (siehe Abb. 11.26) und das erzeugte Panorama einer planaren und einer Zylinderprojektion dargestellt (siehe Abb. 11.27). Während das planare Panorama geometrisch korrekt erscheint, ist bei dem Zylinderpanorama eine Verzerrung festzustellen. Projiziert man jedoch dieses Bild auf einen Zylinder, so wird die Verzerrung durch die Krümmung der Bildebene wieder ausgeglichen.

Abb. 11.25. Beispiel für eine großflächige Zylinderprojektion mit mehreren Projektoren (Quelle: U. Höfker, FhG/HHI)

Abb. 11.26. Drei Einzelansichten, die mit einer gedrehten Kamera aufgenommen wurden (Quelle: P. Eisert, FhG/HHI)

Abb. 11.27. Planares Panorama (links) und Zylinder-Panorama (rechts) (Quelle: P. Eisert, FhG/HHI)

Ein Verfahren zur kommerziellen Nutzung von Panoramen ist das bekannte Video Format „Apple QuickTime VR“. Hier werden in einer 3-D-Szene an verschiedenen örtlichen Positionen Panoramen erzeugt, die der Benutzer dann wahlweise betrachten kann und in welchen er sich dann kontinuierlich in einer Rundumansicht bewegen kann (Chen 1995).

11.3.1.6 Zusammenfassung

Die unterschiedlichen Verfahren und Vereinfachungen der plenoptischen Funktion sind in Tabelle 11.1 gegenübergestellt. Die Untersuchung der plenoptischen Funktion und die Entwicklung von diversen Vereinfachungen wurde im wesentlichen im vergangenen Jahrzehnt vorangetrieben.

Tabelle 11.1. Übersicht über verschiedene Ausprägungen der plenoptischen Funktion

Dimension	Sichtbereich	Verfahren	Jahr
7	frei	plenoptische Funktion	1991
5	frei	plenopt. Modellierung	1995
4	innerhalb eines 3-D Volumens	Lichtfeld	1996
3	innerhalb eines 2-D Kreises	konzentrische Mosaike	1999
2	an einem festen Punkt	Panoramen	1994

Ausgehend von der allgemeinen plenoptischen Funktion, die technisch nicht realisierbar ist, wurden in den Folgejahren verschiedene Vereinfachungen entwickelt, die im wesentlichen zu einer Einschränkung des Sichtbereichs führen. Die Tabelle führt die Standardverfahren auf, wobei selbstverständlich auch Ansätze entwickelt wurden, die sich in einem Grenzbereich bewegen. So ist das „Apple QuickTimeVR“ eine Verknüpfung von verschiedenen Panoramen an unterschiedlichen Positionen. Damit wird die Beschränkung auf einen festen Blickpunkt aufgehoben und durch ein Springen an andere diskrete Positionen erweitert. Dieses Verfahren wird zunehmend in interaktiven Web-Anwendungen wie z. B. in der Tourismusbranche eingesetzt.

Die verschiedenen Vereinfachungen der plenoptischen Funktion basieren im Wesentlichen darauf, dass keine Szenenparallaxe existiert. Dies wird entweder durch die Vielzahl der aufgenommenen Ansichten erreicht, so dass bei einer Synthese zwischen diesen diskreten Positionen gewechselt wird (siehe Lichtfelder oder konzentrische Mosaike). Oder man legt fest, dass der Benutzer keine neuen Perspektiven auswählen kann und damit die Szene von einem festen Punkt aus betrachtet wird (siehe Panoramen). Eine weitere Einschränkung besteht in der Festlegung auf statische Szenen. Aufgrund der Anzahl der Kameras und der daraus resultierenden Datenmenge, z. B. zur Erzeugung von Lichtfeldern oder die spezielle Bildaufnahmetechnik, z. B. bei den konzentrischen Mosaike, ist eine Aufnahme von dynamischen Szenen insbesondere eine Echtzeitverarbeitung nicht möglich. Unter einer dynamische Szene versteht man eine Videosequenz einer bestimmten Länge, in der sich die Szene ändert. Der Aufnahme- und Widergabeprozess sind zeitlich entkoppelt. Hier ist sogar bei entsprechender Bildaufnahme- und Speicherkapazität z. B. bei Lichtfeldern eine Verarbeitung von dynamischen Szenen denkbar. Bei der Echtzeitverarbeitung ist jedoch der Bildaufnahme- und Wiedergabeprozess zeitlich eng gekoppelt. Besonders in Kommunikationsanwendungen darf hier keine bemerkenswerte Verzögerung auftreten. Ein sog. *round-trip-delay*, also die Verzögerungszeiten zwischen Sender und Empfänger und wieder zurück, von bis zu 400ms sind noch zu tolerieren.

11.3.2 Synthese mit expliziter Geometrie

Um photo-realistische 3-D-Objekte zu erzeugen, wird bereits seit langem mit der Technik des Textur-Mappings, also dem Aufbringen von Textur eines natürlichen Bildes auf ein computergraphisches Modell, gearbeitet. Diese Vorgehensweise wird bereits in der Computer-Grafik eingesetzt, um die Natürlichkeit der Darstellung zu erhöhen. Bei einem einfachen Textur-Mapping ist es jedoch nicht möglich, besondere visuelle Effekte, wie Spiegelungen, Reflexionen und Transparenz in verschiedenen Perspektiven darzustellen.

Dieser Aspekt gewinnt jedoch dann an Bedeutung, wenn aus mehreren Kameraaufnahmen ein 3-D-Modell erzeugt wurde. Exemplarische seien hier die Verfahren aus Kapitel 9 „*3-D-Rekonstruktion*“ zur volumetrischen Modellierung genannt. Da nun für verschiedene Ansichten der Szene eine Kameraaufnahme vorliegt, kann bei der Generierung einer neuen Ansicht auch die Textur der realen Ansicht verwendet werden, die der Position und Orientierung der virtuellen Kamera am nächsten ist. Diese Vorgehensweise wird als *view-dependent texture mapping* bezeichnet. Eine ausführliche Darstellung findet der Leser in (Debevec et al. 1996, Debevec et al. 1998, Heigl et al. 1999, Evers-Senne u. Koch 2003).

Das Grundprinzip kann an den folgenden Abbildungen veranschaulicht werden. In Abb. 11.28 ist links die Originalansicht eines kleinen Tempels im Norden Kambodschas zu sehen. Dieser Tempel wurde mit einer Digitalkamera aus 72 Positionen aufgenommen. In Abb. 11.28, mitte, sind die

Positionen schematisch dargestellt. Basierend auf dem *shape-from-silhouette*-Verfahren zur volumetrischen Rekonstruktion, das in Kapitel 9 „*3-D-Rekonstruktion*" beschrieben ist, wurde dann ein 3-D-Gittermodell erzeugt. Dies ist in Abb. 11.28, rechts dargestellt. In Abb. 11.29 sind schließlich zwei synthetisierte Ansichten zu sehen, welche mit *view-dependent texture mapping* generiert wurden.

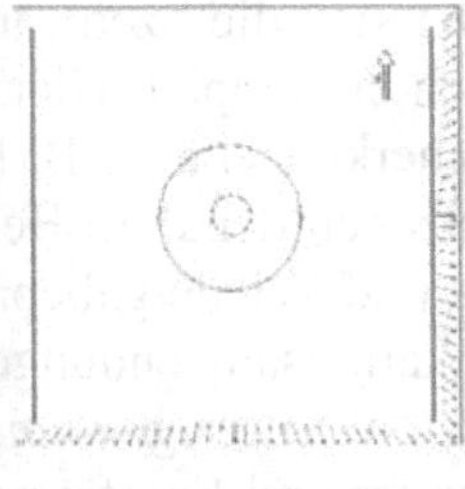
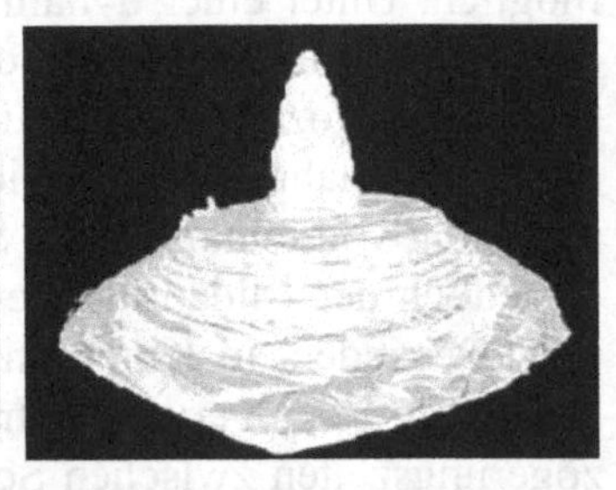

Abb. 11.28. Originalansicht (links), Darstellung der Kamerapositionen (mitte), 3-D-Gittermodell (rechts) (Quelle: P. Eisert, FhG/HHI; A. Smolic, FhG/HHI)

Abb. 11.29. Synthetisierte Ansichten mit *view-dependent texture mapping* (Quelle: A. Smolic, FhG/HHI)

Durch Anwendung dieses Verfahrens sind wesentlich realistischere Ansichten möglich, da unterschiedliche Beleuchtungen, Reflexionen und Schattierungen visualisiert werden können (Mueller et al. 2004).

11.4 Zusammenfassung

Aufbauend auf der ausführlichen Beschreibung aller Aspekte der Stereoanalyse, wurde in diesem Kapitel die bildbasierte Synthese unter Verwendung von Disparitäten dargestellt. So ist es möglich, aus zwei Ansichten einer Szene neue Ansichten zu generieren. Dabei wird die Parallaxe zwischen den beiden Originalansichten ausgenutzt, um die implizite Geometrie bestimmen zu können. Die vorgestellten Verfahren unterscheiden sich im Wesentlichen durch die Kenntnis der Geometrie des Stereokamerasystems. So basiert die Zwischenbildsynthese auf einem kalibrierten System, während beim Epipolar-Transfer und dem trilinearen Warping die Kenntnis der projektiven Geometrie zur Bildsynthese ausreicht. Die letzten beiden Verfahren unterscheiden sich durch die Art der Definition der virtuellen Kamera. Außerdem liefert das trilineare Warping für alle Konfigurationen von realen und virtuellen Kameras eine gültige Synthesegleichung. Der Epipolar-Transfer hingegen enthält singuläre Konfigurationen, in welchen keine Synthese möglich ist.

Die Bildsyntheseverfahren, die ohne Kenntnis jeglicher Geometrieinformation auskommen, gehen davon aus, das keine wesentliche Parallaxe zwischen den verwendeten Kameraaufnahmen vorliegt.

Die Bildsynthese für statische Szenen ist bereits sehr fortgeschritten und es existieren eine Reihe von Anwendungen. Eine wesentliche Herausforderung für die Zukunft wird jedoch sein, die entwickelten Verfahren auf dynamische Szenen zu übertragen. Auch hinsichtlich der Wahl des Blickpunktes liegen noch erhebliche Einschränkungen vor, die von der Qualität der Stereoanalyse oder der Anzahl der verfügbaren Originalansichten abhängt. Besonders für eine Synthese basierend auf einer Stereoanalyse, ist es notwendig, die gegenseitigen Wechselbeziehungen zwischen Analyse und Synthese besser zu verstehen. So wirken sich u. U. bestimmte Optimierungen bei der Stereoanalyse nur mäßig in der endgültig synthetisierten Ansicht aus. Eine sorgfältige Kombination von Methoden in diesem komplexen Stereobildverarbeitungs- und Bildsyntheseprozess wird deshalb der vielversprechendste Weg sein.

- Die bildbasierte Synthese mittels impliziter Geometrie geht von Disparitätskarten zwischen zwei Ansichten aus.
- Die Parallaxe zwischen zwei unterschiedlichen Ansichten wird gezielt zur Synthese neuer Ansichten ausgenutzt.
- Die Zwischenbildsynthese beruht auf der Kenntnis der Kameraparameter eines Stereosystems.
- Der Epipolar-Transfer und das trilineare Warping benötigen für die Bildsynthese die Kenntnis über die projektive Geometrie zwischen den beiden Originalansichten und der virtuellen Ansicht.
- Der Epipolar-Transfer ermöglicht nur eine implizite Definition der Position und Orientierung der virtuellen Ansicht. Spannt die virtuelle Ansicht mit den beiden Originalansichten eine trifokale Ebene auf, kann die Position der Abbildung in der virtuellen Ansicht nicht berechnet werden.
- Das trilineare Warping ermöglicht für jegliche Kamerakonfiguration eine geschlossene Bildsynthese.
- Wesentliche Aufgabenstellung bei der vollständigen Synthese neuer Ansichten ist die Lösung des Verdeckungsproblems und das Füllen von Löchern.
- Die allgemeine plenoptische Funktion bildet die Grundlage für eine bildbasierte Synthese ohne jegliche Geometrieinformation.
- Verschiedene Vereinfachungen der plenoptischen Funktion führen zu beeindruckenden Visualisierungssystemen, die jedoch hinsichtlich der Wahl des Blickpunktes oder durch die Festlegung auf statische Szenen in ihrer Funktionalität eingeschränkt sind.

Anhang

A Nomenklatur

Für eine eindeutige Unterscheidung werden die verwendeten mathematischen Größen bis auf Ausnahmen auf folgende Weise geschrieben:

skalar	:	klein und kursiv
vektor	:	klein und fett
Matrix	:	groß und fett
3-D-Punkt	:	groß und kursiv
3-D-Komponente	:	groß

Entsprechend einer üblichen Konvention sind Vektoren grundsätzlich als Spaltenvektoren definiert und werden in diesem Buch klein und fett geschrieben.

$$\mathbf{a} = \begin{bmatrix} a_1 \\ a_2 \\ a_3 \end{bmatrix}, \quad \mathbf{a}^T = [a_1, a_2, a_3]$$

Matrizen werden in allen weiteren Gleichungen groß und fett geschrieben.

$$\mathbf{A} = \begin{bmatrix} a_{11} & a_{12} & a_{13} \\ a_{21} & a_{22} & a_{23} \\ a_{31} & a_{32} & a_{33} \end{bmatrix}$$

Die Bezeichnungen und Symbole sind i.A. eindeutig. Es kann jedoch vorkommen, dass ein Ausdruck eine andere Bedeutung hat, dann ist dies jedoch klar aus dem Zusammenhang ersichtlich. So wird im Kapitel *„Grundlagen der projektiven Geometrie"* die Matrix **A** für die affine Transformation verwendet. Ab dem Kapitel 3 *„Das Kameramodell"* wird die Matrix **A** als die intrinsische Matrix bezeichnet. Die folgende Auflistung der in diesem Buch verwendeten Symbole entspricht der Reihenfolge ihres Erscheinens.

$\cdot$	: Skalarprodukt zweier Vektoren, z.B. $\mathbf{a} \cdot \mathbf{b}$
$\times$	: Vektor- oder Kreuzprodukt zweier Vektoren, z.B. $\mathbf{a} \times \mathbf{b}$
$*$	: Äußeres Produkt zweier Vektoren, z.B. $\mathbf{a} * \mathbf{b}$
$\mathbf{a}^T$	: Transponierter Vektor (=Zeilenvektor)
$\mathbf{A}^T$	: Transponierte Matrix
$\mathbf{A}^{-1}$	: Inverse der Matrix A
$\mathbf{A}^+$	: Pseudo-Inverse
$\sim$	: Vektor in homogenen Koord., z.B. $\mathbf{a} = [4 \quad 3]^T \rightarrow \tilde{\mathbf{a}} = [4 \quad 3 \quad 1]^T$
$[\cdot]_\times$	: Zuordnung eines Vektors zu einer schiefsymmetrischen Matrix
V	: Fluchtpunkt (engl. *vanishing point*)
$\mathcal{P}^n$	: Projektiver Raum der Dimension n
Δ_{ij}	: Abstand zwischen zwei Punkten $\mathbf{p}_i$ und $\mathbf{p}_j$
$\mathbf{m}$	: 2-D-Vektor, Bildpunkt
M	: 3-D-Vektor, Raumpunkt (Index: w = Weltkoordinaten, c = Kamerakoordinaten)
$\mathbf{H}$	: Homographie-Matrix
π	: Ebene im Raum
π_∞	: Ebene im Unendlichen
$\mathbf{C}$	: Konic-Matrix
$\mathbf{I}$	: Einheitsmatrix
$\mathbf{R}$	: Rotationsmatrix
Ω_∞	: Absoluter Konic
$\Re^n$	: Euklidischer Raum der Dimension n, i.A. $n = 2,3$
$\mathbf{t}$	: Translationsvektor
$\mathbf{D}$	: 4×4 – Matrix der euklidischen 3-D Transformation
f	: Brennweite einer Kamera
u, v	: Horizontale und vertikale Pixelkoordinaten

k_u, k_v : Horizontaler und vertikaler Skalierungsfaktor
u_0, v_0 : Horizontale und vertikale Komponente des Kamerahauptpunktes
c : Kamerahauptpunkt (engl. *principal point*)
C_i : Fokales Zentrum oder Brennpunkt der Kamera *i*
A : 3×3 – intrinsische Matrix
P : 3×4 – perspektivische Projektionsmatrix
x, y : Unverzerrte Kamerakoordinaten
x_d, y_d : Verzerrte Kamerakoordinaten
κ : Radialer Verzerrungskoeffizient
η : Tangentialer Verzerrungskoeffizient
$\|\mathbf{x}\|$: Quadratische Norm von **x**
ω : Bild des absoluten Konic
ω^* : Duales Bild des absoluten Konic
B : Basislänge (Abstand zweier Kameras eines Stereosystems)
δ : Disparität
ρ : Abstand eines 3-D-Punktes zur fokalen Ebene
d_u : Horizontaler Skalierungsfaktor
l : Epipolarlinie
e : Epipol
E : 3×3 – Essential-Matrix
F : 3×3 – Fundamental-Matrix
r_i : Residuum oder Fehler einer Messung *i*
$\rho(r_i)$: Gütefunktion
$\mathbf{H}_\infty$: Homographie-Matrix für Punkte im Unendlichen
I : Intensität eines Bildpunktes
l_p : Allgemeine Normdefinition
$f_i(u,v)$: Zweidimensionale Intensitätsfunktion der Kamera *i*
Λ : Umgebung (z. B. das Korrelationsfenster, Bildregion an einem Segment)
$\delta(u,v)$: Disparität für einen Bildpunkt mit den Koordinaten (u,v)

$\delta_{opt}(u,v)$: Optimale Disparität für einen Bildpunkt mit den Koord. (u,v)

$\bar{f}$: Mittelwert über eine betrachtete Bildregion

Θ : Schwellwert für den Konsistenztest

$\otimes$: Symbol für die Faltung zweier Signale

$I_{l/o/r/u}$: Mittlere Intensität an einer Segmentseite (links/oben/rechts/unten)

MGW_{seg} : Mittlerer Grauwert an einem Segment

$Grad_{seg}$: Mittlerer Gradient an einem Segment

δ_{akt} : Aktuelle Disparität

Δ_δ : Zulässiger Disparitätsbereich

δ_{pred} : Prädizierte Disparität

$M_{i,j}$: Zuordnung zwischen Segment *i* im linken und Segment *j* im rechten Bild

J_s : Lokales Ähnlichkeitsmaß bei der Korrespondenzanalyse von Liniensegmenten

λ_π : Projektiver Parameter

d_π : Abstand einer Ebene zum Koordinatenursprung

τ_i^{jk} : Trifokaler Tensor

δ'_x : Horizontale Disparität in Sensorkoordinaten

ΔX : Horizontale Verschiebung de virtuellen Kamera

ΔY : Vertikale Verschiebung de virtuellen Kamera

ΔZ : Verschiebung de virtuellen Kamera in Z-Richtung

s : Skalierungsfaktor für den relativen Abstand der virtuellen Kamera bezogen auf die Basislänge

p_{nD} : Plenoptische Funktion der Dimension *n*

B Abkürzungen

CAD	Computer aided design
CCD	Charge coupled device
CMOS	Complementary metal oxide semiconductor
DBD	Displaced block difference (dt. Differenz verschobener Blöcke)
DPD	Displaced pixel difference (dt. Differenz verschobener Pixel)
EPI	Epipolar plane image
FhG/HHI	Fraunhofer Institut für Nachrichtentechnik/Heinrich-Hertz-Institut
IAC	Image of absolute Conic (dt. Bild des absoluten Konic)
ICT	Image cube trajectory
ITU-R	International Telecommunication Union - Radiocommunication
pel oder pixel	Picture Element (dt. Bildelement)
SIMD	Single instruction multiple data
SVD	Singular value decomposition (dt. Singulärwertzerlegung)
voxel	Volumenelement

C Liste verwendeter englischer Bezeichnungen

backward-mapping	Rückwärts-Transformation
baseline	Basislinie
circular points	Zirkulare Punkte
computer aided design	Computer unterstütztes Design
computer vision	Computer Sehen
consistency check	Konsistenztest
cross-ratio	Kreuz-Verhältnis.
displaced block difference (DBD)	Differenz verschobener Blöcke
displaced pixel difference (DPD)	Differenz verschobener Pixel
epipolar constraint	Epipolarbedingung
epipolar plane image	Epipolarebenenbild
forward-mapping	Vorwärts-Transformation
image based rendering	Bildbasierte Synthese
image cube	Bildkubus, Anordnung zweidimensionaler Bilder einer Sequenz in zeitlicher Richtung
image of the absolute conic	Bild des absoluten Konic
least square	Kleinster quadratischer Fehler
look-up table	Tabelle
matching	Anpassung, wird im Zusammenhang mit der Korrespondenzanalyse verwendet
M-Estimator	M-Schätzer
morphing	Bildverarbeitender bzw. bildverändernder Prozess
motion compensation	Bewegungskompensation
motion estimation	Bewegungsschätzung
ordering constraint	Reihenfolge-Bedingung
outliers	Ausreißer
pencil of lines	Geradenbüschel
pencil of epipolar lines	Epipolarlinienbüschel
pencil of lines	Geradenbüschel

pencil of planes	Ebenenbüschel
principal point	Kamerahauptpunkt
ray tracing	Strahlenverfolgung
round-trip-delay	Verzögerungszeit zwischen Sender und Empfänger hin und zurück
single instruction multiple data (SIMD)	Eine Anweisung für mehrere Daten: Integrierte Prozessorfunktion zur parallelen Berechnung
singular value decomposition (SVD)	Singulärwertzerlegung
small-baseline-stereo	Stereokamerasystem mit kleiner Basislinie
smootheness constraint	Glattheitsbedingung
split and merge	Unterteilen und Zusammenfassen, bezeichnet ein Bildanalyseverfahren
stitching	Aneinanderfügen
structure from motion	Struktur aus Bewegung
sum of absolute differences (SAD)	Mittlerer absoluter Fehler
sum of squared differences (SSD)	Mittlerer quadratischer Fehler
uniqueness constraint	Eindeutigkeitsbedingung
vanishing line	Horizont
vanishing point	Fluchtlinie
view-dependent texture mapping	Blickrichtungsabhängiges Aufbringen von Texturinformation auf ein 3-D-Modell
warping	Allg. Bezeichnung für eine lineare oder nichtlineare Bildtransformation
wide-baseline-stereo	Stereokamerasystem mit großer Basislinie

D Mathematische Ausführungen

D.1 Grundlagen

Die Geometrie zwischen verschiedenen Ansichten lässt sich besonders gut mittels Vektor- und Matrizenalgebra beschreiben. Deshalb werden in einem kurzen Abschnitt die wesentlichen Rechenregeln für die Vektor- und Matrizenalgebra und wichtige Eigenschaften von Matrizen zusammengefasst, soweit sie für die Herleitungen in diesem Buch notwendig sind.

D.1.1 Vektorrechnung

Die Beispiele für die verschiedenen Rechenregeln sind für Vektoren mit drei Komponenten angegeben.

Skalarprodukt

$$\mathbf{a} \cdot \mathbf{b} = \mathbf{a}^T \mathbf{b} = |\mathbf{a}| \cdot |\mathbf{b}| \cdot \cos\varphi \qquad \text{(D.1.1)}$$

Das Ergebnis ist ein Skalar, wobei φ der eingeschlossene Winkel zwischen den Vektoren ist.

Eigenschaft: $\mathbf{a} \cdot \mathbf{b} = 0$, falls **a** auf **b** senkrecht steht

Beispiel: $\mathbf{a} \cdot \mathbf{b} = a_1 \cdot b_1 + a_2 \cdot b_2 + a_3 \cdot b_3$

Vektorprodukt (oder Kreuzprodukt)

$$\mathbf{a} \times \mathbf{b} = \mathbf{c} \qquad \text{(D.1.2)}$$

Der resultierende Vektor **c**, steht senkrecht auf dem von den Vektoren **a** und **b** aufgespannten Parallelogramm. Die Länge des Vektors ist $|\mathbf{c}| = |\mathbf{a}| \cdot |\mathbf{b}| \cdot \sin\varphi$ und entspricht der Fläche des aufgespannten Parallelogramms.

Eigenschaft: $\mathbf{a} \times \mathbf{b} = \mathbf{0}$, falls **a** zu **b** parallel bzw. antiparallel

Beispiel: $\mathbf{a} \times \mathbf{b} = \begin{bmatrix} a_2 \cdot b_3 - a_3 \cdot b_2 \\ a_3 \cdot b_1 - a_1 \cdot b_3 \\ a_1 \cdot b_2 - a_2 \cdot b_1 \end{bmatrix}$

Äußeres Produkt

$$\mathbf{a} * \mathbf{b} = \mathbf{a}\mathbf{b}^T = \mathbf{C} \qquad \text{(D.1.3)}$$

Die beiden Vektoren **a** und **b** müssen die gleiche Dimension m haben. Das Ergebnis ist eine quadratische Matrix der Dimension $m \times m$.

Beispiel: $\mathbf{a} * \mathbf{b} = \begin{bmatrix} a_1 \cdot b_1 & a_1 \cdot b_2 & a_1 \cdot b_3 \\ a_2 \cdot b_1 & a_2 \cdot b_2 & a_2 \cdot b_3 \\ a_3 \cdot b_1 & a_3 \cdot b_2 & a_3 \cdot b_3 \end{bmatrix}$

Spatprodukt

$$(\mathbf{a} \times \mathbf{b}) \cdot \mathbf{c}\text{, man schreibt auch } (\mathbf{a}, \mathbf{b}, \mathbf{c}) \qquad \text{(D.1.4)}$$

Das Ergebnis ist eine Zahl, deren Betrag dem Volumen des von **a**, **b**, **c** aufgespannten Parallelepipeds entspricht.

Eigenschaft: Drei Vektoren **a**, **b**, **c** sind linear unabhängig, wenn gilt: $(\mathbf{a}, \mathbf{b}, \mathbf{c}) \neq 0$.

Einen Vektor bezeichnet man als linear abhängig, wenn man ihn durch zwei andere Vektoren darstellen kann. Li4egen drei Vektoren in einer Ebene, so ist dies immer für einen der Vektoren möglich. Dann jedoch verschwindet das Volumen des aufgespannten Parallelepipedes und das Spatprodukt ist Null. In folgender Abb. D.1 sind einige Produkte von Vektoren anschaulich dargestellt.

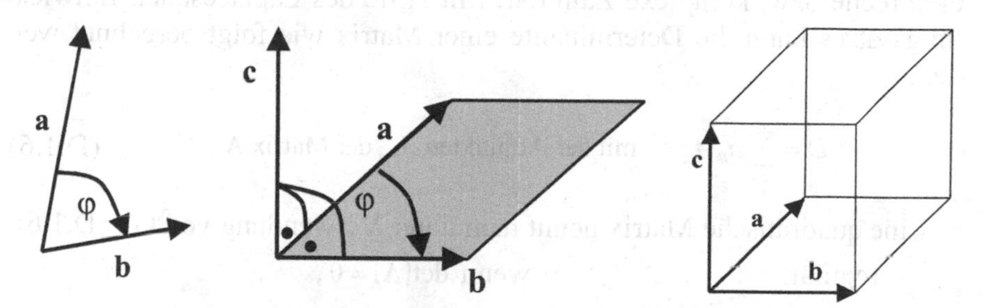

Abb. D.1. Darstellung des Skalarproduktes (links), des Vektorproduktes (mitte) und des Spatproduktes (rechts)

D.1.2 Eigenschaften von Matrizen

Eine Matrix der Form (m, n) hat Komponenten, die in m-Zeilen und n-Spalten angeordnet sind:

$$\mathbf{A} = \begin{bmatrix} a_{11} & a_{12} & \cdots & a_{1n} \\ a_{21} & a_{22} & \cdots & a_{2n} \\ \vdots & \vdots & \cdots & . \\ a_{m1} & a_{m2} & \cdots & a_{mn} \end{bmatrix} \qquad \text{(D.1.5)}$$

Für eine *quadratische* Matrix gilt $m = n$. Des Weiteren heißt eine quadratische Matrix

obere Dreiecksmatrix, wenn $a_{ik} = 0$ für alle $i > k$,

untere Dreiecksmatrix, wenn $a_{ik} = 0$ für alle $i < k$,

Diagonalmatrix, wenn $a_{ik} = 0$ für alle $i \neq k$,

Einheitsmatrix **I**, wenn $a_{ik} = \delta_{ik} = \begin{cases} 0 & \text{für alle } i \neq k \\ 1 & \text{für alle } i = k \end{cases}$.

Die *Determinante* einer n-reihigen quadratischen Matrix mit reellen bzw. komplexen Elementen wird als Norm der Matrix bezeichnet und stellt eine reelle bzw. komplexe Zahl dar. Mit Hilfe des Laplaceschen Entwicklungssatzes kann die Determinante einer Matrix wie folgt berechnet werden.

$$D = \sum_{i=1}^{n} a_{ik} A_{ik} \quad \text{mit der Adjunkten } A_{ik} \text{ der Matrix } \mathbf{A} \qquad \text{(D.1.6)}$$

Eine quadratische Matrix nennt man unter Verwendung von Gl. (D.1.6)

regulär, wenn $\det(\mathbf{A}) \neq 0$,

singulär, wenn $\det(\mathbf{A}) = 0$.

Eine weitere Norm der Matrix ist die *Spur* (engl. *trace*). Sie wird über die Summe der Hauptdiagonalelemente berechnet:

$$trace(\mathbf{A}) = \sum_{i=j=1}^{n} a_{ij} \qquad \text{(D.1.7)}$$

Die *Transponierte* einer Matrix lautet $\mathbf{A}^T$, wobei Zeilen und Spalten vertauscht sind. Die Matrix $\mathbf{A}^T$ hat die Form (n, m).

Die *Inverse* einer Matrix lautet $\mathbf{A}^{-1}$, wobei $\mathbf{A}$ eine n-reihige quadratische Matrix sein muss. Dabei besitzt die inverse Matrix folgende Eigenschaft:

$$\mathbf{A} \cdot \mathbf{A}^{-1} = \mathbf{I} \tag{D.1.8}$$

Eine *orthogonale* Matrix ist eine quadratische Matrix der Dimension $m=n$, wobei die Zeilenvektoren ein orthogonales Basissystem aufspannen. Es sei

$$\mathbf{R} = \begin{bmatrix} \mathbf{r}_1^T \\ \mathbf{r}_2^T \\ \mathbf{r}_3^T \end{bmatrix} \quad \text{orthogonal} \Rightarrow \mathbf{r}_1^T \cdot \mathbf{r}_2 = 0,\ \mathbf{r}_1^T \cdot \mathbf{r}_3 = 0,\ \mathbf{r}_2^T \cdot \mathbf{r}_3 = 0, \tag{D.1.9}$$

$$\text{d.h. } \mathbf{r}_1 \perp \mathbf{r}_2 \perp \mathbf{r}_3$$

Es gilt weiterhin:

$$\mathbf{R}^T = \mathbf{R}^{-1} \qquad \text{und} \qquad \det(\mathbf{R}) = \pm 1 . \tag{D.1.10}$$

Unter Verwendung von Gl. (D.1.8) und Gl. (D.1.10) erhält man:

$$\mathbf{R} \cdot \mathbf{R}^T = \mathbf{I} \tag{D.1.11}$$

Eine Matrix hat den *Rang* $Rg(\mathbf{A}) = \rho$ genau dann, wenn **A** mindestens eine reguläre ρ-reihige Untermatrix besitzt und alle höherwertigen Untermatrizen von **A** singulär sind. Der Rang einer Matrix kann mittels der Zeilenvektoren der Matrix veranschaulicht werden. Sind $\mathbf{z_1}$, $\mathbf{z_1}$, ... , $\mathbf{z_m}$, die Zeilenvektoren der Matrix **A**, so gibt der Rang die Anzahl ρ linear unabhängiger Zeilenvektoren an. Aufgrund von $Rg(\mathbf{A}) = Rg(\mathbf{A}^T)$ gilt dies auch für die Spaltenvektoren.

D.1.3 Die antisymmetrische Matrix

Definiert man eine Zuordnung eines dreidimensionalen Vcktors zu einer antisymmetrischen Matrix durch

$$\begin{bmatrix} x_1 \\ x_2 \\ x_3 \end{bmatrix}_\times = \begin{bmatrix} 0 & -x_3 & x_2 \\ x_3 & 0 & -x_1 \\ -x_2 & x_1 & 0 \end{bmatrix}, \tag{D.1.12}$$

so kann das Kreuzprodukt zweier Vektoren durch das Matrixprodukt einer 3×3 -Matrix mit einem dreidimensionalen Vektor ausgedrückt werden:

$$\mathbf{t} \times \mathbf{v} = [\mathbf{t}]_\times \mathbf{v} \tag{D.1.13}$$

Weiterhin gelten folgende Eigenschaften für die antisymmetrische Matrix:

$$[\mathbf{t}]_\times = -[\mathbf{t}]_\times^T \qquad \text{(D.1.14)}$$

$$\det([\mathbf{t}]_\times) = 0 \qquad \text{(D.1.15)}$$

Unter Verwendung der Kofaktor-Matrix ist eine wichtige Umformung einer anti-symmetrischen Matrix möglich. Die Kofaktor-Matrix einer quadratischen Matrix **M** sei wie folgt definiert:

$$\mathbf{M}^* = \det(\mathbf{M})\mathbf{M}^{-T} \qquad \text{(D.1.16)}$$

Damit kann eine 3×3-Matrix **M** und die Vektoren **x** und **y** auf folgende Weise verknüpft werden:

$$(\mathbf{Mx})\times(\mathbf{My}) = \mathbf{M}^*(\mathbf{x}\times\mathbf{y}) \qquad \text{(D.1.17)}$$

Nach Anwendung der Schreibweise der anti-symmetrischen Matrix für ein Vektorprodukt erhält man:

$$[\mathbf{Mx}]_\times \mathbf{My} = \mathbf{M}^*[\mathbf{x}]_\times \mathbf{y} \qquad \text{(D.1.18)}$$

Nun kann der Vektor **y** auf beiden Seiten vernachlässigt und die Beziehung **Mx** = **t**, unter der Annahme das **M** invertierbar ist, in Gl. (D.1.18) eingesetzt werden. Es resultiert:

$$[\mathbf{t}]_\times \mathbf{M} = \mathbf{M}^{-T}[\mathbf{M}^{-1}\mathbf{t}]_\times . \qquad \text{(D.1.19)}$$

D.2 Lösung linearer Gleichungssysteme mittels kleinstem Fehlerquadrat

D.2.1 Singulärwertzerlegung

Eine sehr nützliche Umformung einer Matrix ist die Singulärwertzerlegung (engl. *singular value decomposition (SVD)*). Es sei eine Matrix **A** gegeben, die nicht notwendigerweise quadratisch sein muss. Diese Matrix lässt sich dann auf folgende Weise faktorisieren:

$$\mathbf{A} = \mathbf{UDV}^T \qquad \text{(D.2.1)}$$

Dabei stellen **U** und **V** orthogonale Matrizen dar und **D** ist eine Diagonalmatrix mit nicht-negativen Elementen, den Singulärwerten der Matrix **A**. Es lässt sich nun eine Beziehung zwischen diesen Singulärwerten und den Eigenwerten der Matrix $\mathbf{A}^T\mathbf{A}$ herstellen. Die Gl. (D.2.1) kann folgendermaßen erweitert werden:

$$\mathbf{A}^T\mathbf{A} = \mathbf{V}\mathbf{D}\mathbf{U}^T\mathbf{U}\mathbf{D}\mathbf{V}^T \tag{D.2.2}$$

Unter Verwendung der Orthogonalitätseigenschaft für **U** und **V** erhält man Gl. (D.2.3) und schließlich die Gleichung für das Eigenwertproblem (Gl. (D.2.4)):

$$\mathbf{A}^T\mathbf{A} = \mathbf{V}\mathbf{D}^2\mathbf{V}^{-1} \quad \text{mit } \mathbf{U}^T = \mathbf{U}^{-1} \text{ und } \mathbf{V}^T = \mathbf{V}^{-1} \tag{D.2.3}$$

$$\mathbf{A}^T\mathbf{A}\mathbf{V} = \mathbf{V}\mathbf{D}^2 \tag{D.2.4}$$

Damit sind die Elemente von $\mathbf{D}^2$ die Eigenwerte zur zugehörigen Matrix $\mathbf{A}^T\mathbf{A}$. Die Spalten von **V** entsprechen den Eigenvektoren. Die Eigenwerte der Matrix $\mathbf{A}^T\mathbf{A}$ sind somit das Quadrat der Singulärwerte der Matrix **A**. Da $\mathbf{A}^T\mathbf{A}$ symmetrisch und positiv-definit ist, sind die Eigenwerte reell und nicht-negativ. Demzufolge sind auch die Singulärwerte alle reell und nicht-negativ.

D.2.2 Lösung eines überbestimmten linearen Gleichungssystems

Lösung für vollen Rang

Es sei das folgende überbestimmte lineare Gleichungssystem der Form $\mathbf{A}\mathbf{x} = \mathbf{b}$ gegeben, d.h. $m \geq n$. Der gesucht Lösungsvektor **x** und der Vektor **b** haben die Dimension *n*. Der Rang der Matrix **A** sei *n*. Die Lösung entsprechend dem kleinsten quadratischen Fehler kann nun mittels SVD (siehe vorangegangenen Abschnitt) gefunden werden, d.h.

$$\mathbf{A} = \mathbf{U}\mathbf{D}\mathbf{V}^T. \tag{D.2.5}$$

Das entsprechende Gütefunktional lautet:

$$\|\mathbf{A}\mathbf{x} - \mathbf{b}\| = \|\mathbf{U}\mathbf{D}\mathbf{V}^T\mathbf{x} - \mathbf{b}\| \tag{D.2.6}$$

Die Norm-erhaltende Eigenschaft der orthogonalen Transformation **U** und **V** erlaubt folgende Unformung:

$$\|\mathbf{U}\mathbf{D}\mathbf{V}^T\mathbf{x} - \mathbf{b}\| = \|\mathbf{D}\mathbf{V}^T\mathbf{x} - \mathbf{U}^T\mathbf{b}\| \tag{D.2.7}$$

Nun kann $\mathbf{y} = \mathbf{V}^T\mathbf{x}$ und $\mathbf{z} = \mathbf{U}^T\mathbf{b}$ gesetzt werden und das Optimierungsproblem lautet damit entsprechend Gl. (D.2.8), wobei die Matrix **D** eine Diagonalmatrix ist und d_i die *i*-te Komponente auf der Hauptdiagonalen.

$$\|\mathbf{D}\mathbf{y} - \mathbf{z}\| \tag{D.2.8}$$

Der Vektor $\mathbf{y}$ berechnet sich dann mit $y_i = z_i / d_i$ und man kann damit schließlich den gesuchten Lösungsvektor ermitteln:

$$\mathbf{x} = \mathbf{V}\mathbf{y} \tag{D.2.9}$$

Anwendung der Pseudo-Inversen

Es sei wiederum das folgende überbestimmte lineare Gleichungssystem der Form $\mathbf{Ax} = \mathbf{b}$ gegeben. Nun muss jedoch die Matrix $\mathbf{A}$ nicht notwendigerweise den vollen Rang aufweisen Das entsprechende Gütefunktional lautet:

$$\|\mathbf{Ax} - \mathbf{b}\| = 0 \tag{D.2.10}$$

Dieses Gütefunktional hat sein Minimum im Sinne des kleinsten quadratischen Fehlers an der Stelle, wo die erste Ableitung zu Null wird, d.h. es muss die partielle Ableitung nach $\mathbf{x}$ berechnet werden:

$$\begin{aligned}
&\frac{d}{\partial \mathbf{x}}(\mathbf{Ax} - \mathbf{b})^2 = 0 \\
&\Rightarrow 2\mathbf{A}^T(\mathbf{Ax} - \mathbf{b}) = \mathbf{A}^T\mathbf{Ax} - \mathbf{A}^T\mathbf{b} = 0 \\
&\Rightarrow \mathbf{A}^T\mathbf{Ax} = \mathbf{A}^T\mathbf{b}
\end{aligned} \tag{D.2.11}$$

$$\mathbf{x} = \mathbf{A}^+\mathbf{b} \quad \text{mit } \mathbf{A}^+ = \left(\mathbf{A}^T\mathbf{A}\right)^{-1}\mathbf{A}^T \tag{D.2.12}$$

Die Matrix $\mathbf{A}^+$ wird als Pseudo-Inverse bezeichnet. Dieses Verfahren ist hinsichtlich des Rechenaufwandes einfacher, falls die Anzahl der Spalten n wesentlich kleiner als die Anzahl der Zeilen m der Matrix $\mathbf{A}$ ist. Denn die Berechnung der Inversen $\left(\mathbf{A}^T\mathbf{A}\right)^{-1}$ ist bei kleiner Spaltenanzahl deutlich leichter, als die Berechnung der Singulärwertzerlegung $\mathbf{A} = \mathbf{UDV}^T$.

D.2.3 Lösung für homogene lineare Gleichungssysteme

Lösung für $\|\mathbf{A} \cdot \mathbf{x}\|$ unter der Nebenbedingung $\|\mathbf{x}\| = 1$

Dieser Lösungsansatz wird bei der 3-D-Rekonstruktion bzw. im DLT-Verfahren verwendet. Unter Verwendung der Singulärwertzerlegung ergibt sich folgende Optimierungsaufgabe:

$$\|\mathbf{Ax}\| = \|\mathbf{UDV}^T\mathbf{x}\| = \|\mathbf{DV}^T\mathbf{x}\| \quad \text{mit } \|\mathbf{x}\| = \|\mathbf{V}^T\mathbf{x}\| \tag{D.2.13}$$

Ersetzt man $\mathbf{y} = \mathbf{V}^T\mathbf{x}$, so kann die Optimierungsaufgabe auch wie folgt formuliert werden:

$$\|\mathbf{Dy}\| \quad \text{mit} \quad \|\mathbf{y}\| = 1 \tag{D.2.14}$$

Da **D** eine Diagonalmatrix mit Hauptdiagonalelementen in absteigender Reihenfolge ist, folgt für den Lösungsvektor $\mathbf{y} = (0,0,0,0,..0,1)^T$. Damit folgt schließlich für den Vektor **x** als Lösung die letzte Spalte von **V**.

Lösung für $\|\mathbf{A} \cdot \mathbf{x}\|$ unter der Nebenbedingung $\|\mathbf{B} \cdot \mathbf{x}\| = 1$

Es sei eine $N \times M$-Matrix **A** gegeben. Nun soll der geeignete $M \times 1$-Vektor **x** gefunden werden, so dass $\|\mathbf{A} \cdot \mathbf{x}\|$ minimiert wird unter der Nebenbedingung $\|\mathbf{B} \cdot \mathbf{x}\| = 1$. Die Matrix **B** ist eine $Q \times M$-Matrix mit $Q<M$, welche einige der Komponenten des Vektors **x** auswählt. Damit kann die lineare Gleichung auch geschrieben werden als

$$\mathbf{Ax} = \mathbf{Cy} + \mathbf{Dz}\,. \tag{D.2.15}$$

Die Matrix **C** und **D** haben die Dimensionen $N \times (M\text{-}Q)$ und $N \times Q$. Die Optimierungsaufgabe lautet dann:

$$\min_{y,z} \|\mathbf{Cy} + \mathbf{Dz}\| \quad \text{mit} \quad \|\mathbf{z}\| = 1 \tag{D.2.16}$$

Nun kann die Methode des Lagrange-Multiplikators verwendet werden und man erhält das äquivalente Problem

$$\min_{y,z} R = \|\mathbf{Cy} + \mathbf{Dz}\| + \lambda(1 - \|\mathbf{z}\|) \tag{D.2.17}$$

Für die Lösung dieser Optimierungsaufgabe sind zuerst die partiellen Ableitungen des Kriteriums R nach den Unbekannten **y** und **z** zu berechnen:

$$\frac{\partial R}{\partial \mathbf{y}} = 2\left(\mathbf{C}^T\mathbf{Cy} + \mathbf{C}^T\mathbf{Dz}\right) \tag{D.2.18}$$

$$\frac{\partial R}{\partial \mathbf{z}} = 2\left(\mathbf{D}^T\mathbf{Dz} + \mathbf{D}^T\mathbf{Cy} - \lambda\mathbf{z}\right) \tag{D.2.19}$$

Das Minimum des Kriteriums ergibt sich an der Stelle, an der die partiellen Ableitungen Null sind. Dabei wird vorausgesetzt, dass die Matrix $\mathbf{C}^T\mathbf{C}$ invertierbar ist, d.h. die Matrix **C** muss vollen Rang aufweisen.

$$\frac{\partial R}{\partial \mathbf{y}} = 0 \Rightarrow \mathbf{y} = -\left(\mathbf{C}^T\mathbf{C}\right)^{-1}\mathbf{C}^T\mathbf{Dz} \tag{D.2.20}$$

$$\frac{\partial R}{\partial \mathbf{z}} = 0 \Rightarrow \mathbf{D}^T\mathbf{D}\mathbf{z} + \mathbf{D}^T\mathbf{C}\mathbf{y} - \lambda\mathbf{z} = 0 \tag{D.2.21}$$

Nach Einsetzen von Gl.(D.2.20) in Gl.(D.2.21) ergibt sich:

$$\left(\mathbf{D}^T\mathbf{D} - \mathbf{D}^T\mathbf{C}\left(\mathbf{C}^T\mathbf{C}\right)^{-1}\mathbf{C}^T\mathbf{D}\right)\mathbf{z} = \mathbf{D}^T\left(\mathbf{I} - \mathbf{C}\left(\mathbf{C}^T\mathbf{C}\right)^{-1}\mathbf{C}^T\right)\mathbf{D}\mathbf{z} = \lambda\mathbf{z} \tag{D.2.22}$$

Die Gleichung Gl.(D.2.22) stellt ein Eigenwertproblem dar, wobei **z** ein Eigenvektor der Matrix **E** zum Eigenwert λ ist.

$$\mathbf{E} = \mathbf{D}^T\left(\mathbf{I} - \mathbf{C}\left(\mathbf{C}^T\mathbf{C}\right)^{-1}\mathbf{C}^T\right)\mathbf{D} \tag{D.2.23}$$

Unter der Annahme, dass der kleinste Eigenwert dem kleinsten Fehler des Kriteriums aus Gl.(D.2.16) entspricht, kann für diesen Eigenwert der entsprechende Eigenvektor **z** berechnet werden. Aus Gl.(D.2.20) ergibt sich dann der Vektor **y**. In der hier vorliegenden Anwendung zur Berechnung der Komponenten der Projektionsmatrix können schließlich durch Verwendung der Orthogonalitätseigenschaft alle Komponenten des Vektors **x** berechnet werden.

Es ist nun zu zeigen, dass der kleinste Eigenwert dem kleinsten Fehler des Kriteriums aus Gl.(D.2.16) entspricht. Dazu wird der Vektor **y** in das Kriterium eingesetzt und man erhält:

$$\begin{aligned}
&\min\left\|\left(\mathbf{I} - \mathbf{C}\left(\mathbf{C}^T\mathbf{C}\right)^{-1}\mathbf{C}^T\right)\mathbf{D}\mathbf{z}\right\| = \\
&= \min\left[\mathbf{z}^T\mathbf{D}^T\left(\mathbf{I} - \mathbf{C}\left(\mathbf{C}^T\mathbf{C}\right)^{-1}\mathbf{C}^T\right)\cdot\left(\mathbf{I} - \mathbf{C}\left(\mathbf{C}^T\mathbf{C}\right)^{-1}\mathbf{C}^T\right)\mathbf{D}\mathbf{z}\right] = \\
&= \min\left[\mathbf{z}^T\mathbf{D}^T\left(\mathbf{I} - \mathbf{C}\left(\mathbf{C}^T\mathbf{C}\right)^{-1}\mathbf{C}^T\right)\mathbf{D}\mathbf{z}\right] = \\
&= \min\left[\lambda\|\mathbf{z}\|\right] = \min\lambda
\end{aligned} \tag{D.2.24}$$

Dies bedeutet, dass der kleinste quadratische Fehler dem kleinsten Eigenwert λ entspricht.

D.3 Berechnung der Kameraparameter aus der Projektionsmatrix

Es besteht folgende Gleichheit zwischen den Kameraparametern und den Koeffizienten der Projektionsmatrix. Zur besseren Übersicht werden die ersten drei Komponenten jeder Zeile zu einem Zeilenvektor $\mathbf{q}_i^T$ zusammengefasst.

$$\mathbf{P} = \begin{bmatrix} \mathbf{q}_1^T & q_{14} \\ \mathbf{q}_2^T & q_{24} \\ \mathbf{q}_3^T & q_{34} \end{bmatrix} = \begin{bmatrix} a_u \mathbf{r}_1^T + u_0 \mathbf{r}_3^T & a_u t_x + u_0 t_z \\ a_v \mathbf{r}_2^T + v_0 \mathbf{r}_3^T & a_v t_y + v_0 t_z \\ \mathbf{r}_3^T & t_z \end{bmatrix} \tag{D.3.1}$$

Durch Koeffizientenvergleich ergibt sich direkt t_z sowie $\mathbf{r}_3$:

$$t_z = q_{34}, \quad \mathbf{r}_3 = \mathbf{q}_3. \tag{D.3.2}$$

Das innere Produkt von $\mathbf{q}_1$ und $\mathbf{q}_2$ mit $\mathbf{q}_3$ liefert die Verschiebung in den Ursprung des Bildkoordinatensystems:

$$u_0 = \mathbf{q}_1^T \cdot \mathbf{q}_3, \quad v_0 = \mathbf{q}_2^T \cdot \mathbf{q}_3 \tag{D.3.3}$$

Das Quadrat von $\mathbf{q}_1$ und $\mathbf{q}_2$ liefert schließlich den horizontalen und vertikalen Skalierungsfaktor:

$$a_u = \varepsilon_u \sqrt{\mathbf{q}_1^T \mathbf{q}_1 - u_0^2}, \quad a_v = \varepsilon_v \sqrt{\mathbf{q}_2^T \mathbf{q}_2 - v_0^2} \quad \text{mit } \varepsilon_{u,v} = \pm 1 \tag{D.3.4}$$

Weiterhin gilt:

$$\begin{aligned} \mathbf{r}_1 &= \varepsilon(\mathbf{q}_1 - u_0 \mathbf{q}_3)/a_u, \\ \mathbf{r}_2 &= \varepsilon(\mathbf{q}_2 - v_0 \mathbf{q}_3)/a_v, \\ t_x &= \varepsilon(q_{14} - u_0 t_z)/a_u, \\ t_y &= \varepsilon(q_{24} - v_0 t_z)/a_v \quad \text{mit } \varepsilon = \pm 1. \end{aligned} \tag{D.3.5}$$

Da die Determinante von $\mathbf{R}$ gleich Eins sein muss, ergibt sich eine eindeutige Lösung für die Wahl von ε, ε_u, ε_v. Die Brennweite f in den Parametern a_u und a_v ist frei wählbar, da die Projektionsmatrix bis auf einen skalaren Faktor definiert ist. Damit können alle intrinsischen und extrinsischen Parameter des in Gl. (D.3.1) definierten Kameramodells berechnet werden.

E. 2-D Filter

In diesem Abschnitt werden die in diesem Buch verwendeten Filtertypen kurz dargestellt. Eine ausführliche Herleitung sowie eine umfangreiche Beschreibung von zweidimensionalen Filtern findet man in (Jähne 2002, Petrou u. Bosdogianni 1999, Pratt 2001).

E.1 Lineare Filter

Zweidimensionale lineare Filter werden durch eine Filtermaske $g(u,v)$ der Größe $M \times N$ beschrieben. Aus Symmetriegründen werden in der Regel Filtermasken ungerader Maskengröße bevorzugt. Die Filterung eines Bildes ergibt sich durch Faltung des Bildes mit der Filtermaske. Die Eigenschaft der Filtermaske wird demnach durch seine Größe und durch die Wahl der Koeffizienten bestimmt.

$$y(u,v) = x(u,v) * g(u,v) \tag{E.1.1}$$

Die zweidimensionale Faltung lautet:

$$y(u,v) = \sum_{m=-M/2}^{m=M/2} \sum_{n=-N/2}^{n=N/2} x(u-m, v-n) \cdot g(m,n) \tag{E.1.2}$$

Die Linearitätseigenschaft besagt, dass die Summe zweier gefilterter Signale gleich dem Ergebnis der Filterung des Summensignals ist. Sie kann durch folgende Beziehung ausgedrückt werden.

$$(x_1(u,v) + x_2(u,v)) * g(u,v) = (x_1(u,v) * g(u,v)) + (x_2(u,v) * g(u,v)) \tag{E.1.3}$$

Im Folgenden werden exemplarisch einige Filter, sowie deren Verlauf im Frequenzbereich vorgestellt. Die entsprechenden Filterergebnisse veranschaulichen die Wirkung der Filter.

E.1.1 Tiefpass- oder Glättungsfilter

Ein wichtiger Filtertyp sind die Tiefpass- oder Glättungsfilter. Diese Filter werden zur Unterdrückung von Störungen oder feinen Details eingesetzt. Große Kontraständerungen, wie z.B. an Kanten oder feinen Bildstrukturen entsprechen hochfrequenten Bildanteilen. Diese können mit einem Tiefpassfilter unterdrückt oder eliminiert werden. Ein einfaches Mittelwertfilter ist in Abb. E.1, links, dargestellt. Alle Bildpunkte in dem 5×5-Fenster werden gleich gewichtet. Die entsprechende Übertragungsfunktion im Frequenzbereich ist in Abb. E.1, rechts, zu sehen. Man erkennt, dass ab der normierten Frequenz von $k = 0.5$ das Signal unterdrückt wird. Allerdings sind kleine Nebenmaxima im hohen Frequenzbereich festzustellen. Diese führen zu sog. Überschwingen an Kanten.

$$g(u,v) = \begin{pmatrix} 1 & 1 & 1 & 1 & 1 \\ 1 & 1 & 1 & 1 & 1 \\ 1 & 1 & 1 & 1 & 1 \\ 1 & 1 & 1 & 1 & 1 \\ 1 & 1 & 1 & 1 & 1 \end{pmatrix} / 25$$

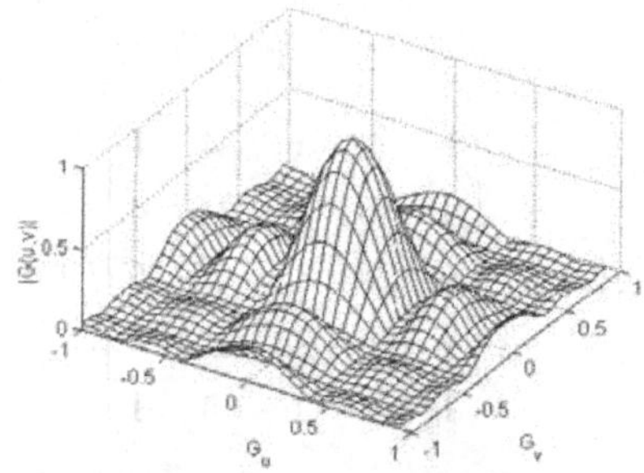

Abb. E.1. Mittelwertfilter der Größe 5×5: Filtermaske (links) und Frequenzgang (rechts)

Ein besonderes Filter ist das Binomial-Filter. Es wird auch als Gauß-Filter bezeichnet, da es eine diskrete Approximation der Gaußschen Funktion ist (siehe Abb. E.2, links). Es hat die Eigenschaft, dass der Verlauf der Gewichtsfunktion mit dem Verlauf seiner Übertragungsfunktion im Frequenzbereich identisch ist. Wie in Abb. E.2, rechts, zu sehen ist, unterdrückt dieses Filter vollständig hohe Frequenzen. Allerdings ist der Übergangsbereich nicht so steil wie bei dem Mittelwert-Filter. Anhand dieser beiden Filter wird der sich gegenseitig beeinflussende Zusammenhang zwischen Steilheit der Übertragungsfunktion und der Welligkeit im Sperrbereich deutlich.

$$g(u,v) = \begin{pmatrix} 1 & 2 & 1 \\ 2 & 4 & 2 \\ 1 & 2 & 1 \end{pmatrix} / 16$$

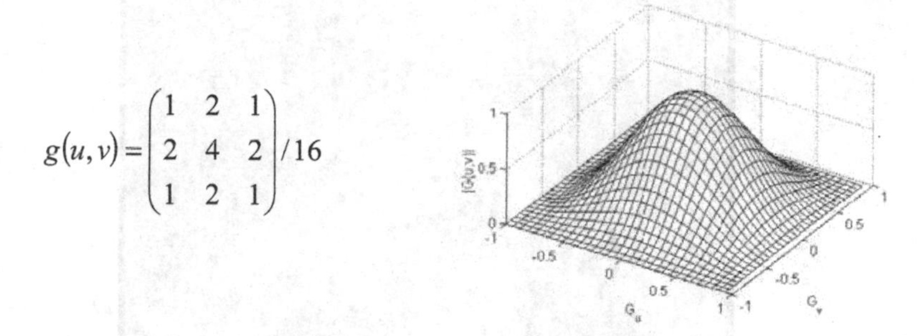

Abb. E.2. Binomialfilter der Größe 3×3: Filtermaske (links) und Frequenzgang (rechts)

In Abb. E.3, links, ist ein Binomial-Filter mit einer Filtermaske der Größe 5×5 angegeben. Die größere Filtermaske führt zu einer schmaleren

Übertragungsfunktion in Abb. E.3, rechts, verglichen mit Abb. E.2, rechts. Dies macht den klassischen Zusammenhang der Unschärferelation deutlich, der besagt, dass eine Beschränkung im Bildbereich zu einer Verbreiterung im Frequenzbereich führt, und umgekehrt.

$$g(u,v) = \begin{pmatrix} 1 & 4 & 6 & 4 & 1 \\ 4 & 16 & 24 & 16 & 4 \\ 6 & 24 & 36 & 24 & 6 \\ 4 & 16 & 24 & 16 & 4 \\ 1 & 4 & 6 & 4 & 1 \end{pmatrix} / 256$$

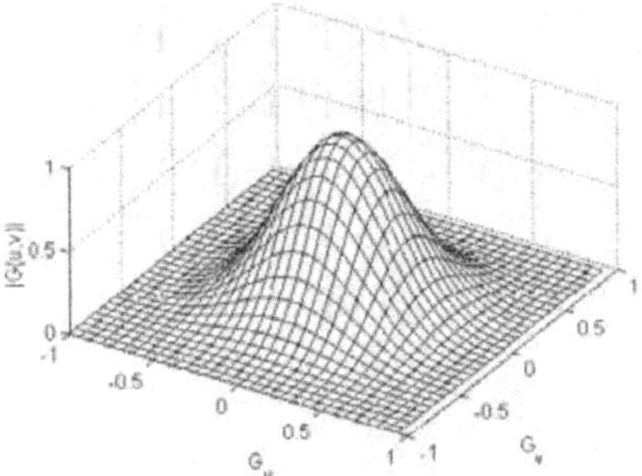

Abb. E.3. Binomialfilter der Größe 5×5: Filtermaske (links) und Frequenzgang (rechts)

In Abb. E.4 ist ein Originalbild angegeben, auf das nun die verschiedenen Filtertypen angewendet werden. In Abb. E.5, links, sind zum Vergleich die Ergebnisse einer Mittelwert-Filterung und rechts einer Binomial-Filterung dargestellt. Man kann im Mittelwert-gefilterten Bild, deutlich die Überschwinger an den Kanten erkennen, die durch die Nebenmaxima in der Übertragungsfunktion im hohen Frequenzbereich resultieren (siehe Abb. E.1, rechts).

Abb. E.4. Originalbild

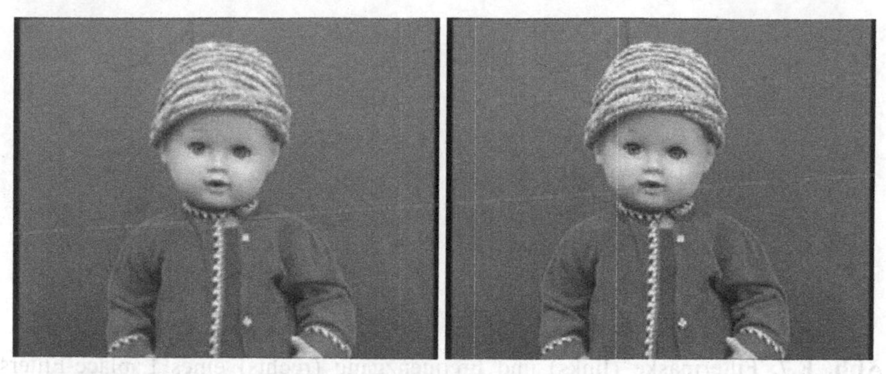

Abb. E.5. Mittelwert-gefiltertes Bild (links) und Binomial-gefiltertes Bild (rechts)

E.1.2 Hochpass- oder Kantenfilter

Eine weitere wichtige Gruppe sind die Kantenfilter. Mit diesen Filtern können starke Kontraständerungen im Bild detektiert werden, die vornehmlich an Kanten auftreten. Das Gradienten-Filter erster Ordnung approximiert die erste partielle Ableitung. Die Filtermaske in Abb. E.6, links, bildet die Differenz aus gegenüberliegenden Bildpunkten. Die Übertragungsfunktion in Abb. E.6, rechts, zeigt, dass dieses Filter nicht in allen Richtungen das gleiche Verhalten aufweist, wie schon aus der Filtermaske zu sehen ist. Solch ein Verhalten nennt man anisotrop bzw. richtungsabhängig. Ein zweidimensionales digitales Filter, dass in allen Richtungen gleiche Filtereigenschaften aufweist, heißt entsprechend isotrop, also richtungsunabhängig.

Ein Kanten-Filter, dass diese Isotropie-Eigenschaft näherungsweise erfüllt ist das Laplace-Filter. Es entspricht einer Approximation der zweiten Ableitung. Die Filtermaske und die entsprechende Übertragungsfunktion im Frequenzbereich ist in Abb. E.7 dargestellt. In Abb. E.8 ist das Ergebnis einer Filterung mit diesen beiden Kantenfiltern zu sehen. Auch hier wird die Richtungsabhängigkeit des Gradienten-Filters deutlich.

$$g(u,v) = \begin{pmatrix} 0 & -1 & 0 \\ -1 & 0 & 1 \\ 0 & 1 & 0 \end{pmatrix}$$

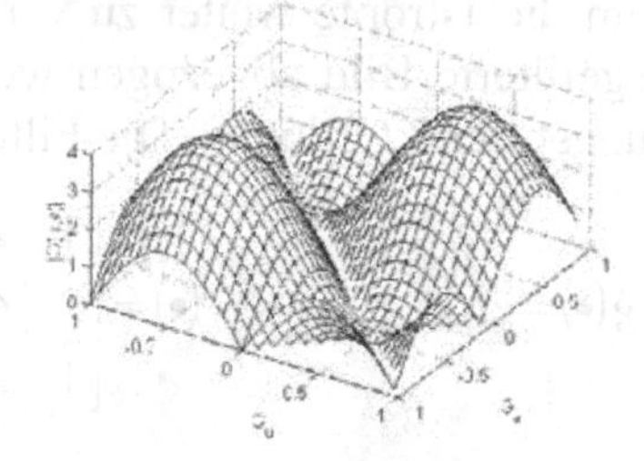

Abb. E.6. Filtermaske (links) und Frequenzgang (rechts) eines Gradienten-Filters (Ableitungsfilter 1.Ordnung)

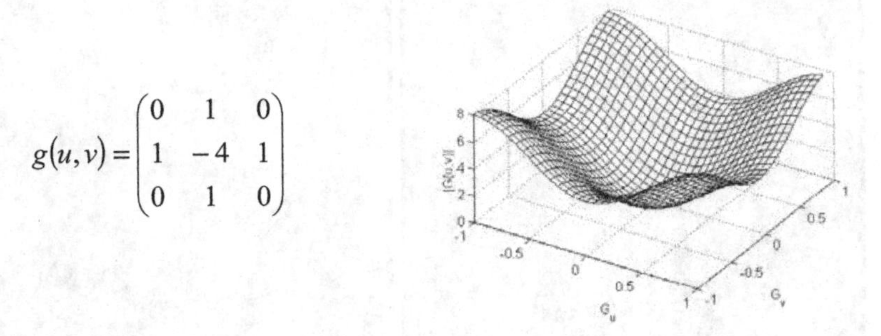

$$g(u,v) = \begin{pmatrix} 0 & 1 & 0 \\ 1 & -4 & 1 \\ 0 & 1 & 0 \end{pmatrix}$$

Abb. E.7. Filtermaske (links) und Frequenzgang (rechts) eines Laplace-Filters (Ableitungsfilter 2.Ordnung)

Abb. E.8. Filterergebnis des Originalbildes aus Abb. E.5 mit dem Gradientenfilter (links) und dem Laplace-Filter (rechts)

An dieser Stelle ist jedoch zu ergänzen, dass es spezielle richtungsorientierte Kantenfilter gibt, die gezielt zur Detektion von Kanten in bestimmten Richtungen eingesetzt werden können. Als ein Exemplar sei der sog. Sobel-Operator genannt.

Um die Istropie weiter zu verbessern, kann vom Originalbild das tiefpassgefilterte Bild abgezogen werden. Man erhält dann ebenfalls ein Ableitungsfilter 2.Ordnung. Die Filtermaske ergibt sich wie folgt:

$$g(\bullet) = g_{IBinomial}(\bullet) - g_I(\bullet) = \begin{bmatrix} 1 & 2 & 1 \\ 2 & 4 & 2 \\ 1 & 2 & 1 \end{bmatrix} + \begin{bmatrix} 0 & 0 & 0 \\ 0 & 16 & 0 \\ 0 & 0 & 0 \end{bmatrix} = \begin{bmatrix} 1 & 2 & 1 \\ 2 & -16 & 2 \\ 1 & 2 & 1 \end{bmatrix} \qquad \text{(E.1.4)}$$

Die Übertragungsfunktion und das Ergebnis der Filterung ist in folgender Abbildung zu sehen. Es wird deutlich, dass dieses Filter die Isotropie wesentlich besser gewährleistet als das Laplace-Filter.

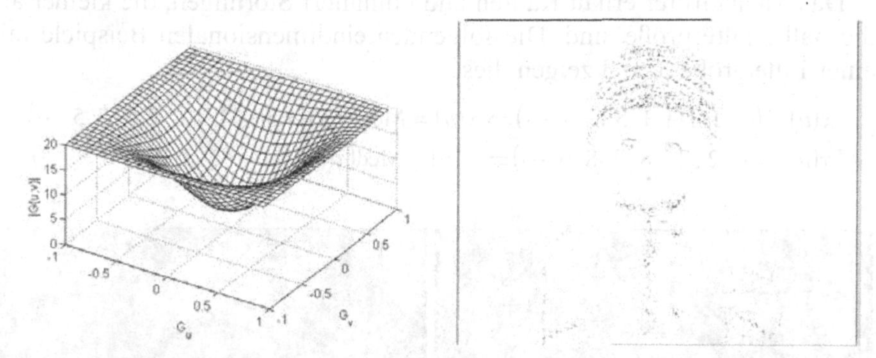

Abb. E.9. Übertragungsfunktion (links) und Filterergebnis (rechts) des modifizierten Ableitungsfilters 2.Ordnung

E.2 Nichtlineare Filter

Die bisher vorgestellten linearen Filter wirken sich unabhängig vom Bildinhalt auf das gesamte Bild aus. So glättet ein Tiefpass-Filter, aber es erzeugt gleichzeitig unscharfe Kanten. Dieser Effekt ist u.U. nicht erwünscht. Die Klasse der nichtlinearen Filter ermöglicht es, solche Eigenschaften zu vermeiden. Als ein wichtiger Kandidat soll hier das Median-Filter vorgestellt werden, welches zur Gruppe der sog. Rangordnungsfilter gehört. Wie der Name schon sagt, werden in dieser Filter-Gruppe die Intensitätswerte der Bildpunkte in einem Fenster in einer definierten Reihenfolge sortiert und einer dieser Werte entsprechend einem festgelegten Kriterium ausgewählt. Das Median-Filter sortiert die Intensitätswerte der Bildpunkte nach aufsteigender Intensität. Der Intensitätswert in der Mitte der sortierten Liste wird dann als Ergebniswert des Filters verwendet. Die Menge aller Bildpunkte sei Λ.

$$\Lambda = \left(\left(x(u+m, v+n) \right) \mid m = \pm 1, \cdots, \pm \frac{M}{2}; n = \pm 1, \cdots, \pm \frac{N}{2} \right) \quad \text{(E.1.5)}$$

Dann ergibt sich die sortierte Liste nach aufsteigender Intensität:

$$\mathrm{O} = \left(x_1 < x_2 < \cdots < x_{M \cdot N} \right) \quad \text{(E.1.6)}$$

Der Medianwert ist dann der Intensitätswert an der Mittelposition der sortierten Liste O.

$$\mathrm{Med}(x(u)) = x_k, \quad \text{mit } k = \frac{M \cdot N}{2} \tag{E.1.7}$$

Das Medianfilter erhält Kanten und eliminiert Störungen, die kleiner als die halbe Filtergröße sind. Die folgenden eindimensionalen Beispiele mit einer Filtergröße $M = 3$ zeigen dies.

$$x(u) = (\cdots\ 1\ 1\ 1\ 1\ 5\ 5\ 5\ \cdots) \Rightarrow y(u) = \mathrm{Med}(x(u)) = (\cdots\ 1\ 1\ 1\ 1\ 5\ 5\ 5\ \cdots)$$
$$x(u) = (\cdots\ 2\ 2\ 18\ 7\ 8\ 9\ \cdots) \Rightarrow y(u) = \mathrm{Med}(x(u)) = (\cdots\ 2\ 2\ 7\ 8\ 8\ 9\ \cdots)$$

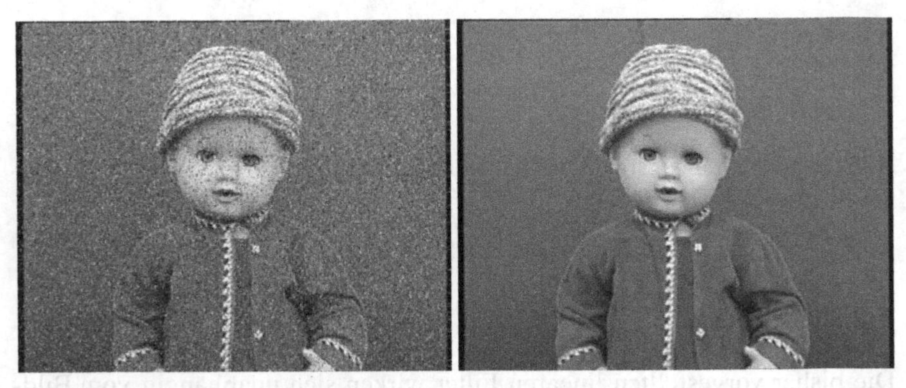

Abb. E.10. Originalbild aus Abb. E.5 mit überlagerten punktweisen Störungen (links) und Ergebnis der Median-Filterung (rechts)

Weitere Rangordnungsfilter sind die Erosions- und Dilatationsfilter, die jedoch vornehmlich auf Binärbilder, also Bilder die nur zwei Werte (Schwarz und Weiß) enthalten, angewendet werden. Daraus abgeleitet ergeben sich die sog. Open- und Close-Filter, die es erlauben, Löcher in Binärbildern zu schließen. Eine ausführliche Darstellung ist in (Petrou u. Bosdogianni 1999) zu finden.

Bibliographie

Adelson EH, Bergen JR (1991) The Plenoptic Function and the Elements of Early Vision. Computation Models of Visual Processing, M. Landy and J.A. Movshon, eds., MIT Press, Cambridge.

Aloimonos JY (1990) Perspective Approximations. Image and Vision Computing, Vol.8(3), pp.177-192.

Anandan P (1989) A Computational Framework and an Algorithm for the Measurement of Visual Motion. Int. Journal of Computer Vision, Vol. 7(2), pp.283-310.

ATTEST (2004), www.extra.research.philips.com/euprojects/attest. European IST- project 2001-34396.

Atzpadin N (nee Brandenburg), Kauff P, Schreer O (2004) Stereo Analysis by Hybrid Recursive Matching for Real-Time Immersive Video Conferencing. Trans. on Circuits and Systems for Video Technology, Special Issue on Immersive Telecommunications, Vol.14(3), pp.321-334.

Avidan S, Shashua A (1997a) Unifying Two-View and Three-View Geometry. Hebrew University, Computer Science, Technical Report 96-21.

Avidan S, Shashua A (1997b) Novel View Synthesis in Tensor Space. Proc. of Int. Conf. on Computer Vision and Pattern Recognition, pp.1034-1040.

Ayache N (1991) Artificial Vision for Mobile Robots. The MIT Press, Cambridge, Massachusetts.

Baker H (1977) Three-dimensional Modelling. Proc. of Int. Joint Conf. on Artificial Intelligence, Cambrifge, MA, USA, pp.649-655.

Banks J, Bennamoun M, Kubik K, Corke P (1998) Evaluation of New and Existing Confidence Measures for Stereo Matching, Proc. of the Image & Vision Computing NZ Cconference (IVCNZ'98), Auckland, New Zealand, pp.251-261.

Bellmann R (1957) Dynamic Programming. Princeton University Press.

Bergthold M (2003) Unterlagen zur Übung Computer Vision. Computer Vision, Graphics and Pattern Recognition Group, Universität Mannheim.

Bobick AF, Intille SS (1999) Large Occlusion Stereo. Int. Journal of Computer Vision, Vol.33(3), pp.181-200.

Bolles RC, Baker HH, Marimont DH (1987) Epipolar Image Analysis: An Approach to Determine Structure From Motion. Int. Journal of Computer Vision, Vol.1, pp.7-55.

Boujou (2004), 2D3™, www.2d3.com

Buffa M, Faugeras OD, Zhang Z (1992) A Complete Navigation System for a Mobile Robot Using Real-Time Stereovision and the Delaunay Triangulation. Proc. IAPR Workshop on Machine Vision Applications, Tokyo, Japan, pp.191-194.

Canny JF (1983). Finding Edges and Lines in Images. Master's thesis, MIT. AILab, Technical Report No.720.

Canny JF (1986) A Computational Approach to Edge Detection. IEEE Trans. on Pattern Analysis and Machine Intelligence, No.8, pp.679-698.

Carlsson S (1997) Geometry and Algebra of Projective Views. Lecture Notes, Computational Vision and Active Perception Laboratory, NADA-KTH, Stockholm, Sweden.

Chai SB, Kang SB, Szeliski R (2001) Handling Occlusions in Dense Multi-view Stereo. Microsoft Research, Technical Report, MSR-TR-2001-80.

Chen SE (1995) QuickTime VR – An Image Based Approach to Virtual Environment Navigation. Proc. of ACM SIGGRAPH, pp.29-38.

Chen SE, Williams L (1993) View Interpolation for Image Synthesis. Proc. of SIGGRAPH, ACM Press, New York, pp.279-288.

Criminisi A, Kang SB, Swaminathan R, Szeliski R, Anandan P (2002) Extracting Layers and Analyzing their Specular Properties Using Epipolar-Plane-Image Analysis. Microsoft Research, MSR-TR-2002-19.

Debevec PE, Taylor CJ, Malik J (1996) Modeling and Rendering Architecture from Photographs: A Hybrid Geometry- and Image-Based Approach. In: Rushmeier H (ed), Proc. of SIGGRAPH 96, Computer Graphics Proceedings, New Orleans, Louisiana, Addison Wesley, pp.11-20.

Debevec PE, Yu Y, Borshukov GD (1998) Efficient View-Dependent Image-Based Rendering with Projective Texture-Mapping. Eurographics Rendering Workshop, Vienna, Austria, pp.105-116.

Dürer A (1977) Underweysung der Messung. Albaris Books, New York, Original Edition 1525, Nuremberg.

Eisert P, Steinbach E, Girod B (1999) Multi-hypothesis, Volumetric Reconstruction of 3-D-Objects from Multiple Calibrated Camera Views. Porc. of Int. Conf. on Accoustics, Speech and Signal Processing (ICASSP), Phoenix, USA, pp.3509-3512.

Eisert P, Steinbach E, Girod B (200) Automatic Reconstruction of Stationary 3-D Objects from Multiple Uncalibrated Camera Views. IEEE Trans. on Circuits and Systems for Video Technology: Special Issue on 3D Video Technology, Vol. 10(2), pp.261-277.

Evers-Senne JF, Koch R (2003) Image Based Interactive Rendering with View Dependent Geometry. Eurographics 2003, Computer Graphics Forum, Eurographics Association, Vol22(3), pp.573-582.

Falkenhagen L (1997) Block-Based Depth Estimation from Image Triples with Unrestricted Camera Setup. IEEE Workshop Multimedia Sig. Proc., Princeton, NJ, USA, pp.280-285.

Faugeras OD (1993) Three-Dimensional Computer Vision. The MIT Press, Cambridge, MA, USA.

Faugeras OD (1995) Stratifcation of 3-D Vision: Projective, Affine, and Metric Representations. Journal of the Optical Soc. of America, 12(3), pp.465-484.

Faugeras OD, Luong QT (2004) The Geometry of Multiple Images. The MIT Press, Cambridge, MA, USA, 2nd Edition.

Faugeras OD, Luong QT, Maybank S (1992) Camera Self-Calibration: Theory and Experiments. European Conf. on Computer Vision, Lecture Notes in Computer Science, Vol.588, Springer-Verlag, pp.321-334.

Faugeras OD, Mourrain B (1995) On the Geometry and Algebra of Point and Line Correspondences between N Images. Proc. of Int. Conf. on Computer Vision, pp. 951-962.

Faugeras OD, Robert L (1996) What Can Two Images Tell Us About a Third One? Int. Journal of Computer Vision , Vol.18(1), pp.5-20.

Fehn C (2004) Depth-Image-Based Rendering (DIBR), Compression and Transmission for a New Approach on 3D-TV. In Proceedings of SPIE Stereoscopic Displays and Virtual Reality Systems XI, San Jose, CA, USA, pp. 93-104.

Fehn C, Kauff P, Op de Beeck M, Ernst F, Ijsselsteijn W, Pollefeys M, Van Gool L, Ofek E, Sexton I (2002) An Evolutionary and Optimised Approach on 3D-TV. Proc. of Int. Broadcast Conference, Amsterdam, The Netherlands, pp.357-365.

Feldmann I, Eisert P, Kauff P (2003a) Extension of Epipolar Image Analysis to Circular Camera Movement. Proc. of Int. Conf. on Image Processing (ICIP), Barcelona, Spain, pp.697-700.

Feldmann I, Kauff P, Eisert P (2003b) Image Cube Trajectory Analysis for Concentric Mosaics. Proc. of Int. Workshop on Very Low Bitrate Video (VLBV), Madrid, Spain, pp.341-350.

Fischler MA, Bolles RC (1981) Random Sample Consensus: A Paradigm for Model Fitting With Applications to Image Analysis and Automated Cartography. Comm. Assoc. Comp. Mach., Vol.24(6), pp.381-395.

Fusiello A, Trucco E, Verri A (1997) Rectification with Unconstrained Stereo Geometry. British Machine Vision Conference, Essex, pp.400-409.

Gershun A (1936) The Light Field. Moscow, 1936, translated by P. Moon and G. Timoshenko in Journal of Mathematics and Physics, Vol.18, MIT, 1939, pp.51-151.

Goldlücke B, Magnor M (2003) Real-Time Free-Viewpoint Video Rendering from Volumetric Geometry. Visual Computation and Image Processing (VCIP), Lugano, Switzerland, pp.1152-1158.

Gortler SJ, Grzeszczuk R, Szeliski R, Cohen MF (1996) The Lumigraph. Proc. of ACM SIGGRAPH, pp.43-54.

Greenleaf JF, Tu TS, Wood EH (1970) Computer Generated 3-D Osscilloscopic Images and Associated Techniques for Display and Study of the Spatial Distribution of Pulmonory Blood Flow. IEEE Trans. on Nuclear Science Vol. 17(3), pp.353-359.

Gu C, Wu L (1990) Structural Matching of Multiresolution for Stereo Vision. Int. Conf. on Pattern Recognition, pp.243-245.

Harris C, Stephens M (1987) A Combined Corner and Edge Detector. Proc. of Alvey Conference, pp.189-192.

Hartley RI (1994) Projective Reconstruction and Invariants from Multiple Images. IEEE Trans. on Pattern Analysis and Machine Intelligence, Vol.16, pp.1036-1041.

Hartley RI (1995) In Defense of the 8-Point Algorithm. Proc. of 5th Intern. Conf. on Computer Vision, Boston MA, pp.1064-1070.

Hartley RI (1997a) Self-calibration of Stationary Cameras. Int. Journal of Computer Vision, Vol.22(1), pp.5-24.

Hartley RI (1997b) Lines and Points in Three Views. Int. Journal of Computer Vision, Vol.22(2), pp.125-140.

Hartley RI (1998) Minimizing Algebraic Error in Geometric Estimation Problems. Proc. of Int. Conf. on Computer Vision, pp.469-476.

Hartley RI (1999) Theory and Practice of Projective Rectification. Int. Journal of Computer Vision, Vol.35(2), pp.1-16.

Hartley RI, Zisserman A (2004) Multiple View Geometry in Computer Vision. Cambridge University Press, Cambridge, United Kingdom, 2nd Edition.

Heigl B, Koch R, Pollefeys M (1999) Plenoptic Modeling and Rendering from Image Sequences Taken by a Hand-Held Camera. Proc. of DAGM, Symposium für Mustererkennung, pp.94-101.

Heikkilä J, Silven O (1996) Calibration Procedure for Short Focal Length off-the-Shelf CCD Cameras. Int. Conf. on Pattern Recognition, Vienna, Austria, pp.166-170.

Heyden A (1995) Geometry and Algebra of Multiple Projective Transformations. PhD Thesis, Department of Mathematics, Lund University, Sweden.

Horaud H, Dornaika F, Boufama B, Mohr R (1994) Self Calibration of a Stereo Head Mounted onto a Robot Arm. European Conf. on Computer Vision, Sweden, pp.455-462.

Horaud R, Skordas T (1998) Structural Matching for Stereo Vision. 9th Int. Conf. on Pattern Recognition, Rome, pp.439-445.

Hough PVC (1962) Methods and Means for Recognizing Complex Patterns. U.S. Patent 3069654.

Hu X, Ahuja N (1994) Matching Point Features with Ordered Geometric, Rigidity and Disparity Constraints. Trans. on Pattern Analysis and Machine Intelligence, Vol.16(10), pp.1041-1049.

Iddan GJ, Yahav G (2001) 3D Imaging in the Studio (and elsewhere…). Proc. of SPIE Videometrics and Optical Methods for 3D Shape Measurements, San Jose, CA, USA, pp.48-55.

Isgro F, Trucco E (1999) Projective Rectification Without Epipolar Geometry. Proc. IEEE Conference on Computer Vision and Pattern Recognition, Fort Collins, CO, USA, Vol.1, pp.94-99.

Jähne B (2002) Digitale Bildverarbeitung. Springer-Verlag, Berlin, Heidelberg, Germany, 5. Auflage.

Kanade T, Okutomi M (1994) A Stereo Matching Algorithm with an Adaptive Window: Theory and Experiment. IEEE Trans. on Pattern Analysis and Machine Intelligence, pp.920-932.

Koch R, Van Gool L (1998) 3D Structure from Multiple Images of Large-Scale Environments. Proc. of the SMILE workshop, Freiburg, Germany, Springer.

Kovesi P (2004) School of Computer Science & Software Engineering, The University of Western Australia, www.csse.uwa.edu.au/~pk/Research/MatlabFns/index.html

Kutulakos KN, Seitz SM (2000) A Theory of Shape by Space Carving. Int. Journal of Computer Vision, Vol,38(3), pp.199-218.

Laurentini A (1994) The Visual Hull Concept for Silhouette-Based Image Understanding. IEEE Trans. on Pattern Analysis and Machine Intelligence Vol.16(2), pp.150-162.

Laveau S, Faugeras OD (1994) 3D Scene Representation as a Collection of Images. Proc. of Int. Conf. on Pattern Recognition, Los Alamitos, CA, USA, Vol.1, pp.689-691.

Lenz RK, Tsai RY (1989) Calibrating a Cartesian Robot with Eye-on-Hand Configuration Independent of Eye-to-Hand Relationship. Trans. on Pattern Analysis and Machine Intelligence, Vol.11(9), pp.916-928.

Levoy M, Hanrahan P (1996) Light Field Rendering. Proc. of ACM SIGGRAPH, Vol.30, pp.31-42.

Longuet-Higgins H (1981) A Computer Algorithm for Reconstructing a Scene From Two Projections. Nature, No.293, pp.133-135.

Ma Y, Soatto S, Kosecka J, Sastry S. (2003) An Invitation to 3-D Vision: From Images to Geometric Models. Springer-Verlag.

Mark WR (1999) Post-Rendering 3D Image Warping: Visibility, Reconstruction, and Performance for Depth-Image Warping. PhD thesis, University of North Carolina, Chapel Hill, NC, USA.

Martin WN, Aggarwal JK (1983) Volumetric Description of Objects from Multiple Views. IEEE Trans. on Pattern Analysis and Machine Intelligence, Vol.5, pp.150-158.

McMillan L (1995) A List-Priority Rendering Algorithm for Redisplaying Projected Surfaces. Technical Report 95-005, University of North Carolina, Chapel Hill, NC, USA.

McMillan L, Bishop G (1995) Plenoptic Modeling: An Image-Based Rendering System. Proc. of ACM SIGGRAPH, Vol.30, pp.39-46.

Moravec HP (1977) Towards Automatic Visual Obstacle Avoidance. Proc. of Int. Conf. on Artificial Intelligence, pp.584.

Mueller K, Smolic A, Kaspar B, Merkle P, Rein T, Eisert P, Wiegand T (2004) Octree Voxel Modeling with Multi-view Texturing in Cultural Heritage Scenarios. Proc. of 5th European Workshop on Image Analysis for Multimedia Interactive Services, Lisbon, Portugal.

Mulligan J, Daniilidis K (2000) Trinocular Stereo for Non-Parallel Configurations. Proc of the 15th Int. Conf on Pattern Recognition (ICPR),Vol.1, Barcelona, Spain, pp.567-570.

Mulligan J, Isler V, Daniilidis K (2001) Performance Evaluation of Stereo for Tele-presence. Proc. of the 8th IEEE Int. Conf. on Computer Vision (ICCV), Vancouver, BC, Canada, Vol.2, pp.558-565.

Mundy JL, Zisserman A (1992) Projective Geometry for Machine Vision. In: J.L. Mundy JL u. Zisserman A (eds), "Geometric Invariance in Computer Vision", The MIT Press.

Nelson RC (1994) Finding Line Segments by Stick Growing. Trans. on Pattern Analysis and Machine Intelligence, Vol.16(5), pp.519-523.

Ohm JR (2004) Multimedia Communication Technology. Springer-Verlag, Berlin, Heidelberg, New York, Tokyo.

Ohm JR, Grüneberg K, Hendriks E, Izquierdo E, Kalivas D, Karl M, Papadimatos D, Redert A (1998) A Realtime Hardware System for Stereoscopic Videoconferencing With Viewpoint Adaptation. Image Communication 14, Special Issue on 3D Technology, pp.147-171.

Petrou M, Bosdogianni P (1999) Image Processing: The Fundamentals. John

Wiley & Sons.
Pollefeys M (2000) 3D Modeling from Images. Tutorial at European Conf. on Computer Vision, Dublin, Ireland.
Pollefeys M, Koch R, Van Gool L (1998) Self-Calibration and Metric Reconstruction in spite of Varying and Unknown Internal Camera Parameters. Proc. of Int. Conf. on Computer Vision, Narosa Publishing House, pp.90-95.
Pollefeys M, Van Gool L (1997) Self-calibration from the Absolute Conic on the Plane at Infinity. Proc. Computer Analysis of Images and Patterns, Lecture Notes in Computer Science, Vol. 1296, Springer-Verlag, pp.175-182.
Pollefeys M, Vergauwen M, Cornelis K, Tops J, Verbiest F,Van Gool L (2001) Structure and Motion From Image Sequences. Proc. of Conference on Optical 3-D Measurement Techniques , Vienna, pp.251-258.
Pratt WK (2001) Digital Image Processing, 3rd Edition, John Wiley & Sons.
Press WH, Flanery BP, Teukolsky SA,Vetterling WT (1986) Numerical Recipes in C. Cambridge University Press, Cambridge.
Redert A, Op de Beeck M, Fehn C, Ijsselsteijn W, Pollefeys M, Van Gool L, Ofek E, Sexton I, Surman P (2002) ATTEST – Advanced Three-Dimensional Television System Technologies. Proc. of 1st International Symposium on 3D Data Processing, Visualization and Transmission, Padova, Italy, pp.313-319.
Robert L, Zeller C, Faugeras OD (1995) Applications of Non-Metric Vision to some Visually Guided Robotic Tasks. Research Report No.2584, INRIA, France.
Schaffalitzky F, Zisserman A, Hartley RI, Torr PHS (2000) A Six Point Solution for Structure and Motion. 6th European Conference on Computer Vision, pp.632-648.
Scharstein D (1999) View Synthesis using Stereo Vision, Lecture Notes in Computer Science, Vol. 1583, Springer, Berlin Heidelberg New York.
Scharstein D, Szeliski R (2002) A Taxonomy and Evaluation of Dense Two-Frame Stereo Correspondence Algorithms. Int. Journal of Computer Vision, Vol.47(1/2/3), pp. 7-42.
Schmidt U (2003) Professionelle Videotechnik. 3., aktualisierte u. erw. Aufl., 2003, XIII, ISBN: 3-540-43974-9.
Schreer O (1998) Stereo Vision-Based Navigation in Unknown Indoor Environment. European Conf. on Computer Vision, Freiburg/Breisgau, Germany, pp.203-217.
Schreer O (1999) Ein Beitrag zur Stereobildverarbeitung in der mobilen Robotik. Dissertation, Technische Universität Berlin, Mensch & Buch Verlag, Berlin, ISBN 3-89820-060-4.
Schreer O, Atzpadin N (nee Brandenburg), Askar S, Kauff P (2001a) Hybrid Recursive Matching and Segmentation-Based Postprocessing in Real-Time Immersive Video Conferencing. Proc. of Vision, Modeling and Visualization (VMV), Stuttgart, Germany.
Schreer O, Atzpadin N (nee Brandenburg), Kauff P (2001b) Real-Time Disparity Analysis for Applications in Immersive Tele-Conference Scenarios - A Comparative Study. Proc. of 11th Int. Conf. on Image Analysis and Processing (ICIAP), Palermo, Italy, pp.346-353.

Schreer O, Hartmann I, Adams R (1997) Analysis of Grey-Level Features for Line Segment Stereo Matching. Int. Conf. of Image Analysis and Processing, Florence, Italy, pp.620-627.

Seitz SM, Dyer CR (1997) Photorealistic Scene Reconstruction by Voxel Colouring. Proc. of Computer Vision and Pattern Recognition, Puerto Rico, pp.1067-1073.

Shashua A (1997) Trilinear Tensor: The Fundamental Construct of Multiple-View Geometry and its Applications. In Algebraic Frames for the Perception-Action Cycle (G. Sommer and J. Koenderink, eds.), No.1315 in Springer Lecture Notes in Computer Science.

Shashua A, Werman M (1995) On The Trilinear Tensor of Three Perspective Views and its Underlying Geometry. Int. Conf. on Computer Vision (ICCV), p.920-925.

Shum HY, He LW (1999) Rendering with Concentric Mosaics. Proc. of ACM SIGGRAPH, pp.299-306.

Shum HY, Kang SB (2000) A Review of Image-based Rendering Techniques. Proc. of Visual Communications and Image Processing (VCIP), Perth, Australia, pp.2-13.

Sturm PF (2001) On Focal Length Calibration from Two Views. Proc. of Int. Conf. on Computer Vision and Pattern Recognition, Kauai, Hawaii, USA, Vol.2, pp.145-150.

Sturm PF, Triggs B (1996) A Factorization Based Algorithm for Multi-Image Projective Structure and Motion. European Conf. on Computer Vision, pp.709-720.

Szeliski R (1999) A Multi-View Approach to Motion and Stereo. Microsoft Research, Technical Report, MSR-TR-99-19.

Szeliski R, Shum HY (1997) Creating Full View Panoramic Image Mosaics and Texture-Mapped Models. Proc. of ACM SIGGRAPH, pp.251-258.

Tanger R, Kauff P, Schreer O (2004) Immersive Meeting Point. IEEE Pacific Rim Conference on Multimedia, Tokyo, Japan.

Tong X, Gray RM (2003) Interactive Rendering from Compressed Light Fields. IEEE Trans. on Circuits and Systems for Video Technology, Vol.13(11), pp.1080-1091.

Torr PHS, Fitzgibbon A, Zisserman A (1998) Maintaining Multiple Motion Model Hypotheses through Many Views to Recover Matching and Structure. IEEE 6th Int. Conf. on Computer Vision, pp.485-492.

Torr PHS, Fitzgibbon A, Zisserman A (1999) The Problem of Degeneracy in Structure and Motion Recovery from Uncalibrated Image Sequences. Int. Journal of Computer Vision, Vol.32(1), pp.27-45.

Torr PHS, Murray DW (1997) The Development and Comparison of Robust Methods for Estimating the Fundamental Matrix. Int. Journal of Computer Vision, Vol.24(3), pp.271-300.

Torr PHS, Zisserman A (1997) Robust Parameterization and Computation of the Trifocal Tensor. Image and Vision Computing, Vol.15, pp. 591-605.

Triggs W (1995) The Geometry of Projective Reconstruction: Matching Constraints and the Joint Image. Proc. of Int. Conf. on Computer Vision, pp.338-

343.

Trucco E, Verri A (1998) Introductory Techniques for 3-D Computer Vision. Prentice Hall.

Tsai RY (1987) A Versatile Camera Calibration Technique for High-Accuracy 3D Machine Vision Metrology Using Off-The-Shelf TV Cameras and Lenses. IEEE Journal of Robotics and Automation, Vol.3(4), pp. 323-344.

Wall K, Danielson PE (1984) A Fast Sequential Method for Polygonal Approximation of Digitized Curves. Computer Vision, Graphics and Image Processing, Vol.28, pp.220-227.

Wei G, Ma S (1994) Implicit and Explicit Camera Calibration: Theory and Experiments. IEEE Trans. on Pattern Analysis and Machine Intelligence, Vol.16(5), pp. 469-480.

Wu X, Matsuyama T (2003) Real-Time Active 3D Shape Reconstruction for 3D Video. Proc. of Int. Symposium on Image and Signal Processing and Analysis, Rome, Italy, pp.186-191.

Xu G, Zhang Z (1996) Epipolar Geometry in Stereo, Motion and Object Recognition. Kluwer Academic Publisher, Netherlands.

Zabih R, Woodfill J (1994) Non-parametric Local Transform for Computing Visual Correspondence. Proc. of 3rd European Conf. on Computer Vision (ECCV), Stockholm, Sweden.

Zhang Z (1998) Determining the Epipolar Geometry and its Uncertainty – a Review. Int. Journal of Computer Vision, Vol. 27(2), pp.161-195.

Zhu Z, Xu G, Lin X (1999) Panoramic EPI Generation and Analysis of Video from a Moving Platform with Vibration. Proc. of IEEE Computer Vision and Pattern Recognition, pp.531-537.

Sachverzeichnis